はじめてのアナログ電子回路

A 1st Course in analog electronic circuit,

基本回路編

part basic circuit

松澤　昭／著

Akira Matsuzawa

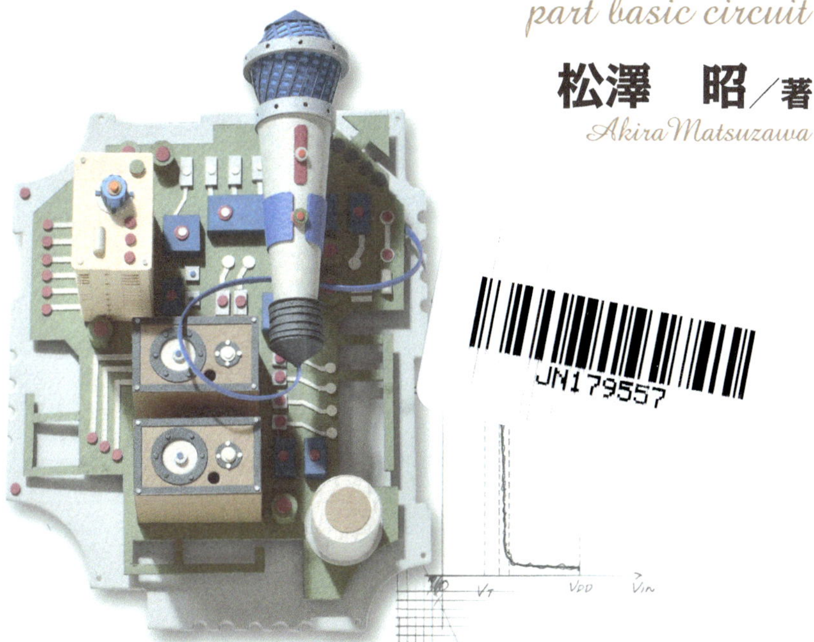

講談社

まえがき

ディジタル技術全盛の今日にあっても，アナログ電子回路は通信機器，電源，センサーインターフェースなど多くの電子機器に用いられ，機器・システムの最終性能を左右する重要な技術であることは変わりません．

筆者は約35年にわたり，企業や大学においてアナログ集積回路，アナログ・ディジタル混載集積回路，超高周波回路の研究開発に従事し，多くの技術と製品を開発してきました．また，研究開発だけでなく，技術者教育にも従事してきました．企業における後進の指導育成や大学における学生の教育だけでなく，大学に移ってからも多くの企業の技術者にアナログ電子回路を教えてきました．それらの方々は1000人に達すると思います．

このような経験を通じて感じることは基本の大切さです．アナログ電子回路は複雑でノウハウの塊といわれますが，まずはラプラス変換を基本にした電子システムの理解と電子デバイスの理解が重要であると思います．これらの土台をしっかりすることで，多くの知識をその上に積んでレベルを上げていくことができますが，そうでない場合は知識の積み上げができません．

したがって，本書のタイトルは『はじめてのアナログ電子回路』となっていますが，「数式なしでもわかる」と銘打ったような入門書ではなく，これからアナログ電子回路を学ぶ方々が今後の発展のための土台を構築できることを主眼に置いています．わかりやすい説明を心がけましたが，重要な数式はできるだけ載せています．最初は少し難しく感じるかもしれませんが，学習を進めるうちに，一見複雑なことが体系的に理解できるようになると思います．

本書の特徴は，まず電気回路解析の基礎としてラプラス変換を全面的に導入したことです．ラプラス変換は回路素子における微分や積分作用を，「sを掛ける，sで割る」などの作用により，アナログ電子回路に現れる複雑な微分方程式を，より解きやすい代数方程式に変換してくれます．代数方程式の特異点である，ポールやゼロの複素平面上の位置により回路の性質は決定し，周波数特性だけでなく，振動，発振，セットリング時間などの設計や解析に必要な重要な特性を導出できます．特に，近年のアナログ電子回路は負帰還回路技術を用いることが多く，特性はポールの位置によって大きく変化するため，ラプラス変換に慣れておくことが重要です．

次に，トランジスタはこれまでのアナログ電子回路のテキストが扱ってきたバイポーラトランジスタに代えてMOSトランジスタを大きく取り上げています．技術の進歩によりCMOS集積回路技術でほとんどのアナログ電子回路が構成されるようになったことに対応しています．MOSトランジスタの動作原理についてもできるだけ理解しやすいように，重要部分を簡潔に記載しました．ただし，バイポーラトランジスについての説明や演習問題は残しました．いまだ一部の電子回路に使用されていることと，小信号等価回路に落とし込んでしまえば，デバイスの区別が不要になるからです．

わかりやすい説明を心がけましたが，数式は省略しないようにしました．数式から動作や特性を読み取ることが重要だからです．このため，グラフは回路シミュレータなどを用いて，できるだけ実際に近い特性を示しています．

本書ではトランジスタ数が10個以内の基本的なアナログ電子回路について解説しています．しかしながら，現代使用されているアナログ電子回路はA/D変換器，D/A変換器，フィルタ，PLLなどのより複雑なシステムになっています．これらのシステムレベルのアナログ電子回路については本書の続編で解説します．本書でアナログ電子回路の基礎をマスターされた方は続編に進んで，現代のシステムレベルのアナログ電子回路についても学んでいただきたいと思います．

2015年2月

松澤　昭

はじめてのアナログ電子回路　基本回路編◎目次

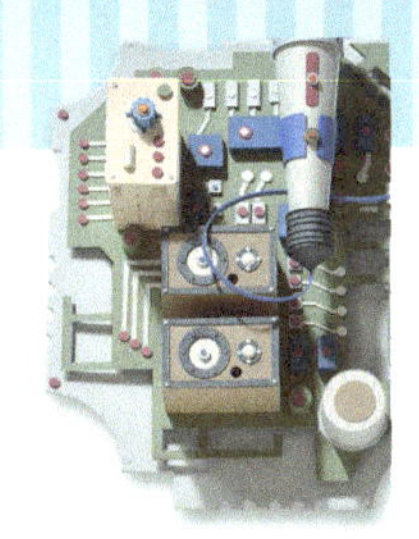

第1章 序論

1.1 アナログ電子回路とは

アナログ電子回路を学ぶにあたって，まず，アナログ電子回路とはどういうものかを示したい．

図1.1に最も簡単な電子回路の1つである半波整流回路を示す．入力信号を正弦波信号(周波数50 Hz，電圧振幅10 V)とすると，図1.1の半波整流回路では図1.2のような出力信号電圧が得られる．

入力信号電圧は正の値と負の電圧を交互に取るのに対し，出力信号は負の電圧はとらない．これは，ダイオードを流れる電流が図1.3に示すように，正の電圧でしか流れないからである．したがって，この半波整流回路は交流信号を直流信号に変換することができる．出力端の抵抗は負荷を表し，容量は電圧変動を抑え，安定な直流電圧信号を得るために，半波整流回路は用いられる．

このようにダイオードを用いると，ダイオードが持つ電圧–電流特性の非対称性により，抵抗，容量，インダクタなどの線形素子だけの回路では得られない機能を実現す

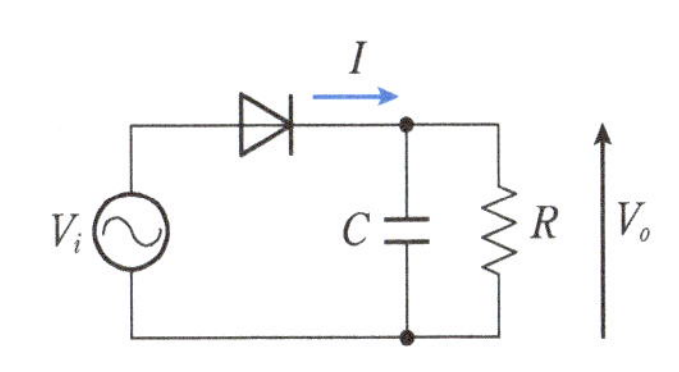

図1.1　半波整流回路
交流信号をダイオードに加えている．ダイオードの整流作用により，入力信号は交流だが出力信号は直流になる．

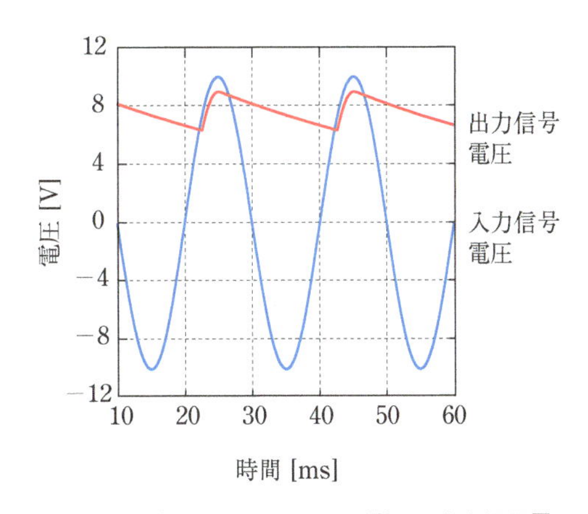

図1.2　半波整流回路の入力信号電圧と出力信号電圧
ダイオードに順方向電圧が加わっているとき，出力信号電圧は入力信号電圧に追随する．しかし，逆方向電圧のときはダイオードに電流が流れず，容量に溜まった電荷は抵抗を通じて放電されるので，出力信号電圧はほぼ一定の割合で減少する．

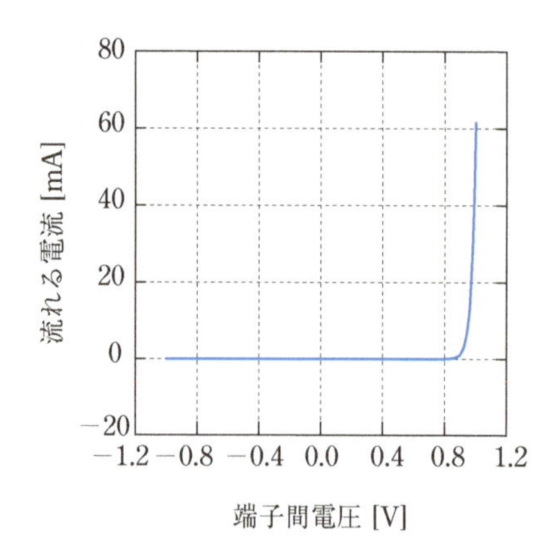

図 1.3　**ダイオードの端子間電圧と流れる電流**

ダイオードを流れる電流 I_D は端子間電圧 V_D に対し，$I_D \propto e^{\frac{qV_D}{kT}}$ のように指数関数となるが，電流を通常のリニア目盛で見ると，ある電圧(図では0.85 V 程度)まではゼロで，ある電圧から急に多くの電流が流れるように見える．したがって，順方向時のダイオードの端子電圧を一定電圧で近似することもある．

ることができる．このような非対称もしくは非線形な電気特性を示す素子を**電子デバイス**という．したがって，**アナログ電子回路とはダイオードのような電子デバイスと，抵抗，容量，インダクタなどの電気回路素子を用いた回路のことである．**

❖1.2 アナログ電子回路は信号の増幅を行うことができる

図 1.4 に MOS トランジスタを用いた増幅回路を示す．図 1.5 に各部の波形を示す．ゲート・ソース間電圧が0.1 V ほど変化すると，ドレイン電圧や出力電圧は0.5 V ほど変化している．したがって，電圧の変化が増幅されているので，このような回路は**増幅回路**と呼ばれる．このように**信号の増幅を行うことができる**こともアナログ電子回路の大きな特徴の1つである．MOS トランジスタも電子デバイスの1つであるが，端子が3つある3端子デバイスである．通常，増幅器は3端子デバイスが用いられ，MOS トランジスタと同様の機能を有する電子デバイスにはバイポーラトランジスタがある．

図1.4 の回路が信号の増幅を行うことは，図 1.6 に示す MOS トランジスタ回路における，電圧–電流特性から説明できる．図 1.7 にゲート・ソース間電圧 V_{GS} に対するドレイン電流 I_D およびドレイン電圧 V_D を示す．MOS トランジスタのドレイン電流 I_D は抵抗 R_L を流れ，その他端の電圧は電源電圧 V_{DD} であるので，以下の関係が成り立つ．この回路では $V_{DD} = 2\,\mathrm{V}$，$R_L = 4\,\mathrm{k\Omega}$ である．

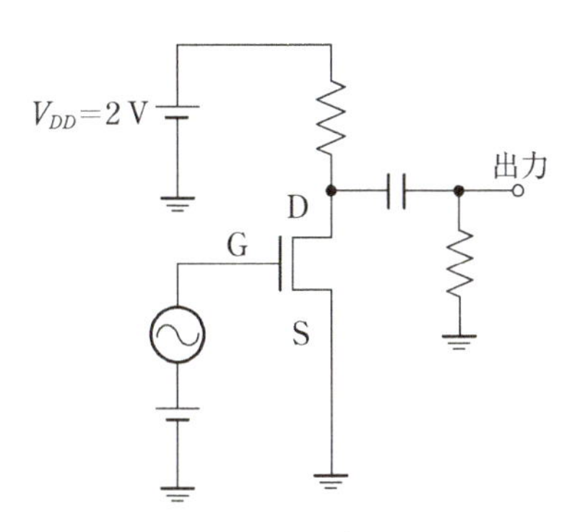

図 1.4　**MOS トランジスタを用いた増幅回路**
出力に容量を入れているのは，ドレインから交流信号だけを取り出すためである．

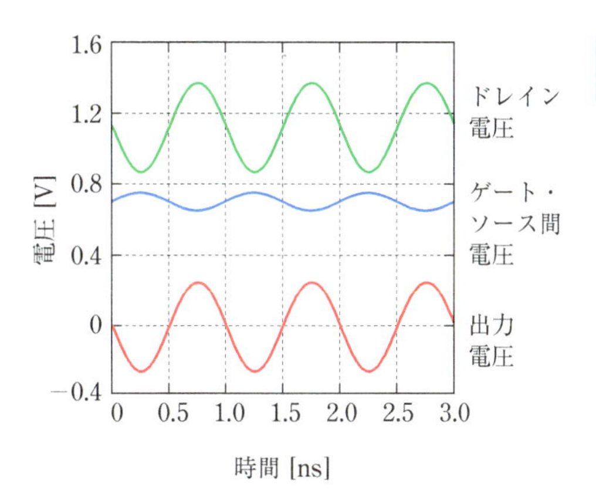

図 1.5　**増幅回路の各部の波形**

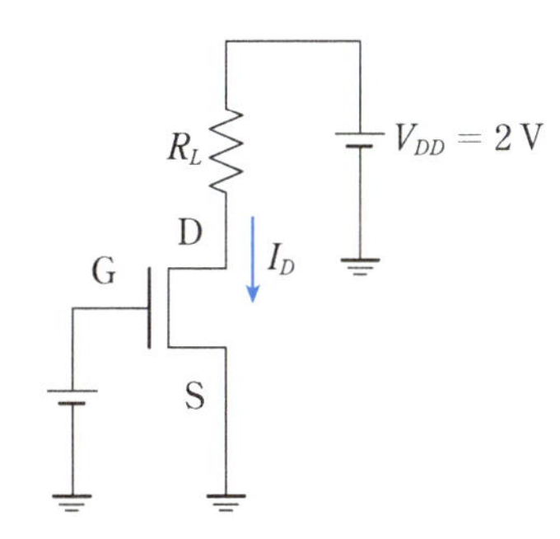

図 1.6　**MOS トランジスタ回路**
G はゲート，D はドレイン，S はソースを表す．

$$V_D = V_{DD} - I_D R_L \tag{1.1}$$

ゲート・ソース間電圧 V_{GS} が 0.4 V 以下の電圧では，ドレイン電流 I_D は流れない．したがって，ドレイン電圧 V_D は電源電圧 V_{DD}（2 V）に等しい．

ゲート・ソース間電圧 V_{GS} が 0.4 V 以上では，急激にドレイン電流が増加する．ゲート・ソース間電圧 $V_{GS1} = 0.6$ V のとき，ドレイン電流は $I_{D1} = 100$ μA となる．したがって，式 (1.1) より，ドレイン電圧 $V_{D1} = 1.6$ V となる．また，$V_{GS2} = 0.8$ V のとき，$I_{D2} = 350$ μA となり，式 (1.1) より，$V_{D2} = 0.6$ V となる．したがって，ゲート・ソー

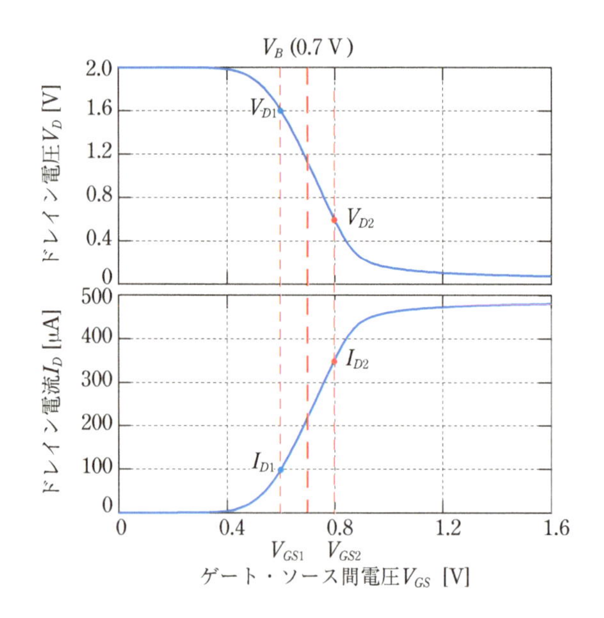

図 1.7　V_{GS} に対する I_D および V_D

バイアス電圧 V_B を中心としてゲート・ソース間電圧を変化させると，ドレイン電流が変化し，その結果，ドレイン・電源間に挿入した抵抗で電圧降下が変化し，大きな出力電圧の変化が得られる．

ス間電圧が0.2 V変化すると，ドレイン電圧は −1.0 V変化し，−5倍の電圧増幅が行われたことになる．このようにゲート・ソース間電圧の変化がドレイン電流の変化を引き起こし，ドレイン電流の変化が負荷抵抗によりドレイン電圧の変化となる．この変化分のみに注目すると，式 (1.1) より，

$$\Delta V_D = -\Delta I_D R_L = -\frac{\Delta I_D}{\Delta V_{GS}} \Delta V_{GS} R_L = -g_m R_L \Delta V_{GS} \tag{1.2}$$

と表される．ここで，g_m は相互コンダクタンスと呼ばれる，電圧変化を電流変化に変換する係数である．したがって，電圧増幅率 G_V は，

$$G_V = \frac{\Delta V_D}{\Delta V_{GS}} = -g_m R_L \tag{1.3}$$

と表される．同一の負荷抵抗においては，MOSトランジスタの相互コンダクタンス g_m が大きいほど高い電圧増幅率 G_V が得られる．

このMOSトランジスタにおいては，ゲート・ソース間電圧を印加してもゲートに電流は流れないため，入力端で消費する電力はゼロであり，出力端では有限の電力を取り出すことができる．このような性質はトランスのような受動素子にはないものであり，電子デバイスを用いることにより，はじめて実現できる機能である．

❖1.3 アナログ電子回路では，入出力信号間の応答が重要である

電子回路においては，入出力信号間の応答が重要となる．中でも，電圧もしくは電流の**時間応答特性**もしくは**周波数応答特性**が重要である．

図 1.8 にドレインに容量を接続した MOS 増幅器を示す．ゲートを入力端，ドレインを出力端とする．図 1.9 にゲートに矩形波を印加したときの入力信号電圧と出力信号電圧の波形を示す．入力信号は振幅が 0.2 V の急峻な矩形波であるが，出力信号は振幅が 1 V のややなだらかな波形となる．この例では，波形は約 50 ns 以下では定常状態には達せず，この間電圧が安定しない過渡状態にあることが分かる．これは，主として負荷抵抗とドレインに接続された容量によるものである．このように応答が速いかどうか，波形が安定かどうかが，電子回路の評価対象になる．

入力信号として特定の周波数を有する正弦波を用い，出力信号に現れる信号において同一周波数の成分の利得（増幅率と同じ意味である）と位相の周波数変化を評価したものが**周波数特性**である．図 1.10 に図 1.8 の回路の周波数特性を示す．

10 MHz よりも低い周波数領域では，利得はほぼ一定で，この例では約 14 dB である．しかし，10 MHz より高い周波数領域では，利得は周波数が 10 倍上がると 1/10 つまり，−20 dB/dec で減衰する．また，周波数が約 60 MHz では，利得が 0 dB つまり 1 になり，60 MHz より高い周波数では 1 以下の利得になり，増幅作用を失うことが分かる．

位相については，周波数が 10 MHz で約 135°，それよりも十分低い周波数では 180°，十分高い周波数では 90° に漸近する．位相が 180° から始まるのは，利得が負であるか

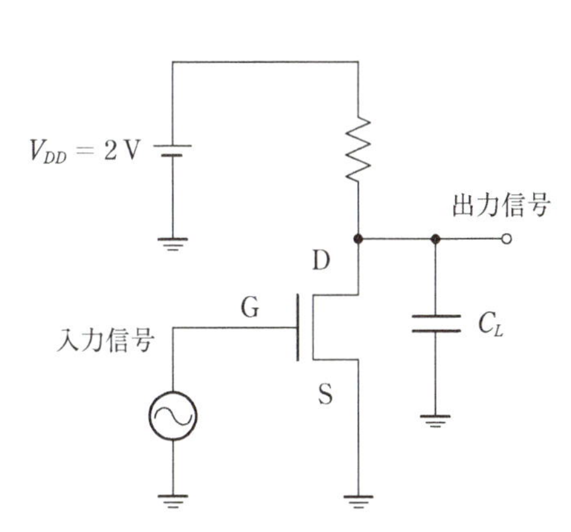

図 1.8 ドレインに容量を接続した MOS 増幅器

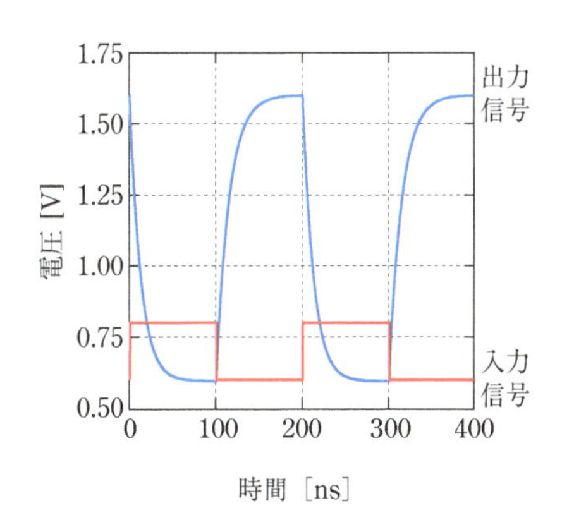

図 1.9 ゲートに矩形波を印加したときの各部の電圧波形

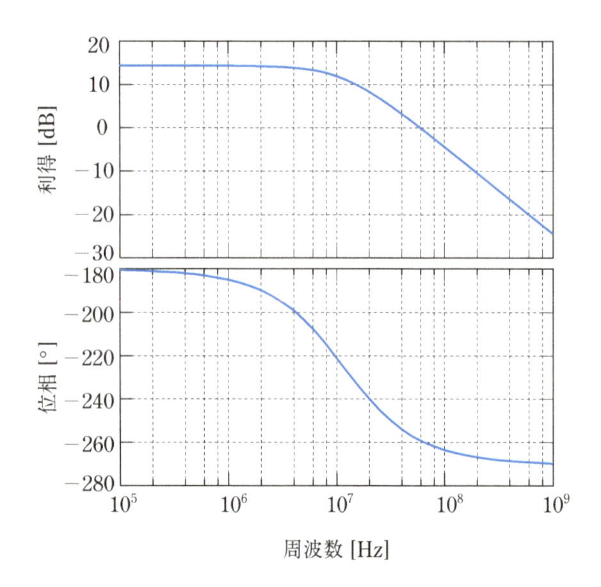

図 1.10　周波数特性

周波数特性は横軸に周波数の対数を，縦軸は対数目盛の利得(dB)とリニア目盛の位相を用いる．利得と位相は複素数の極形式を用いた表し方に対応している．

らである．したがって，この回路は，10 MHz 程度以下の周波数では，周波数によらず 14 dB 程度の利得を有する増幅器となるが，それ以上の周波数では周波数に比例して利得が減少する特性を持つことが分かる．なお通常，周波数特性は信号として微小信号でかつ定常状態を仮定した伝達特性を表しており，実際に有限の大きさの信号を入れた応答特性を示すものではないことに注意する必要がある．

このように，アナログ電子回路は**受動素子**(抵抗，容量，インダクタ)と**能動電子デバイス**(ダイオードやトランジスタなど)から構成される．アナログ電子回路を理解するには，このような素子の動作原理と電圧-電流特性を知り，電気回路網を解き，電圧や電流に関する時間応答と周波数応答を求めることが基本となる．

第2章 電気回路解析の基礎

電子回路の設計解析には電子デバイスの知識と電気回路解析の知識が必要である．本章では，電気回路解析の基礎について説明する．主として，キルヒホッフの法則とラプラス変換について述べる．

2.1 電子回路の構成

図2.1はMOSトランジスタを用いた高周波信号の増幅器である．図2.1に示すように，電子回路は，

- **信号源**：電圧源や電流源など
- **受動素子**：抵抗，容量，インダクタなど
- **能動素子**：MOSトランジスタ，バイポーラトランジスタ，ダイオードなど

から構成される．電圧や電流などを入出力信号として，出力端に現れる信号の時間変化や周波数変化を利用して，増幅，周波数選択，周波数変換などの機能を実現するものであるといえる．まず，信号源と受動素子の性質と関係について解説する．能動素子については3章・4章で解説する．

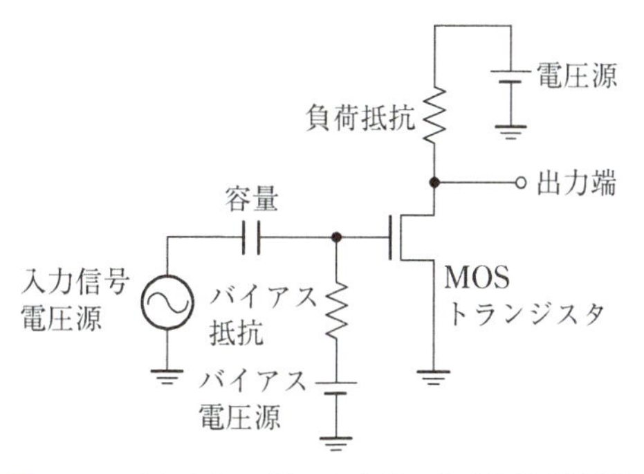

図2.1　MOSトランジスタを用いた高周波増幅器

2.2 信号源

2.2.1 電圧源

電圧源は，電池のように流れ出る電流にかかわらず，ほぼ一定の電圧を発生するものである．電池のような直流電圧源だけでなく，家庭用の100 V電源のような交流電圧源もある．実際の電圧源は流れ出る電流が多くなると，図2.2のように電圧が低下する．

そこで一般的にはこの効果を入れて，図2.3に示す電圧源の等価回路を用いる．V_0は端子1-1′間を開放して回路系に電流が流れないときの電圧で，**開放電圧**という．R_0

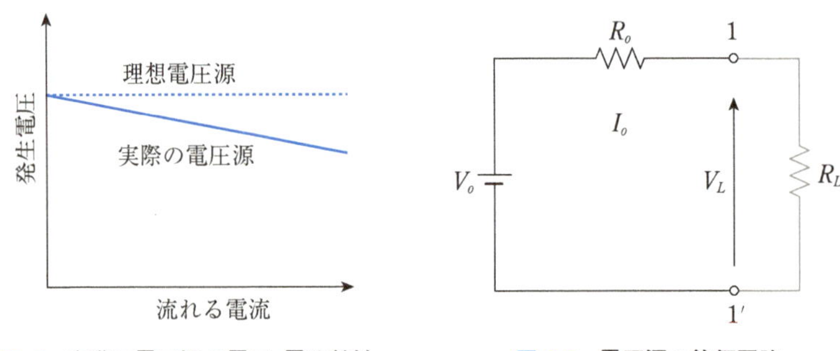

図 2.2　実際の電圧源の電圧-電流特性

図 2.3　電圧源の等価回路

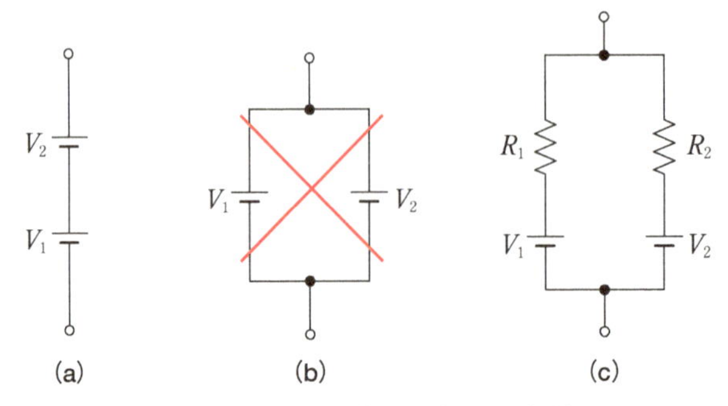

図 2.4　電圧源の直列接続と並列接続

は電流が流れて出力電圧 V_L が低下することを表し，**内部抵抗**という．流れる電流 I_o と出力電圧 V_L には，次の関係がある．

$$V_L = V_o - I_o R_o \tag{2.1}$$

端子 1-1′ 間を短絡したときに流れる電流を短絡電流 I_s とすると，

$$R_o = \frac{V_o}{I_s} \tag{2.2}$$

から，内部抵抗 R_o を求めることができる．

ところで，電圧源では，図 2.4(a)に示すように直列接続は可能であり，このときの端子間電圧は $V_1 + V_2$ となる．また，図 2.4(b)に示すような並列接続は不可である．しかし，実際には電池を並列に接続するように，電圧源を並列に接続することもありうる．このときは，図 2.4(c)に示すように内部抵抗 R_1，R_2 を考慮すれば，端子間電圧を求めることができる．端子間に負荷が接続されていない開放電圧を V_o とすると，2.5 節で述べるキルヒホッフの第 1 法則を用いて，

$$\frac{V_o - V_1}{R_1} + \frac{V_o - V_2}{R_2} = 0 \tag{2.3}$$

となる．これより開放電圧 V_o は，

$$V_o = \frac{R_2 V_1 + R_1 V_2}{R_1 + R_2} \tag{2.4}$$

となる．また，短絡電流 I_s は，

$$I_s = \frac{V_1}{R_1} + \frac{V_2}{R_2} \tag{2.5}$$

となるので，内部抵抗 R_o は，

$$R_o = \frac{V_o}{I_s} = \frac{R_2 V_1 + R_1 V_2}{R_1 + R_2} \frac{R_1 R_2}{R_2 V_1 + R_1 V_2} = \frac{R_1 R_2}{R_1 + R_2} = R_1 // R_2 \tag{2.6}$$

と求められる．ここで，$R_1//R_2$ は抵抗 R_1 と R_2 の並列接続時の抵抗値を表す．

2.2.2 電流源

電流源は，印加される電圧にかかわらずほぼ一定の電流が流れるものである．バイポーラトランジスタのコレクタ電流もしくはMOSトランジスタのドレイン電流などが代表例である．電流源は電池として想像できる電圧源ほどなじみのある概念ではなく，電子デバイスによってはじめて実現される信号源であり，この概念の理解がアナログ電子回路の理解にとって重要である．

電流源の回路記号を図2.5に示す．電流値 I_o の電流が端子1′から端子1に向かって流れる．端子間電圧は端子間に接続される電圧源もしくは負荷抵抗，あるいは負荷インピーダンスによって決まる．

実際の電流は端子間電圧が大きくなると，図2.6(a)のように負荷を流れる電流は低下する．したがって，電流源の等価回路は図2.6(b)に示すものになる．ここで，I_o は短絡電流，R_o は内部抵抗となる．

端子間電圧 V_L と負荷に流れる電流 I_L には，

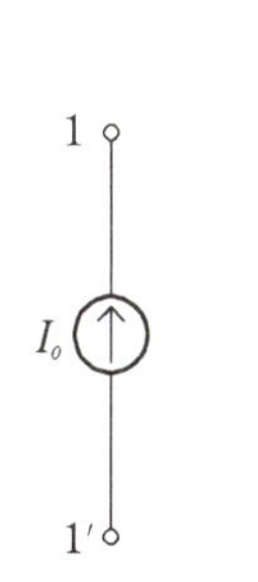

図 2.5　電流源

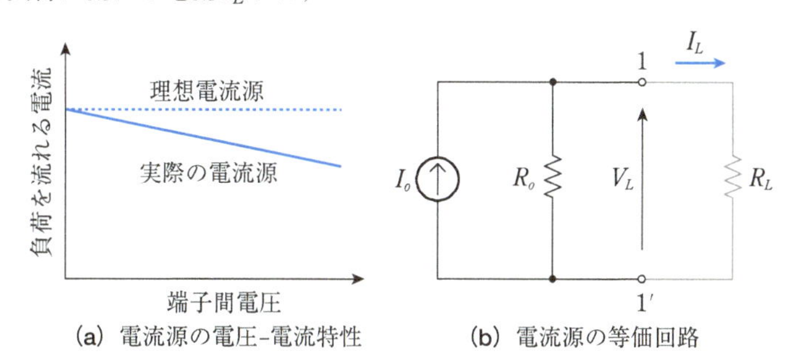

図 2.6　電流源の電圧-電流特性と等価回路

電圧源は電池があるので分かりやすいが，電流源はトランジスタを用いることによりはじめて実現されるので分かりにくい．電流が一定なので，電圧は負荷により決定される．

$$I_L = I_o - \frac{V_L}{R_o} \tag{2.7}$$

の関係がある．したがって，電流源の場合は内部抵抗 R_o が大きいほど端子間電圧によらず，一定の電流が流れる．

電流源の電圧–電流特性を得るには，短絡電流 I_o と内部抵抗 R_o を求める必要がある．まず，端子 1-1′ 間を短絡したときに流れる電流が短絡電流 I_o となる．よって，端子 1-1′ 間に負荷を接続しないときの開放電圧 V_o と短絡電流 I_o から，内部抵抗 R_o は次のように求めることができる．

$$R_o = \frac{V_o}{I_o} \tag{2.8}$$

ところで電流源では，図 2.7(a)に示すように並列接続は許され，電流値は $I_1 + I_2$ になる．しかし，図 2.7(b)に示す直列接続は許されない．これは，端子間電流が定まらないからである．このようなときは，図 2.8 に示すように内部抵抗を考慮すれば，直列接続も可能となる．図 2.8(a)の回路の開放電圧 V_o は，

$$V_o = R_1 I_1 + R_2 I_2 \tag{2.9}$$

となり，短絡電流 I_o が

$$I_o = \frac{R_1 I_1 + R_2 I_2}{R_1 + R_2} \tag{2.10}$$

で与えられるので，内部抵抗 R_o は

$$R_o = \frac{V_o}{I_o} = R_1 + R_2 \tag{2.11}$$

となる．これより図 2.8(a)に示した直列接続された電流源は，図 2.8(b)に示した短絡

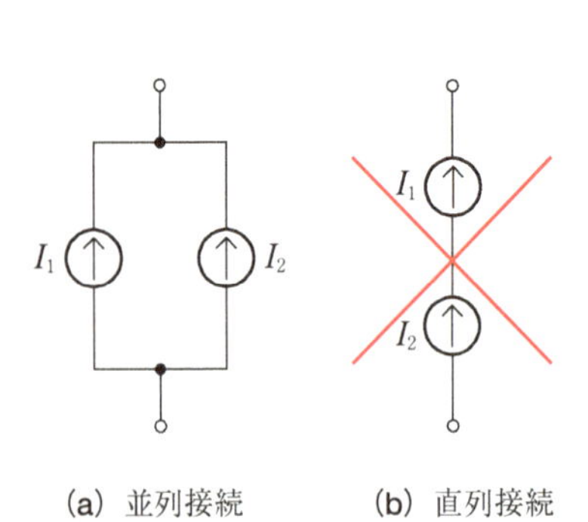

(a) 並列接続　　(b) 直列接続

図 2.7　電流源の並列接続と直列接続

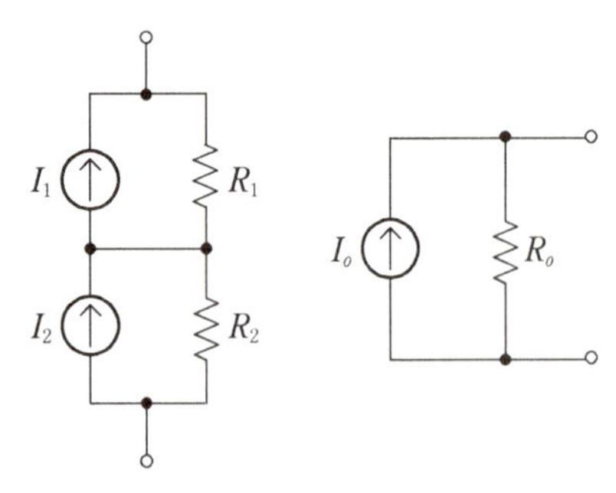

(a) 内部抵抗を考慮した電流源の直列接続　　(b) 等価電流源

図 2.8　内部抵抗を考慮した電流源の直列接続とその等価電流源

電流 I_o と内部抵抗 R_o を用いた電流源に書き換えることができる．

2.2.3　電圧源と電流源の等価性

電圧源と電流源には等価性があり，互いに入れ替えることができる．図2.6に示した電流源に負荷抵抗 R_L を接続したとき，負荷抵抗を流れる電流 I_L と発生する電圧 V_L は，次のように求めることができる．

$$I_L = \frac{R_o}{R_o + R_L} I_o \tag{2.12a}$$

$$V_L = \frac{R_o R_L}{R_o + R_L} I_o \tag{2.12b}$$

したがって，図2.9に示すように $I_o = \dfrac{V_o}{R_o}$ とおけば，電圧源と電流源は等価になる．

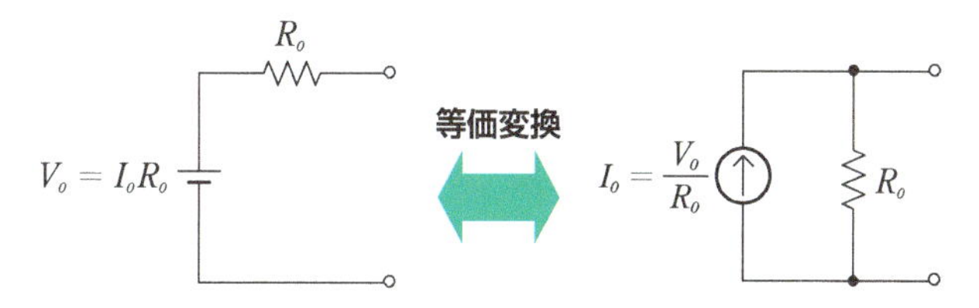

図2.9　**電圧源と電流源の等価変換**

電圧源と電流源の等価変換は，回路の解析や計算において使いやすい方を用いればよい．

2.2.4　インピーダンス整合

ところで，図2.3に示した電圧源の等価回路を用いて負荷抵抗 R_L を変化させたとき，負荷抵抗に取り出される電力 P_L を求めてみよう．負荷抵抗を流れる電流 I_L は，

$$I_L = \frac{V_o}{R_o + R_L} \tag{2.13}$$

であるから，電力 P_L は

$$P_L = I_L^2 R_L = \left(\frac{V_o}{R_o + R_L}\right)^2 R_L = \frac{R_L}{(R_o + R_L)^2} V_o^2 \tag{2.14}$$

となる．負荷抵抗 $R_L(= \alpha R_o)$ を変化させたときの電力 P_L を図2.10に示す．P_L は $R_L = R_o$ のときに最も大きな電力

$$P_{\max} = \frac{V_o^2}{4R_o} \tag{2.15}$$

となる．この $P_{\max}$ はその電圧源が負荷抵抗に供給可能な最大の電力を示し，**電源の有**

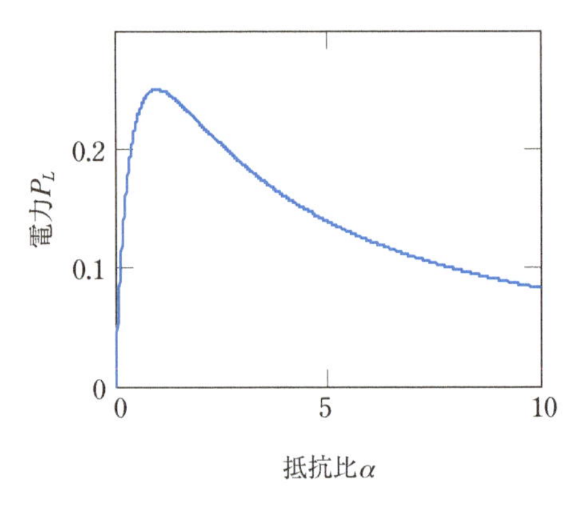

図 2.10　**負荷抵抗と取り出せる電力**

能電力という．また，最大の電力を取り出すために負荷抵抗を電源の内部抵抗に一致させること ($R_L = R_o$) を**インピーダンス整合**という．

2.2.5　制御電源

電圧源と電流源は，周りに接続される回路に無関係で独立した存在である．これに対し，電圧や電流が，回路のある部分の電圧や電流により制御される電源を**制御電源**という．図 2.11 に示すように，制御する量・制御される量が電圧か電流かに応じて，制御電源は 4 種類考えられる．図 2.11 に示すように，制御電源は制御側の端子 1–1′ と出力側の端子 2–2′ を有する 4 端子回路である．

1)　電圧制御電圧源

電圧制御電圧源は，入力端子に加えられた電圧 v_1 によって，出力端子の電圧が決定される電圧源である．ここで，A は比例定数である．入力端子間のインピーダンスは無限大で，入力端子間に電流は流れない．

2)　電圧制御電流源

電圧制御電流源は，入力端子に加えられた電圧 v_1 によって，出力端子の電流が決定される電流源である．ここで，g_m は S（シーメンス）の単位を持つ比例定数であり，相互コンダクタンスと呼ばれる．入力端子間のインピーダンスは無限大で，入力端子間に電流は流れない．

3)　電流制御電圧源

電流制御電圧源は，入力端子に加えられた電流 i_1 によって，出力端子の電圧が決定

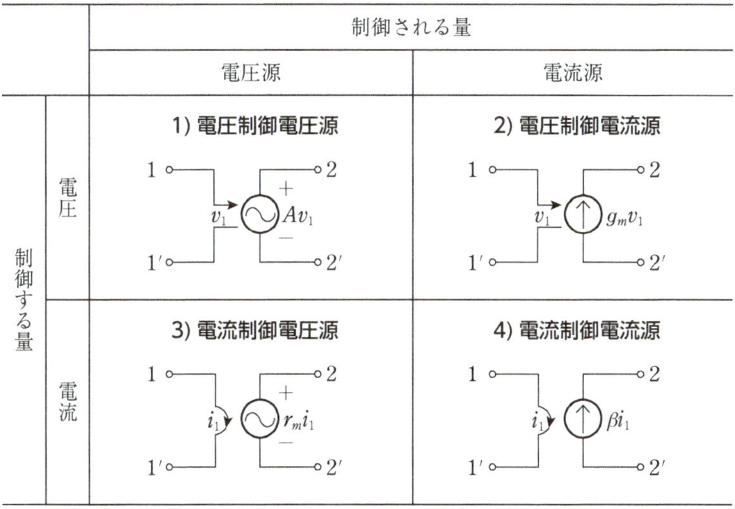

		制御される量	
		電圧源	電流源
制御する量	電圧	1) 電圧制御電圧源 1, 1′, v_1, +, Av_1, −, 2, 2′	2) 電圧制御電流源 1, 1′, v_1, $g_m v_1$, 2, 2′
	電流	3) 電流制御電圧源 1, 1′, i_1, +, $r_m i_1$, −, 2, 2′	4) 電流制御電流源 1, 1′, i_1, βi_1, 2, 2′

図 2.11　**制御電源**

制御電源のうち最も重要なものは電圧制御電流源で，トランジスタの本質を表している．

される電圧源である．ここで，r_m は Ω（オーム）の単位を持つ定数であり，相互抵抗と呼ばれる．入力端子間には電流が流れるが，入力端子間の電圧はゼロであり，インピーダンスもゼロである．

4)　電流制御電流源

電流制御電流源は，入力端子に加えられた電流 i_1 によって，出力端子の電流が決定される電流源である．ここで，β は比例定数である．入力端子間には電流が流れるが，入力端子間の電圧はゼロであり，インピーダンスもゼロである．

この中で，アナログ電子回路においてよく用いられるのが電圧制御電流源である．バイポーラトランジスタや MOS トランジスタなどは，ベース・エミッタ間電圧 V_{BE} やゲート・ソース間電圧 V_{GS} を変化させることにより，コレクタ電圧 I_C やドレイン電流 I_D を変化させることができる．この電流変化を負荷抵抗により電圧変化に変換することで，トランジスタでは電圧増幅などの作用が生み出される．

2.2.6　重ね合わせの理

複数の電圧源や電流源が存在する線形回路における電圧と電流は，個々の電圧源や電流源が単独に存在し，残りの電圧源をすべて短絡，残りの電流源をすべて開放にした場合の電圧または電流の和となる．これを**重ね合わせの理**（り）という．例えば，図2.12(a)は電圧源と電流源を含む回路である．インピーダンス Z_L を流れる電流 I_L は図2.12(b)(c)(d)のそれぞれの場合の電流の和として求められ，

$$I_L = I_L' + I_L'' + I_L''' \tag{2.16}$$

となる．この重ね合わせの理は回路が受動素子のみで構成されている場合に成立し，トランジスタやダイオードなどの能動素子が含まれる場合は成立しない．しかし，能動素子が含まれても近似的に線形と見なせる場合には，ある精度レベルで重ね合わせの理が使用できる．

例として，重ね合わせの理を用いて，図2.8(a)に示した直列接続した電流源の開放電圧 V_o，短絡電流 I_s，内部抵抗 R_o を求めてみよう．図2.13に示すように，開放電圧 V_o は電流源 I_1 を残し電流源 I_2 を開放した場合の開放電圧 V_{o1} と，電流源 I_2 を残し電流源 I_1 を開放した場合の開放電圧 V_{o2} との和で表される．

内部抵抗 R_1 に電流源 I_1 のすべての電流が流れるため，内部抵抗 R_2 には電流が流れず，内部抵抗 R_2 の端子間電圧はゼロである．同様に，内部抵抗 R_2 に電流源 I_2 のすべ

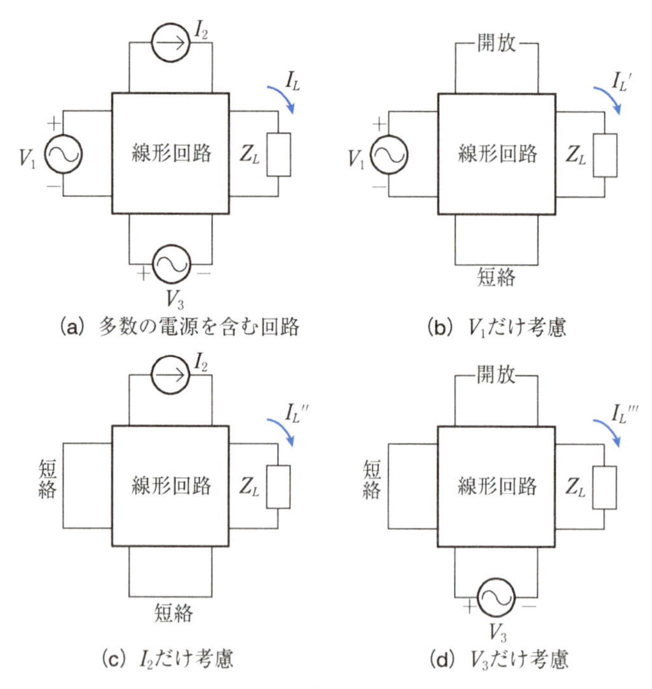

図2.12　重ね合わせの理

重ね合わせの理は回路の性能における各電圧源や電流源の寄与を評価するときや，回路解析を簡単にするときに大変役に立つ．

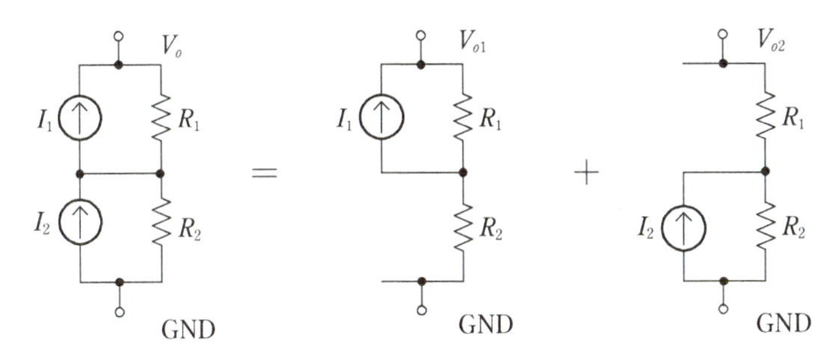

図 2.13　**直列に接続した電流源の開放電圧**

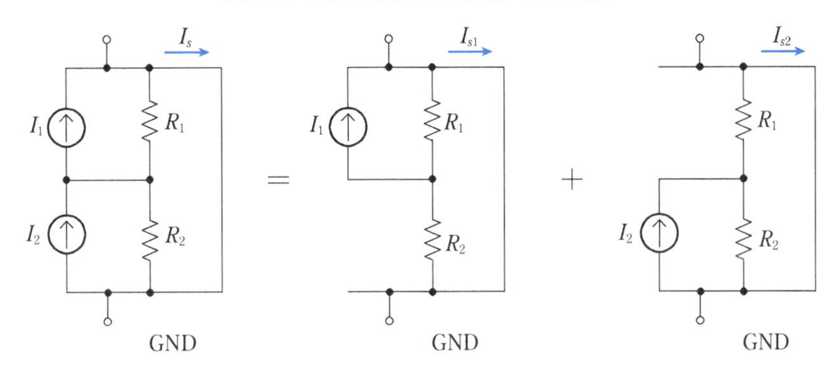

図 2.14　**直列に接続した電流源の短絡電流**

ての電流が流れるため，内部抵抗 R_1 には電流が流れず，内部抵抗 R_1 の端子間電圧はゼロである．よって，開放電圧 V_{o1}，V_{o2} は次のようになる．

$$V_o = V_{o1} + V_{o2} = R_1 I_1 + R_2 I_2 \tag{2.17}$$

短絡電流 I_s は端子間を短絡したときに端子間に流れる電流である．図 2.14 に示すように，短絡電流 I_s は電流源 I_1 を残し電流源 I_2 を開放した場合の短絡電流 I_{s1} と，電流源 I_2 を残し電流源 I_1 を開放した場合の短絡電流 I_{s2} との和で表される．

電流源 I_1 を残し電流源 I_2 を開放した場合の短絡電流 I_{s1} は，電流源 I_1 の電流を，電流の流れやすさを表す**コンダクタンス**（抵抗の逆数）の比率で分割すれば求められ，

$$I_{s1} = I_1 \frac{\frac{1}{R_2}}{\frac{1}{R_1} + \frac{1}{R_2}} = I_1 \frac{R_1}{R_1 + R_2} \tag{2.18}$$

となる．同様に I_{s2} を求めることができるので，短絡電流 I_s は，

$$I_s = I_{s1} + I_{s2} = I_1 \frac{R_1}{R_1 + R_2} + I_2 \frac{R_2}{R_1 + R_2} = \frac{I_1 R_1 + I_2 R_2}{R_1 + R_2} \tag{2.19}$$

と求められる．したがって，内部抵抗 R_o は

$$R_o = \frac{V_o}{I_s} = R_1 + R_2 \tag{2.20}$$

となる．このように重ね合わせの理を用いることにより，計算が簡単になるとともに，各信号源や各素子の寄与が分かりやすくなる．

❖2.3　受動素子

2.3.1　抵抗

抵抗とは，加えられた電気エネルギーを蓄積することなく消費して，熱に変換する素子である．図2.15に示すように，印加される電圧 V と流れる電流 I には，**オームの法則**として知られる次の関係がある．

$$V = RI \tag{2.21a}$$

$$I = GV \tag{2.21b}$$

ここで，比例係数 R が抵抗(Ω)で，比例係数 G を**コンダクタンス**(S)という．したがって，抵抗とコンダクタンスには，次の関係がある．

$$G = \frac{1}{R} \tag{2.22}$$

ところで，アナログ電子回路では**静的抵抗**と**動的抵抗**を区別して用いる．ダイオードの電圧-電流特性を図2.16に示す．電流は電圧に対して線形ではなく，非線形な特性を示す．静的抵抗 R_o は，発生している電圧 V_o をダイオードに流れる電流 I_o で割ったものであり，

$$R_o \equiv \frac{V_o}{I_o} \tag{2.23}$$

と表される．これに対し，動的抵抗 r_o は，電流 I_o における電圧変化 ΔV と電流変化 ΔI の比で表され，

$$r_o \equiv \left.\frac{dV}{dI}\right|_{I=I_0} \tag{2.24}$$

となる．アナログ電子回路では，この動的抵抗を一定の直流電流 V_o，もしくは一定の直流電圧 I_o で与えられるバイアス点での電流変化に対する電圧変化の算出によく用いる．

同様に，静的コンダクタンス G_o と動的コンダクタンス g_o は次のようになる．

$$G_o \equiv \frac{I_o}{V_o} \tag{2.25a}$$

$$g_o \equiv \left.\frac{dI}{dV}\right|_{V=V_0} \tag{2.25b}$$

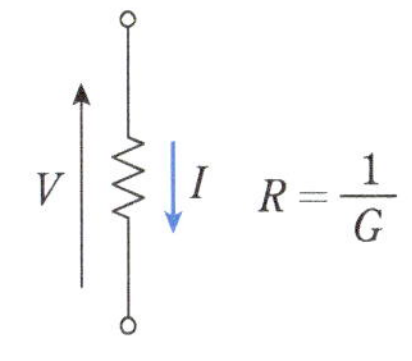

図 2.15　**抵抗**

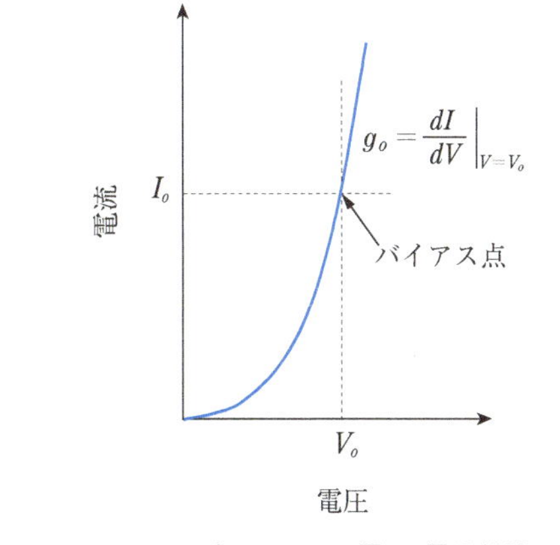

図 2.16　**ダイオードの電圧-電流特性**

動的抵抗や動的コンダクタンスは，バイアス点における電圧・電流の変化(微分)から得られることから微分抵抗，微分コンダクタンスと呼ばれることがある．

2.3.2　容量

容量とは，端子に電荷を保存して静電エネルギーを蓄積する素子である．容量の蓄積電荷 Q と電極間電圧 V は比例するが，電流 I は電荷 Q の時間微分であるので，端子間電圧 V は電流 I の時間積分に比例し，流れる電流 I は端子間電圧 V の時間微分に比例する．

1)　電荷および電圧-電流関係

図 2.17 に示すように，容量 C の 2 つの電極に電荷 $+Q$ および電荷 $-Q$ が保存されているとき，発生する電圧 V は

$$V=\frac{Q}{C} \tag{2.26}$$

となる．よって，容量 C に電圧 V が印加されたとき発生する電荷 Q は，

$$Q=CV \tag{2.27}$$

である．つまり，電流が流れなくても一定電圧が発生する．

電流 I は蓄積電荷 Q の時間変化なので，容量の電圧依存がない場合は

$$I=\frac{dQ}{dt}=C\frac{dV}{dt} \tag{2.28}$$

となり，流れる電流 I は容量 C と電圧 V の時間変化率の積に比例する．したがって，電圧 V は積分形式を用いることで，

$$V(t) = \frac{1}{C}\left[\int_{t_0}^{t} I(t)\,dt + Q_0\right] \tag{2.29}$$

と表される．ここで，Q_0は時間t_0における初期電荷である．つまり，容量の端子間電圧Vは，電流の時間積分値と初期電荷Q_0の和を容量Cで割ったものになる．

2）　電荷保存則

容量では，容量の接続端から流れ出る電流がなければ，その電荷が保存されるという**電荷保存則**が成り立つ．

図2.18の回路において，スイッチSを閉じる前に容量C_1，C_2に電圧V_1，V_2が印加され，それぞれ電荷Q_1，Q_2が蓄積されているとき，スイッチSを閉じると，容量C_1，C_2の電圧はV'となる．この電圧V'を電荷保存則を用いて求めてみよう．

電荷保存則より点Pの電荷が保存されるので，

$$-(Q_1 + Q_2) = -(Q_1{}' + Q_2{}') \tag{2.30}$$

となり，スイッチを閉じた後の容量は並列に接続され，電圧V'が発生していることを考慮し，

$$\begin{aligned} Q_1 &= C_1 V_1 \\ Q_2 &= C_2 V_2 \end{aligned} \tag{2.31}$$

を用いると，

$$V' = \frac{Q_1{}' + Q_2{}'}{C_1 + C_2} = \frac{Q_1 + Q_2}{C_1 + C_2} = \frac{C_1 V_1 + C_2 V_2}{C_1 + C_2} \tag{2.32}$$

となる．このように，容量を含む回路では電荷保存則を用いることによって，スイッチの状態を変えたときの電圧値を得ることができる．電荷保存則は電荷不変則とも呼ばれる．

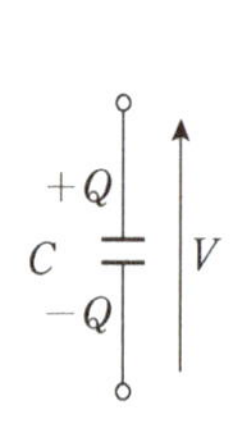

図2.17　容量

容量の電極間電圧は電荷量に比例するため変化しにくいが，流れる電流は電荷の時間微分に比例するため，時間変化が大きくなると電荷量そのものは小さくても流れる電流は大きくなる．つまり，信号の周波数が高くなると電流は流れやすくなる．

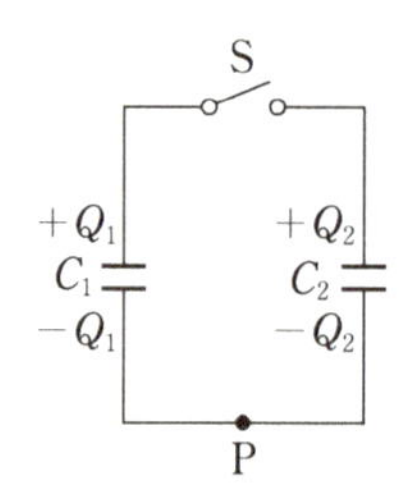

図2.18　電荷保存則

電荷は保存されるが，保存される電気エネルギーは不連続になる．この矛盾を解決するには容量間に抵抗を入れなければならない．つまり，電荷保存則を満たすために，一部の電気エネルギーは熱となって失われる．

2.3.3 インダクタ

インダクタとは，端子に流れる電流を磁束に変換して磁気エネルギーを蓄積する素子である．インダクタでは，発生する磁束 ϕ と流れる電流 I は比例する．発生する電圧 V は磁束の時間微分に比例するので，インダクタを流れる電流の時間微分にも比例する．

1）磁束および電圧-電流関係

図2.19に示すように，インダクタは磁性体もしくは空芯に巻線したものである．巻数 N のインダクタに電流 I を流すと，磁束 ϕ（Wb）が生じ，電流 I と磁束 ϕ の関係は次のようになる．

$$N\phi = LI \tag{2.33}$$

ここで，L は比例定数で，**インダクタンス**と呼ばれる．

巻数1のインダクタンスを L_o，電流 I を流したときの磁束を ϕ_o とすると，

$$\phi_o = L_o I \tag{2.34}$$

となる．巻数が N になると磁束は N 倍になるので，

$$\phi = N\phi_o = NL_o I \tag{2.35}$$

$$LI = N\phi = N^2 \phi_o = N^2 L_o I \tag{2.36}$$

となり，インダクタンス L は巻数 N の2乗に比例する．

磁束が変化すると，次のように巻数に比例して電圧が生じる．

$$V(t) = N\frac{d\phi(t)}{dt} \tag{2.37}$$

式 (2.33) と式 (2.37) より，

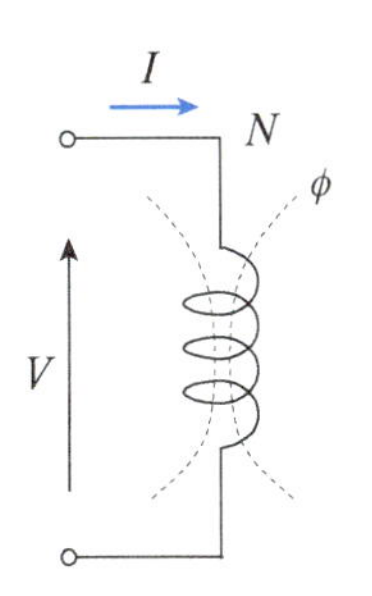

図 2.19　**インダクタ**

インダクタを貫く磁束は保存されるのでインダクタにおける電流はあまり変化しないが，発生する電圧は電流の時間微分に比例するので時間変化が大きくなると電流量そのものは小さくても発生する電圧は大きくなり，高電圧を発生することもある．また，流れる電流は電圧の時間積分で与えられるので，信号の周波数が高くなると電流は流れにくくなる．

$$V(t) = L\frac{dI(t)}{dt} \tag{2.38}$$

となり，電流の時間変化にインダクタンスをかけたものが発生電圧となる．逆に電圧 $V(t)$ を印加したときの電流は，

$$I(t) = \frac{1}{L}\left[\int_{t_0}^{t} V(t)\,dt + \phi_o\right] \tag{2.39}$$

となる．ここで，ϕ_o は時刻 t_0 における初期磁束である．

2） 鎖交磁束数不変則

図 2.20 において，はじめスイッチ S が閉じ，一定電流 I_1 が流れているとする．このとき電流 I_1 は，

$$I_1 = \frac{V_o}{R_1} \tag{2.40}$$

である．次にスイッチを開き，十分長い時間が経過したあとの電流 I_1'' は

$$I_1'' = \frac{V_o}{R_1 + R_2} \tag{2.41}$$

である．では，スイッチを開いた瞬間の電流 I_1' はどうなるだろう．**鎖交磁束数不変則**によれば，スイッチを開いた前後の2つのインダクタの鎖交磁束数は不変であるので，

$$I_1 L_1 + 0 \cdot L_2 = I_1'(L_1 + L_2) \tag{2.42}$$

となる．したがって，スイッチを開いた瞬間の電流 I_1' は，

$$I_1' = \frac{L_1}{(L_1 + L_2)} I_1 \tag{2.43}$$

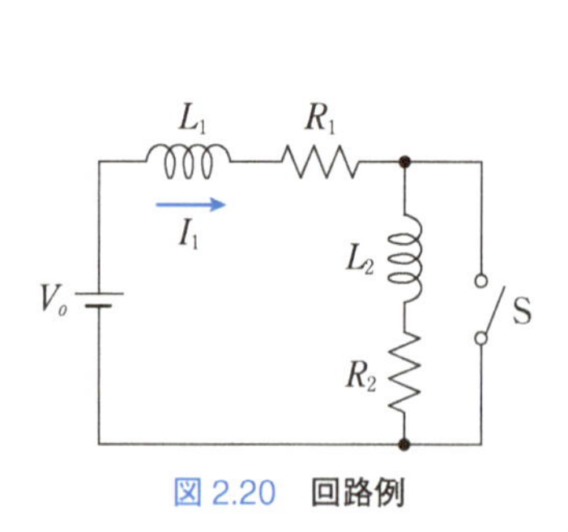

図 2.20　**回路例**

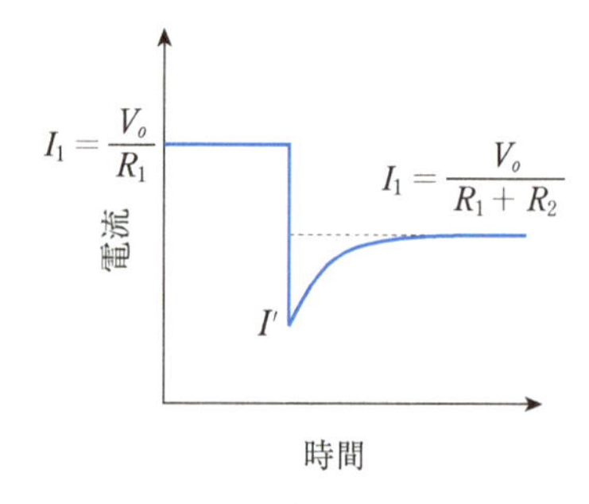

図 2.21　**インダクタの過渡特性**

鎖交磁束は保存されるが，保存される磁気エネルギーは不連続になる．この矛盾を解決するには，インダクタの端子間に抵抗を入れなければならない．よって，鎖交磁束数不変則を満たすために，一部の磁気エネルギーは熱となって失われる．

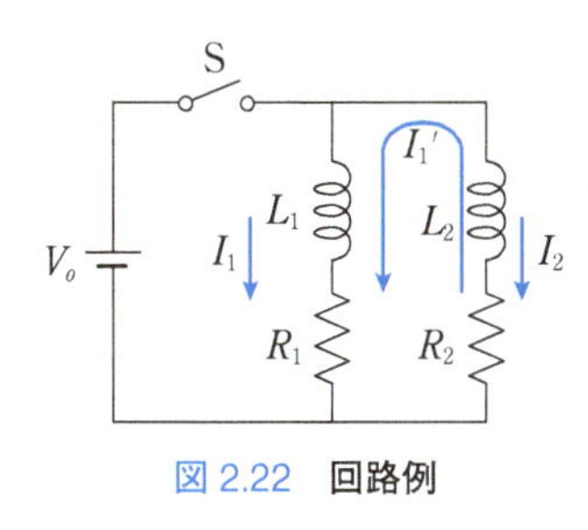

図 2.22　**回路例**

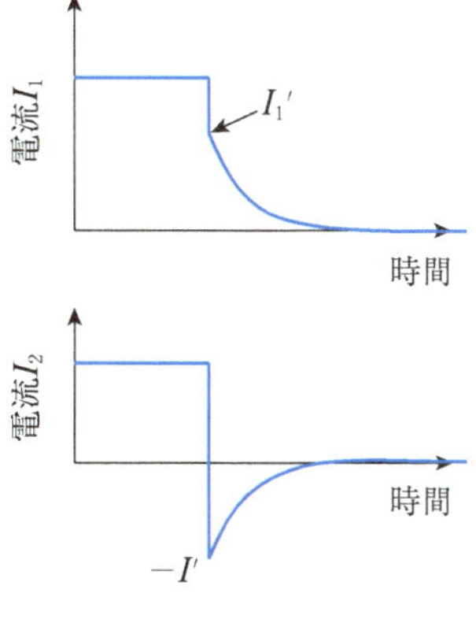

図 2.23　**インダクタの過渡特性**

と求められる．この様子を図2.21に示す．

ところで，図2.22の回路において，はじめスイッチSを閉じておくと，インダクタL_1，L_2に流れる電流I_1，I_2は，

$$I_1 = \frac{V_o}{R_1}, \quad I_2 = \frac{V_o}{R_2} \tag{2.44}$$

となる．次にスイッチを開くと，電流が2つのインダクタに流れる．十分長い時間が経過したあとの電流はゼロになるが，スイッチを入れた瞬間の電流I_1'は鎖交磁束数不変則により，電流の極性を考慮して，

$$I_1 L_1 - I_2 L_2 = I_1'(L_1 + L_2) \tag{2.45}$$

となる．したがって，スイッチを開いた瞬間の電流I_1'は，

$$I_1' = \frac{L_1 I_1 - L_2 I_2}{(L_1 + L_2)} \tag{2.46}$$

と求められる．図2.23に示すように，2つのインダクタを流れる電流はスイッチSを開いた瞬間，電流がI_1'にいったん変化してから減少することになる．

以上示したように，鎖交磁束数不変則はインダクタを含む回路の初期状態を求めるときに用いることが多い．

インピーダンスとアドミタンス

電圧，電流をそれぞれ $V(s)$，$I(s)$ で表すとき，図1(a)に示すように，素子のインピーダンス $Z(s)$ とアドミタンス $Y(s)$ は

$$Z(s) \equiv \frac{V(s)}{I(s)},\quad Y(s) \equiv \frac{I(s)}{V(s)} \tag{1}$$

で定義される．$Z(s)$ は「電流の流れにくさ」を，$Y(s)$ は「電流の流れやすさ」を表す．また，

$$Z(s) = \frac{1}{Y(s)} \tag{2}$$

の関係がある。

図1(b)のような直列接続素子のインピーダンス $Z(s)$ は

$$Z(s) = Z_1(s) + Z_2(s) \tag{3}$$

となる．図1(c)のような並列接続素子のアドミタンス $Y(s)$ は

$$Y(s) = Y_1(s) + Y_2(s) \tag{4}$$

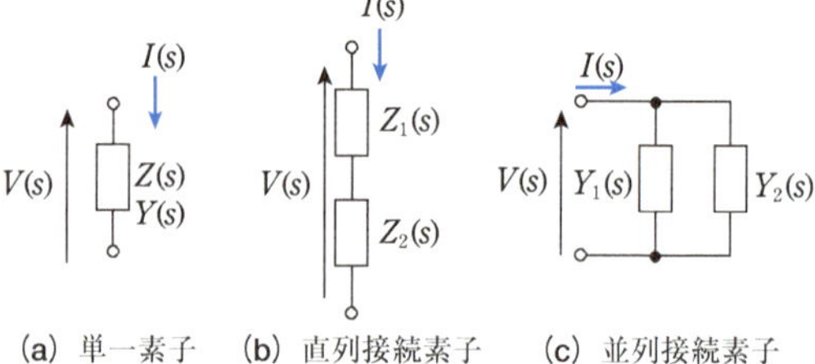

図1　インピーダンスとアドミタンス

となる．したがって，直列回路の場合はインピーダンス $Z(s)$ を用い，並列回路の場合はアドミタンス $Y(s)$ を用いる方が計算しやすい．

素子の直列接続の例を図2に示す。抵抗 R とインダクタ L，抵抗 R と容量 C の直列接続回路のインピーダンス $Z(s)$ は，それぞれ以下となる．

$$Z(s) = R + sL,\quad Z(s) = R + \frac{1}{sC} \tag{5}$$

素子の並列接続の例を図3に示す．コンダクタンス G で表した抵抗と容量 C，抵抗とインダクタ L の並列接続回路のアドミタンス $Y(s)$ は，それぞれ以下となる．

$$Y(s) = G + sC,\quad Y(s) = G + \frac{1}{sL} \tag{6}$$

図2　素子の直列接続の例
（インピーダンスで表した）

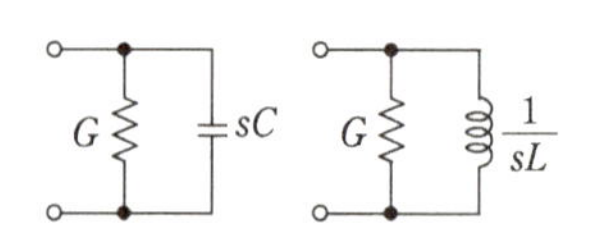

図3　素子の並列接続の例
（アドミタンスで表した）

❖2.4　微分方程式とラプラス変換

容量やインダクタを用いた回路では電圧-電流特性が**微分方程式**で表されるので，回路の応答を求めるためには微分方程式を解く必要がある．**ラプラス変換**は時間領域の関数を複素周波数領域の関数に変換するもので，ラプラス変換により微分方程式は代数方程式に変換される．一度ラプラス変換されると，時間応答のみならず周波数応答も容易に求めることができる．また，伝達関数のポールの位置よりシステムの安定性をも判断することが可能になる．

2.4.1　微分方程式

電気回路の受動素子のうち，容量とインダクタは電圧と電流の関係が微分もしくは積分の関係にあるため，これらの素子を含む回路の振る舞いを求めるためには微積分を含む方程式を解く必要がある．

例として，抵抗と容量が直列接続された **RC 回路**(図 2.24)に電圧 V_o を加えたときの応答を求めてみよう．電荷 Q_0 を容量 C の初期電荷とする．

時刻0でスイッチSを閉じると，次の方程式が成り立つ．

$$V_o = RI(t) + \frac{1}{C}\left[\int_0^t I(t)\,dt + Q_0\right] \tag{2.47}$$

このままでは解きにくいので，

$$I(t) = \frac{dq}{dt} = C\frac{dV_c}{dt} \tag{2.48}$$

を用いると，式 (2.47) は，

$$RC\frac{dV_c}{dt} + V_c = V_o - \frac{Q_0}{C} \tag{2.49}$$

となる．式 (2.49) の基本解を

$$V_c(t) = c_1 e^{h_1 t} \tag{2.50}$$

とおき，これを式 (2.49) に代入すると，

$$(RCh_1 + 1)c_1 e^{h_1 t} = 0 \tag{2.51}$$

$$h_1 = -\frac{1}{RC} \tag{2.52}$$

となる．一般解は，式 (2.50) に定数 A を加えたものであるので，

$$V_c(t) = c_1 e^{-\frac{1}{RC}t} + A \tag{2.53}$$

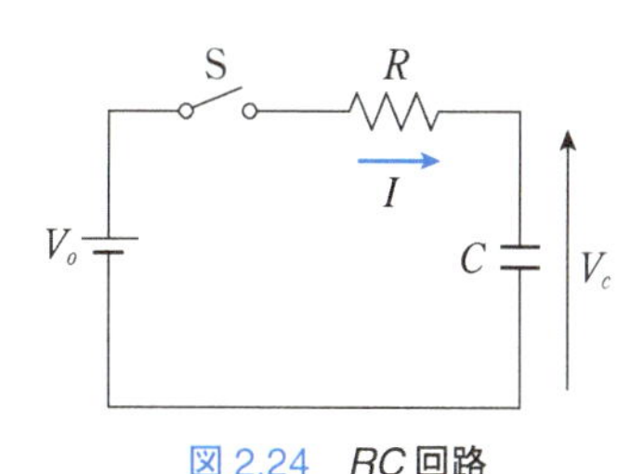

図 2.24　RC 回路

が成り立ち，$t=0$にて$V_c=\dfrac{Q_0}{C}$，$t=\infty$にて$V_c=V_o$より，電圧の応答は，

$$V_c(t)=V_o\left(1-e^{-\frac{1}{RC}t}\right)+\frac{Q_0}{C}e^{-\frac{1}{RC}t} \tag{2.54}$$

と求められる．

線形微分方程式の基本解と特殊解

次のような線形微分方程式

$$A_n\frac{d^n y}{dt^n}+A_{n-1}\frac{d^{n-1}y}{dt^{n-1}}+\cdots+A_0 y=f(t)$$

の場合，その解は，右辺をゼロとしたときの解(これを**基本解**という)と右辺を考慮したときの解(これを**特殊解**という)の和になる．

基本解は，

$$y=c_1e^{h_1t}+c_2e^{h_2t}+\cdots+c_ne^{h_nt}$$

となり，その定数は初期条件により決定される．

特殊解は右辺の関数と同一形式の関数となり，定数，n乗の多項式，指数関数，三角関数などになる．

2.4.2 ラプラス変換

連続時間信号$f(t)$のラプラス変換$F(s)$は，

$$F(s)=\mathcal{L}[f(t)]=\int_0^\infty f(t)e^{-st}dt \tag{2.55}$$

で与えられる．ここで，sは複素数である．表2.1に代表的な関数のラプラス変換をまとめる．

1) 単位ステップ関数

単位ステップ関数$u(t)$は，ある回路系でスイッチを閉じて一定電圧を加える場合などに用いられる．単位ステップ関数は

$$u(t)=\begin{cases}1, & t\geq 0\\ 0, & t<0\end{cases} \tag{2.56}$$

表 2.1 代表的な関数のラプラス変換

関数名	$f(t)$	$\mathcal{L}[f(t)] = F(s)$
単位インパルス関数	$\delta(t)$	1
単位ステップ関数	$u(t)$	$\dfrac{1}{s}$
ランプ関数	t	$\dfrac{1}{s^2}$
指数関数	$e^{\mp\alpha t}$	$\dfrac{1}{s \pm \alpha}$
	$te^{-\alpha t}$	$\dfrac{1}{(s+\alpha)^2}$
正弦波関数	$\sin\omega t$	$\dfrac{\omega}{s^2+\omega^2}$
余弦波関数	$\cos\omega t$	$\dfrac{s}{s^2+\omega^2}$
	$e^{-\alpha t}\sin\omega t$	$\dfrac{\omega}{(s+\alpha)^2+\omega^2}$
	$e^{-\alpha t}\cos\omega t$	$\dfrac{s+\alpha}{(s+\alpha)^2+\omega^2}$

このうち指数関数まで覚えておけば，正弦波・余弦波のラプラス変換はオイラーの公式を用いて導出できる．

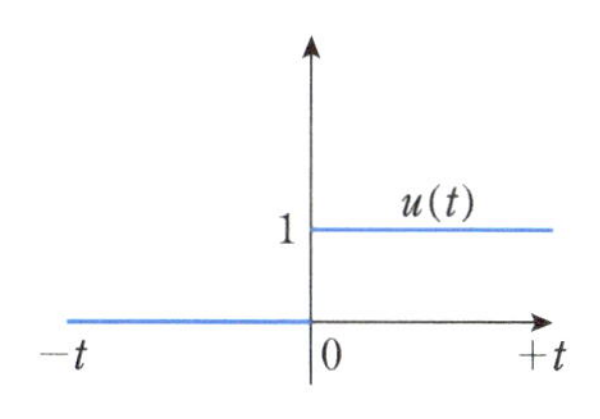

図 2.25 単位ステップ関数

で表され(図 2.25)，式 (2.55) を用いると，

$$F(s) = \mathcal{L}[u(t)] = \int_0^\infty u(t)e^{-st}dt = \int_0^\infty 1 \cdot e^{-st}dt = \left[-\frac{1}{s}e^{-st}\right]_0^\infty$$

$$= \lim_{t\to\infty}\left(-\frac{1}{s}e^{-st}\right) + \frac{1}{s} = \frac{1}{s} \tag{2.57}$$

となる．したがって，ラプラス変換対は次のようになる．

$$u(t) \Leftrightarrow \frac{1}{s} \tag{2.58}$$

2) 単位インパルス関数

単位インパルス関数 $\delta(t)$ は，システムの固有な性質を表すシステム関数を求める場合などに用いられる．単位インパルス関数は，

$$\delta(t) = \begin{cases} \infty, & t = 0 \\ 0, & t \neq 0 \end{cases}, \qquad \int_{-\infty}^{\infty} \delta(t)\,dt = 1 \tag{2.59}$$

で表され，式 (2.55) を用いると，

$$F(s) = \mathcal{L}[\delta(t)] = \int_0^{\infty} \delta(t)\,e^{-st}\,dt = 1 \tag{2.60}$$

となる．したがって，ラプラス変換対は次のようになる．

$$\delta(t) \Leftrightarrow 1 \tag{2.61}$$

3) 指数関数

指数関数 e^{at} は，式 (2.55) を用いると，

$$F(s) = \mathcal{L}[e^{at}] = \int_0^{\infty} e^{at} e^{-st}\,dt = \int_0^{\infty} e^{-(s-a)t}\,dt = \left[-\frac{1}{s-a} e^{-(s-a)t}\right]_0^{\infty}$$

$$= \frac{1}{s-a} \tag{2.62}$$

となるので，ラプラス変換対は

$$e^{at} \Leftrightarrow \frac{1}{s-a} \tag{2.63}$$

である．指数関数のラプラス変換は極めて重要で，微分方程式の解を求める場合に用いられる．また，次の正弦波・余弦波のラプラス変換もオイラーの公式により指数関数に変換することで求められる．

4) 正弦波・余弦波

指数関数を用いて，正弦波・余弦波のラプラス変換を求めてみよう．オイラーの公式

$$e^{\pm j\omega t} = \cos\omega t \pm j\sin\omega t \tag{2.64}$$

より（ここで，j は複素数である），

$$\cos\omega t = \frac{e^{j\omega t} + e^{-j\omega t}}{2}, \quad \sin\omega t = \frac{e^{j\omega t} - e^{-j\omega t}}{2j} \tag{2.65}$$

となり，正弦波・余弦波を指数関数に変換できる．したがって，ラプラス変換は，

$$F(s) = \mathcal{L}[\cos \omega t] = \frac{1}{2}\left(\frac{1}{s - j\omega} + \frac{1}{s + j\omega}\right) = \frac{s}{s^2 + \omega^2} \tag{2.66}$$

$$F(s) = \mathcal{L}[\sin \omega t] = \frac{1}{2j}\left(\frac{1}{s - j\omega} - \frac{1}{s + j\omega}\right) = \frac{\omega}{s^2 + \omega^2} \tag{2.67}$$

となり，ラプラス変換対は次のようになる．

$$\cos \omega t \Leftrightarrow \frac{s}{s^2 + \omega^2}, \quad \sin \omega t \Leftrightarrow \frac{\omega}{s^2 + \omega^2} \tag{2.68}$$

5) 時間をずらした波形

ある時間波形 $f(t) = g(t)u(t)$ を時間 T 遅らせたときの波形を $k(t)$ とすると，

$$k(t) = g(t - T)u(t - T) \tag{2.69}$$

となる．したがって，ラプラス変換は，

$$K(s) = \mathcal{L}[k(t)] = \int_0^{\infty} g(t - T)u(t - T)e^{-st}dt$$

$$= \int_T^{\infty} g(t - T)u(t - T)e^{-st}dt \tag{2.70}$$

ここで $u(t - T) = 0$，$t < T$ を用いた．$\tau = t - T$ の変換により，

$$K(s) = \int_0^{\infty} g(\tau)u(\tau)e^{-s(\tau+T)}d\tau = e^{-sT}\int_0^{\infty} g(\tau)u(\tau)e^{-s\tau}d\tau$$

$$= e^{-sT}\int_0^{\infty} f(\tau)e^{-s\tau}d\tau = e^{-sT}F(s) \tag{2.71}$$

となる．つまり，時間 T 遅らせるという時間領域での処理は，ラプラス変換では波形 $f(t)$ のラプラス変換に e^{-sT} をかけることに相当する．ラプラス変換対は次のようになる．

$$t \to t - T \Leftrightarrow e^{-sT} \tag{2.72}$$

この演算はアナログ信号(時間連続)とディジタル信号(時間離散)の橋渡しをする上で重要である．

6) 微分

微分演算のラプラス変換は，部分積分の公式($\int f(x)dx = F(x)$ とすると)

$$\int f(x) \cdot g(x)dx = F(x) \cdot g(x) - \int F(x) \cdot g'(x)dx \tag{2.73}$$

より，

$$K(s)=\mathcal{L}\left[\frac{df(t)}{dt}\right]=\int_0^{\infty}\frac{df(t)}{dt}e^{-st}dt$$
$$=\left[f(t)e^{-st}\right]_0^{\infty}-\int_0^{\infty}f(t)\frac{d}{dt}(e^{-st})dt$$
$$=\lim_{t\to\infty}\left(f(t)e^{-st}\right)-f(0)-\int_0^{\infty}f(t)(-se^{-st})dt \tag{2.74}$$

したがって，

$$K(s)=-f(0)+s\int_0^{\infty}f(t)e^{-st}dt=sF(s)-f(0) \tag{2.75}$$

となる．ここで，$f(0)$ とは $t=0$ における f の値であり，初期値と呼ばれる．したがって，ラプラス変換対は，

$$\frac{df(t)}{dt}\Leftrightarrow sF(s)-f(0) \tag{2.76}$$

となる．2次・3次の微分のラプラス変換対は，

$$\frac{d^2f(t)}{dt^2}\Leftrightarrow s^2F(s)-sf(0)-f'(0) \tag{2.77}$$

$$\frac{d^3f(t)}{dt^3}\Leftrightarrow s^3F(s)-s^2f(0)-sf'(0)-f''(0) \tag{2.78}$$

となり，一般的な n 次微分のラプラス変換対は，次のようになる．

$$\frac{d^nf(t)}{dt^n}\Leftrightarrow s^nF(s)-\sum_{k=1}^{n}s^{n-k}f^{k-1}(0) \tag{2.79}$$

7）積分

積分演算のラプラス変換は，部分積分の公式より，

$$K(s)=\mathcal{L}\left[\int_{-\infty}^{t}f(t)dt\right]=\int_0^{\infty}\left\{\int_{-\infty}^{t}f(t)dt\right\}e^{-st}dt$$
$$=\left[-\frac{e^{-st}}{s}\int_{-\infty}^{t}f(t)dt\right]_0^{\infty}+\frac{1}{s}\int_0^{\infty}f(t)e^{-st}dt=\frac{q(0)}{s}+\frac{F(s)}{s} \tag{2.80}$$

ここで，$q(0)\equiv\left[\int_{-\infty}^{t}f(t)dt\right]_{t=0}$ である．したがって，ラプラス変換対は

$$\int_{-\infty}^{t}f(t)dt\Leftrightarrow\frac{F(s)}{s}+\frac{q(0)}{s} \tag{2.81}$$

となる．ラプラス変換における微分と積分は初期値を考慮しなくてもよい場合は，式(2.82) に示すように，「微分は s をかける」「積分は s で割る」と覚えておけばよい．

$$\frac{d}{dt} \Leftrightarrow s$$
$$\int dt \Leftrightarrow \frac{1}{s} \tag{2.82}$$

2.4.3 ラプラス逆変換

ラプラス変換して得られた複素周波数領域の関数 $F(s)$ を実時間の関数 $f(t)$ に変換するのが**ラプラス逆変換**で，理論的にはラプラス逆変換は複素積分

$$f(t) = \mathcal{L}^{-1}[F(s)] = \frac{1}{2\pi j}\int_{\sigma-j\infty}^{\sigma+j\infty} F(s)\, e^{st}\, ds \tag{2.83}$$

で与えられるが，実際は部分分数展開を用いて求める．s による関数は以下のように分子・分母に多項式を持つ関数で書き表される．

$$N(s) = \frac{p(s)}{q(s)} = \frac{a_0 s^m + a_1 s^{m-1} + \cdots + a_{m-1}s + a_m}{b_0 s^n + b_1 s^{n-1} + \cdots + b_{n-1}s + b_n} \tag{2.84}$$

ここで，z_i を分子の多項式の根(これを**ゼロ**と呼ぶ)，p_j を分母の多項式の根(これを**ポール**と呼ぶ)とすると，式(2.84)は，

$$N(s) = H\frac{(s - z_1)(s - z_2)\cdots(s - z_m)}{(s - p_1)(s - p_2)\cdots(s - p_n)} \tag{2.85}$$

と表される．ここで，H は係数である．この形の関数は**システム関数**と呼ばれ，ポール(極)とゼロ(零点)によりシステムが記述される．そのため，ポールとゼロはシステムの特性を表す重要な概念となる．

例として，

$$F(s) = \frac{5s^2 + 2s + 4}{(s - 1)^2 (s + 2)} \tag{2.86}$$

のラプラス逆変換を行ってみよう．この式は，

$$F(s) = \frac{K_{11}}{s - 1} + \frac{K_{12}}{(s - 1)^2} + \frac{K_3}{(s + 2)} \tag{2.87}$$

と展開できる．各係数を求め，

$$K_{12} = (s - 1)^2 \frac{5s^2 + 2s + 4}{(s - 1)^2 (s + 2)}\bigg|_{s=1} = \frac{11}{3}$$
$$K_{11} = \frac{1}{1!}\frac{d}{ds}\left\{(s - 1)^2 \frac{5s^2 + 2s + 4}{(s - 1)^2 (s + 2)}\right\}\bigg|_{s=1} = \frac{25}{9} \tag{2.88}$$
$$K_2 = (s + 2)\frac{5s^2 + 2s + 4}{(s - 1)^2 (s + 2)}\bigg|_{s=-2} = \frac{20}{9}$$

ラプラス逆変換をすると，以下となる．

$$f(t)=\mathcal{L}^{-1}[F(s)]=\frac{25}{9}e^{t}+\frac{11}{3}te^{t}+\frac{20}{9}e^{-2t} \tag{2.89}$$

留数

ヘビサイドの展開定理より，式 (2.85) は $m<n$ の場合，以下のように展開できることが分かっている．

$$N(s)=\frac{K_1}{s-p_1}+\frac{K_2}{s-p_2}+\cdots+\frac{K_n}{s-p_n},$$

$$K_i=[(s-p_i)\cdot N(s)]_{s=p_i},\quad i=0,1,2,\ldots,n \tag{1}$$

ここで，K_i は**留数**と呼ばれる．したがって，ラプラス逆変換は，

$$f(t)=K_1e^{p_1t}+K_2e^{p_2t}+\cdots+K_ne^{p_nt},\quad t\geq 0$$

となる．つまり，時間応答はポールを比例係数とする指数関数を線形加算したものになる．

ところで，重根を持つ場合は厄介で，r 個の重根と $n-r$ 個の単極を持つ場合は

$$N(s)=\frac{K_{11}}{s-p_1}+\frac{K_{12}}{(s-p_1)^2}+\cdots+\frac{K_{1r}}{(s-p_1)^r}+\frac{K_2}{s-p_2}+\cdots+\frac{K_n}{s-p_n}$$

単極の留数は式 (1) と同様であるが，多重極の留数 K_r は

$$K_{1r}=\left[(s-p_1)^rN(s)\right]_{s=p_1},\quad K_{1r-i}=\frac{1}{i!}\left[\frac{d^i}{ds^i}\{(s-p_i)^rN(s)\}\right]_{s=p_1},$$
$$i=1,\ 2,\ldots,\ r-1$$

より求まり，逆ラプラス変換は，

$$\begin{aligned}f(t)&=\mathcal{L}^{-1}[N(s)]\\&=\left\{K_{11}+K_{12}\frac{t}{1!}+\cdots+K_{1r}\frac{t^{r-1}}{(r-1)!}\right\}e^{p_1t}+K_2e^{p_2t}+\cdots+K_ne^{p_nt}\end{aligned}$$

となる．

2.4.4 各素子のラプラス表記

電気回路は，ラプラス変換を用いることで，初期値を組み込んで解くことができる．ここでは，各素子の初期値を考慮したラプラス表記を示す．

1) 抵抗

抵抗は簡単であり，図 2.26 に示すように，

$$V(s) = RI(s)$$
$$I(s) = \frac{V(s)}{R} = GV(s) \tag{2.90}$$

である．

2) 容量

容量の端子間電圧 V は流れる電流 i に対して，$V(t) = \frac{1}{C}\int_{-\infty}^{t} i(t)\,dt$ であるので，これをラプラス変換すると，

$$V(s) = \frac{1}{C}\left[\frac{I(s)}{s} + \frac{q(0^-)}{s}\right] = \frac{I(s)}{sC} + \frac{V(0^-)}{s} \tag{2.91}$$

となる．ここで，$q(0^-)$ は初期電荷である．

また，流れる電流 i は端子間電圧 V に対して，$I(t) = C\frac{dV(t)}{dt}$ であるので，これをラプラス変換すると，

$$I(s) = C[sV(s) - V(0^-)] \tag{2.92}$$

となる．したがって，容量は図 2.27 に示すような回路で表される．

3) インダクタ

インダクタに発生する電圧 V は流れる電流 I に対して，$V(t) = L\frac{dI(t)}{dt}$ であるので，これをラプラス変換すると，

$$V(s) = L[sI(s) - I(0^-)] = sLI(s) - LI(0^-) \tag{2.93}$$

また，流れる電流 I はインダクタに発生する電圧 V に対して，$I(t) = \frac{1}{L}\int_{-\infty}^{t} V(t)\,dt$ で

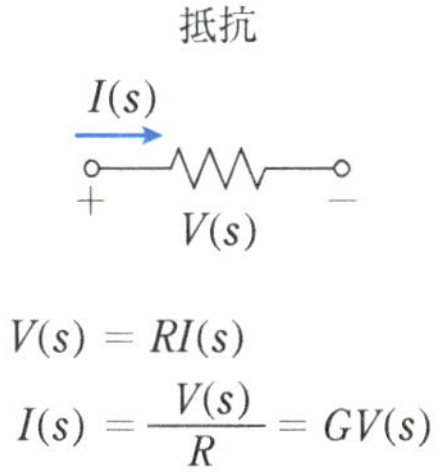

図 2.26　抵抗の表記

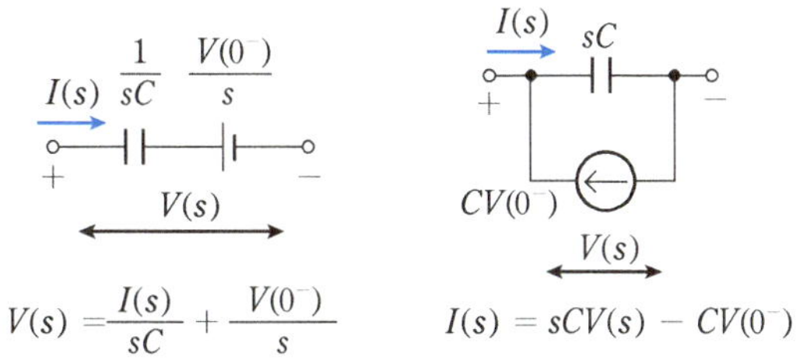

図 2.27　容量の表記

あるので，これをラプラス変換すると，

$$I(s) = \frac{V(s)}{sL} + \frac{I(0^-)}{s} \tag{2.94}$$

となる．したがって，インダクタは図 2.28 に示すような回路で表される．

以上の表記法を用いて，初期値を考慮した回路網方程式を解いてみよう．図 2.29 において，容量 C_1 は最初に電圧 V_o で充電されており，容量 C_2 は完全に放電されて初期電荷がないものとする．スイッチを閉じたのちの電圧を求めてみよう．

図 2.30 のラプラス表記の回路方程式は

$$V(s)\left(\frac{1}{R} + sC_1 + sC_2\right) = C_1 V_o \tag{2.95}$$

であり，これより，

$$V(s) = \frac{1}{s + \dfrac{1}{R(C_1 + C_2)}} \cdot \frac{C_1}{C_1 + C_2} V_o \tag{2.96}$$

となる．ラプラス逆変換により，スイッチを閉じたのちの電圧は

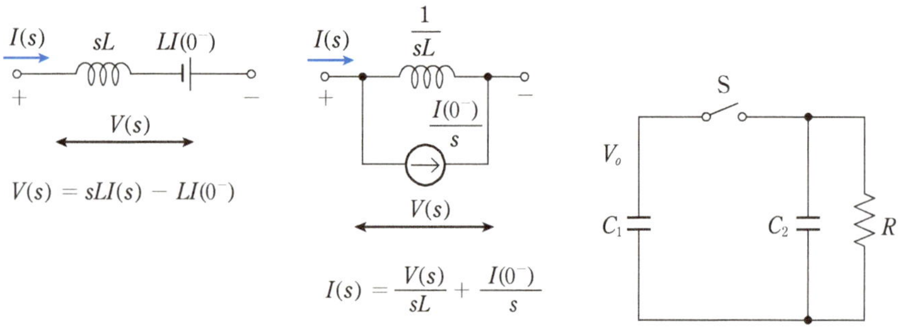

図 2.28　インダクタの表記

図 2.29　容量と抵抗による回路

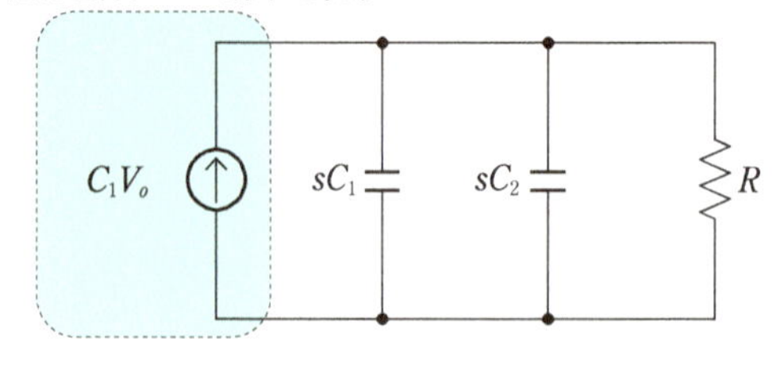

図 2.30　ラプラス表記の回路

初期電荷の効果を表す電流源は s で割る必要はないことに注意．

$$V(t) = \frac{C_1}{C_1 + C_2} V_o e^{-\frac{t}{R(C_1 + C_2)}} \tag{2.97}$$

と求められる．したがって，スイッチを閉じた瞬間に初期電圧は容量分配され，電圧は次第にゼロになる．

❖2.5　キルヒホッフの法則

抵抗，容量，インダクタなどの複数の素子が接続された回路を**回路網**といい，これらの回路網の電圧もしくは電流を求めるには，**キルヒホッフの第1法則**および**第2法則**を用いる．

2.5.1　キルヒホッフの第1法則（電流連続則）

キルヒホッフの第1法則を図2.31に示す．定義は「任意のノードに流入する電流の和はゼロとなる」である．つまり，「流れ込んだ電流量は流れ出る電流量に等しい」ということである．**電流連続則**とも呼ばれる．これは物質不滅の法則であり，数学的には次のようになる．

$$\sum_{i=1}^{n} I_i = 0 \tag{2.98}$$

ここで，n はノードに流れ込む電流の数である．

2.5.2　キルヒホッフの第2法則

キルヒホッフの第2法則を図2.32に示す．定義は「ある経路に沿った電圧の和はゼロとなる」である．つまり，「ノード間の電圧差はどの経路を取っても等しい」ということであり，数学的には次のようになる．

$$\sum_{i=1}^{n} V_i = 0 \tag{2.99}$$

ここで，n は経路の電圧の数である．

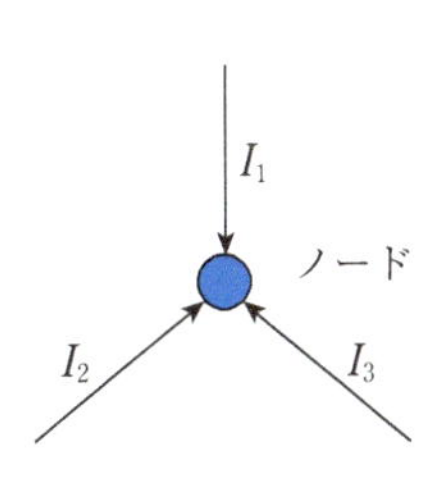

図2.31　キルヒホッフの第1法則

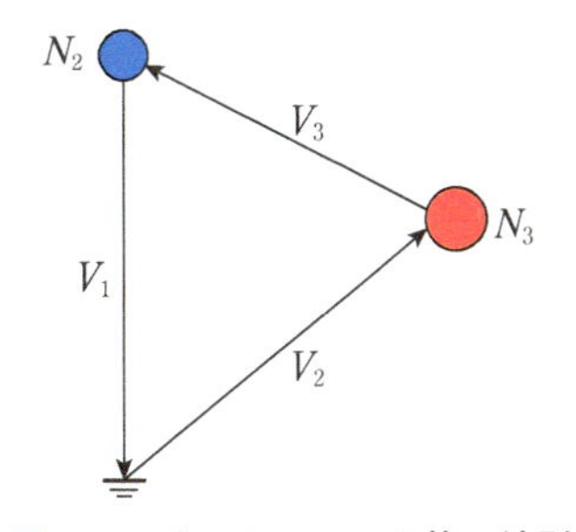

図2.32　キルヒホッフの第2法則

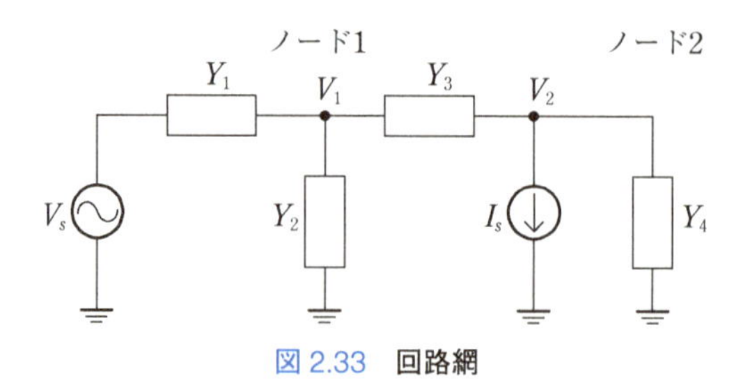

図 2.33 **回路網**

図2.33のような回路網では，キルヒホッフの第1法則により以下の式が成り立つ．

$$
\begin{aligned}
&\text{ノード1}: Y_1(V_1 - V_s) + Y_2 V_1 + Y_3(V_1 - V_2) = 0 \\
&\text{ノード2}: Y_3(V_2 - V_1) + I_s + Y_4 V_2 = 0
\end{aligned}
\tag{2.100}
$$

以上の式を各ノード電圧でまとめると，

$$
\begin{aligned}
&(Y_1 + Y_2 + Y_3)V_1 - Y_3 V_2 = Y_1 V_s \\
&-Y_3 V_1 + (Y_3 + Y_4)V_2 = -I_s
\end{aligned}
\tag{2.101}
$$

となる．したがって，ノード電圧は，

$$
\begin{aligned}
V_1 &= \frac{(Y_3 + Y_4)Y_1 V_s - Y_3 I_s}{Y_3(Y_1 + Y_2) + Y_4(Y_1 + Y_2 + Y_3)} \\
V_2 &= \frac{Y_1 Y_3 V_s - (Y_1 + Y_2 + Y_3)I_s}{Y_3(Y_1 + Y_2) + Y_4(Y_1 + Y_2 + Y_3)}
\end{aligned}
\tag{2.102}
$$

となる．

一般に回路網を解くには，回路網を**接点電位** V と**アドミタンス** Y で表し，キルヒホッフの第1法則を用いる．第1法則の方が第2法則よりも解きやすい．第1法則の方が任意性の強い第2法則(ループ)よりも明快で，頻繁に用いられる容量が分数の形式にならないからである．

一般的には，接点電位，アドミタンス行列，電流源は，

$$
\begin{pmatrix} I_1 \\ I_2 \\ \vdots \\ I_n \end{pmatrix} = \begin{pmatrix} Y_{11} & Y_{12} & & Y_{1n} \\ Y_{21} & Y_{22} & & \\ & & & \\ Y_{n1} & & & Y_{nn} \end{pmatrix} \cdot \begin{pmatrix} V_1 \\ V_2 \\ \vdots \\ V_n \end{pmatrix}
\tag{2.103}
$$

と表すことができ，この行列式の解は，クラメールの公式を用いて，次のようになる．

$$V_1 = \frac{\Delta_1}{\Delta} = \frac{\begin{pmatrix} I_1 & Y_{12} & & Y_{1n} \\ I_2 & Y_{22} & & \\ & & & \\ & & & \\ I_n & & & Y_{nn} \end{pmatrix}}{\begin{pmatrix} Y_{11} & Y_{12} & & Y_{1n} \\ Y_{21} & Y_{22} & & \\ & & & \\ & & & \\ Y_{n1} & & & Y_{nn} \end{pmatrix}} \tag{2.104}$$

∵2.6　回路の時間応答と安定性

回路のインピーダンスやアドミタンス，伝達関数などを複素周波数 s で表したものが**システム関数**である．このシステム関数により，回路の時間応答や安定性が分かる．

2.6.1　システム関数とインパルス応答

入力信号 $x(t)$ をラプラス変換したものを $X(s)$，出力信号 $y(t)$ をラプラス変換したものを $Y(s)$ とすると，

$$Y(s) = H(s) \cdot X(s) \tag{2.105}$$

で表される $H(s)$ がシステム関数である．一般にシステム関数は，

$$H(s) = \frac{p(s)}{q(s)} = \frac{a_0 s^m + a_1 s^{m-1} + \cdots + a_{m-1} s + a_m}{b_0 s^n + b_1 s^{n-1} + \cdots + b_{n-1} s + b_n} \tag{2.106}$$

と表され，ゼロ z とポール p を用いると，次のように表される．

$$H(s) = H \frac{(s - z_1)(s - z_2) \cdots (s - z_m)}{(s - p_1)(s - p_2) \cdots (s - p_n)} \tag{2.107}$$

ところで，システムの応答を評価するにはインパルス入力に対する応答を用いる．インパルス入力はシステムに対する瞬間的なエネルギーの注入を意味しており，その応答は入力信号波形によらないシステム固有の応答を表している．例えば，釣鐘(つりがね)を撞木(しゅもく)で打つと，ゴーンとかカーンという音が出るが，撞木を打つことがインパルス入力を表し，音が釣鐘というシステムの固有応答を表している．単位インパルス関数のラプラス変換は式 (2.61) から 1 になることから分かるように，その応答はシステム固有のものであることが分かる．

システムの**インパルス応答**はそのポールの位置により，次のように分類される．

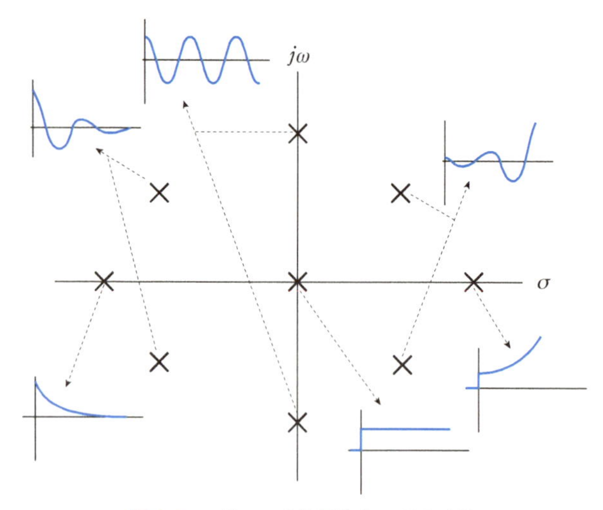

図 2.34　**ポールの位置とシステム応答**

受動素子のみで構成されている回路のポールは必ず左反面にあり，振動は減衰する．

・実の単極：$p \to Ke^{pt}$　(2.108a)

・複 素 極：$\sigma \pm j\omega \to Ke^{\sigma t}\cos(\omega t + \theta)$　(2.108b)

・多 重 極：$p \to Kt^{i}e^{pt},\quad Kt^{i}e^{\sigma t}\cos(\omega t + \theta)$　(2.108c)

一般的なポール p は複素極 $p = \sigma + j\omega$ で表されるので，その時間応答は，

$$Ke^{pt} = Ke^{(\sigma + j\omega)t} = Ke^{\sigma t}\cdot e^{j\omega t} \tag{2.109}$$

となる．ここで，$e^{j\omega t}$ は絶対値が1で位相が時間に比例して回転する角周波数 ω の振動を表し，$e^{\sigma t}$ はその絶対値の時間変化を表す．この時間応答は，$\sigma > 0$ で時間とともに増大，$\sigma = 0$ で時間に依存せずに一定，$\sigma < 0$ で時間とともに減衰する．つまり，ポールが実軸上にあり，虚数成分を持たない場合は振動せず，それ以外では振動することを意味している．したがって，図 2.34 に示すようにシステムの応答はポールの位置により決まる．

2.6.2　システムの安定性

システムの振る舞いは，次のように3つ(**安定**，**準安定**，**不安定**)に分類でき，システムを解析する上で重要な特性を与える．

・安　定：$h(t) \to 0\,(t \to \infty) \Rightarrow \mathrm{Re}\,(p_i) < 0,\quad i = 1, 2, \ldots, n$ (2.111)

・準安定：$|h(t)| \leq K\,(0 \leq t < \infty) \Rightarrow$ 単極 $\mathrm{Re}\,(p) = 0$，多重極 $\mathrm{Re}\,(p) < 0$ (2.112)

・不安定：$|h(t)| \to \infty\,(t \to \infty) \Rightarrow$
少なくとも1つの単極 $\mathrm{Re}\,(p) > 0$，多重極 $\mathrm{Re}\,(p) \geq 0$ (2.113)

2.6.3 単位ステップ応答

自動制御や負帰還回路ではステップ波に対しての応答が重要である．この応答を**単位ステップ応答**もしくは**インディシャル応答**という．

1) 1次遅れの系の単位ステップ応答

図2.35(a)に示すように抵抗と容量，もしくは抵抗とインダクタからのみになり，容量とインダクタを同時に含まない回路を**1次遅れの系**といい，伝達関数$H(s)$は

$$H(s) = \frac{K}{1 + \tau s} \tag{2.114}$$

で表される．この回路の単位ステップ応答は，

$$y(t) = \mathcal{L}^{-1}\left\{\frac{H(s)}{s}\right\} = \mathcal{L}^{-1}\left\{\frac{K}{s(1 + \tau s)}\right\} = K\left(1 - e^{-\frac{t}{\tau}}\right) \tag{2.115}$$

となる．この応答の波形を図2.35(b)に示す．τは応答の速さを表すパラメータで，**時定数**と呼ばれる．応答波形の時間ゼロでの勾配をそのまま延長して最終値と交わる時間が時定数を与えている．このときの応答波形は最終値の$1 - 1/e = 0.63$になる．図2.34に示した回路のτは$\tau = RC$である．

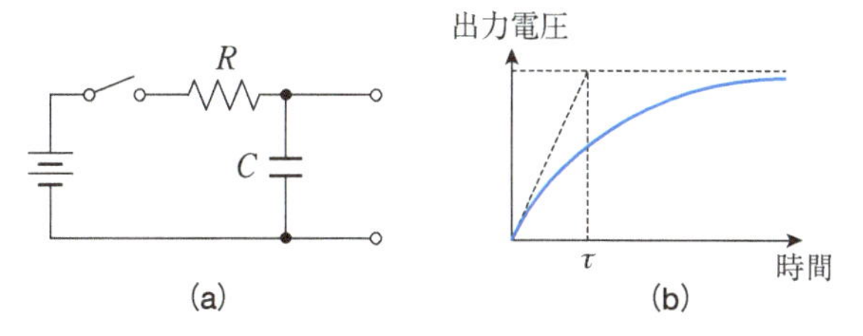

図2.35　*RC*積分回路

容量と抵抗だけで構成される回路，もしくはインダクタと抵抗だけで構成される回路は，1次遅れの系となり，振動成分を発生させることはない．

2) 2次遅れの系の単位ステップ応答

図2.36に示すように，抵抗と容量およびインダクタのみからなる回路を**2次遅れの系**といい，伝達関数 $H(s)$ は

$$H(s) = \frac{a_0}{b_2 s^2 + b_1 s + b_0} = \frac{K}{1 + 2\zeta Ts + T^2 s^2} = \frac{K\omega_n{}^2}{s^2 + 2\zeta\omega_n s + \omega_n{}^2} \quad (2.116)$$

で表される．ここで，$K = \dfrac{a_0}{b_0}$，$T^2 = \dfrac{b_2}{b_0}$，$2\zeta T = \dfrac{b_1}{b_0}$，$\omega_n = \dfrac{1}{T}$であり，$\zeta$は**減衰係数**（**ダンピングファクター**），ω_n は**固有角周波数**と呼ばれる．この回路では，

$$\zeta = \frac{R}{2}\sqrt{\frac{C}{L}},\quad T = \sqrt{LC},\quad \omega_n = \frac{1}{\sqrt{LC}}$$

である．この単位ステップ応答を求めてみよう．特性方程式は$s^2 + 2\zeta\omega_n s + \omega_n{}^2 = 0$であるので，その根は

$$p_1 = p_2 = \left(-\zeta \pm \sqrt{\zeta^2 - 1}\right)\omega_n \quad (2.117)$$

となり，単位ステップ応答は

$$y(t) = \mathcal{L}^{-1}\left\{\frac{\omega_n{}^2}{s(s - p_1)(s - p_2)}\right\} \quad (2.118)$$

で表され，ラプラス逆変換として求められる．単位ステップ応答は，減衰係数ζに応じて，次のように分類される．

・$\zeta > 1$（**過制動**）（p_1，p_2は相異なる実根）

$$y(t) = 1 - e^{-\zeta\omega_n t}\frac{\sinh\left(\sqrt{\zeta^2 - 1}\,\omega_n t + \gamma\right)}{\sqrt{\zeta^2 - 1}} \quad (2.119)$$

ただし，$\gamma = \tanh^{-1}\dfrac{\sqrt{\zeta^2 - 1}}{\zeta}$である．

・$\zeta = 1$（**臨界制動**）（p_1，p_2は重根）

$$y(t) = 1 - (1 + \omega_n t)e^{-\omega_n t} \quad (2.120)$$

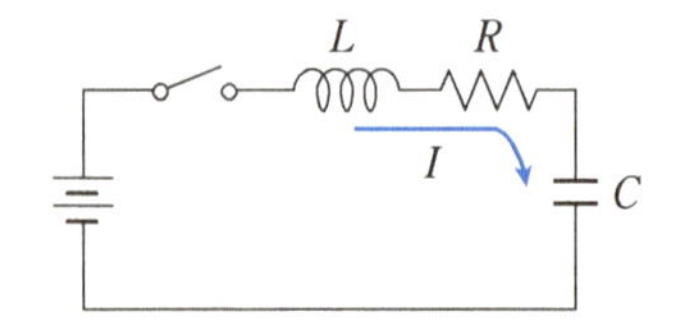

図 2.36　**回路網**
インダクタと容量が入ると，2次遅れの系になる．

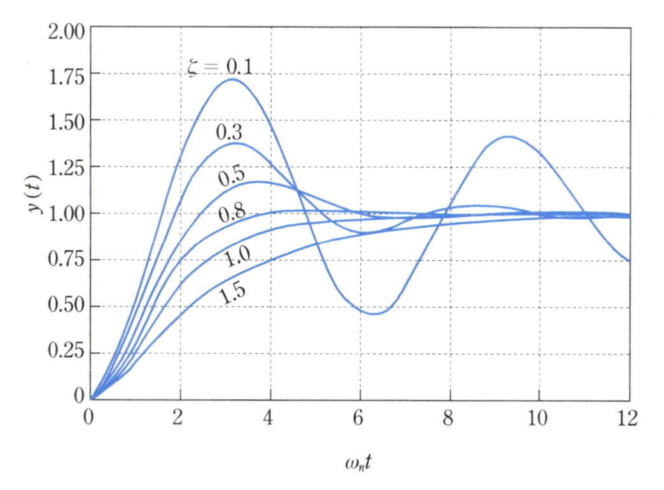

図 2.37　**2 次遅れの系の単位ステップ応答波形**
2 次遅れの系の応答は振動成分を発生させる可能性があるが，減衰係数 ζ が 1.00 を超えると振動成分は現れない．したがって，減衰係数を制御することでシステムを安定させることができる．

・$\zeta < 1$（**不足制動**）（p_1，p_2 は複素共役根）

$$y(t) = 1 - e^{-\zeta\omega_n t}\frac{\sin\left(\sqrt{1-\zeta^2}\,\omega_n t + \phi\right)}{\sqrt{1-\zeta^2}} \tag{2.121}$$

ただし，$\phi = \tan^{-1}\dfrac{\sqrt{\zeta^2 - 1}}{\zeta}$ である．

$\omega_n t$ を横軸にとり，減衰係数 ζ をパラメータとしたときの応答波形を図 2.37 に示す．ζ の値が小さいと，波形は振動的になり収束しにくくなる．一方，大きすぎると応答が遅くなり収束に時間がかかる．したがって，減衰係数はシステムの設計にあたって重要なパラメータであることが分かる．一般的には，**収束性**（**セットリング**）を向上させるためには，$\zeta = \dfrac{1}{\sqrt{2}} \approx 0.7$ 程度にすることが多い．

❖2.7　システムの周波数特性

システムの解析においては，時間応答だけでなく周波数応答も重要である．例えば，信号に雑音や妨害信号が混じっている場合，必要な信号のみを取り出し，雑音や妨害信号はできるだけ減衰させたいことが多い．このような操作を**フィルタ**という．また，最終的には時間応答を求めたい場合でも，システムの特性に強い周波数依存があり，微分方程式では表現しにくい場合や，そのシステム特性の周波数領域での測定が容易な場合は，入力信号をフーリエ級数やフーリエ変換を用いて周波数領域で記述し，それぞれの周波数領域でのシステムの応答を求め，フーリエ逆変換などを用いて時間領域の応答に変換することもよく行われる．

2.7.1 ポールとゼロおよびシステムの周波数特性

システムはラプラス変換を用いることで，次のようにポール p_i およびゼロ z_i で表すことができた．

$$H(s) = H\frac{(s-z_1)(s-z_2)\cdots(s-z_m)}{(s-p_1)(s-p_2)\cdots(s-p_n)} \tag{2.122}$$

システムの**周波数特性**とは正弦波に対する定常応答であるので，$s=\sigma+j\omega$ において $\sigma=0$ の場合である．したがって，式 (2.122) に $s=j\omega$ を代入すると，

$$H(j\omega) = H\frac{(j\omega-z_1)(j\omega-z_2)\cdots(j\omega-z_m)}{(j\omega-p_1)(j\omega-p_2)\cdots(j\omega-p_n)} \tag{2.123}$$

となる．周波数特性は大きさと位相により表す．ポール p_i およびゼロ z_i は複素数であるので，これを大きさ $M(\omega)$ と位相 $\phi(\omega)$ で表現される極形式に変換すると，

$$j\omega - S_r = M(\omega)\,e^{j\phi(\omega)} \tag{2.124}$$

となる．ここで，S_r はポール p_i，もしくはゼロ z_i を一般的に表す．

例えば，ポールとゼロの位置は，RC 積分回路や RC 微分回路では図 2.38 のようになる．ポールはともに実軸上の $-\dfrac{1}{RC}$ であり，RC 微分回路ではゼロ点を持ち，その値はゼロである．大きさ $M(\omega)$ と位相 $\phi(\omega)$ を求めると，図 2.39 に示したように，ポール $-\dfrac{1}{RC}$ においては，

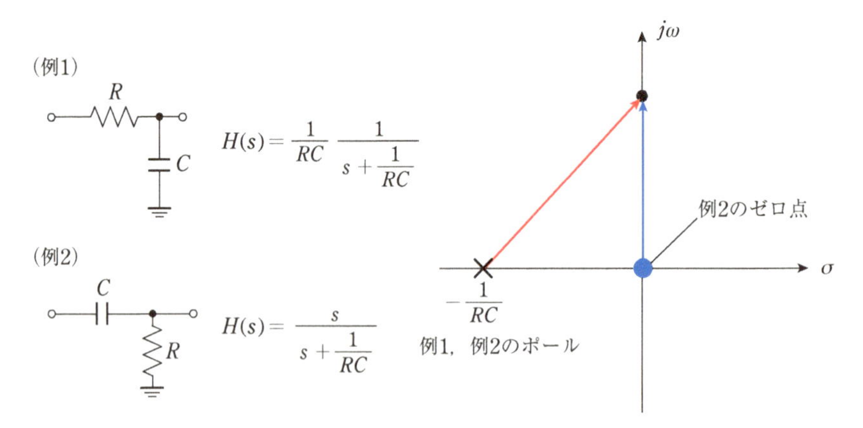

図 2.38　RC 積分・微分回路とポール・ゼロの位置

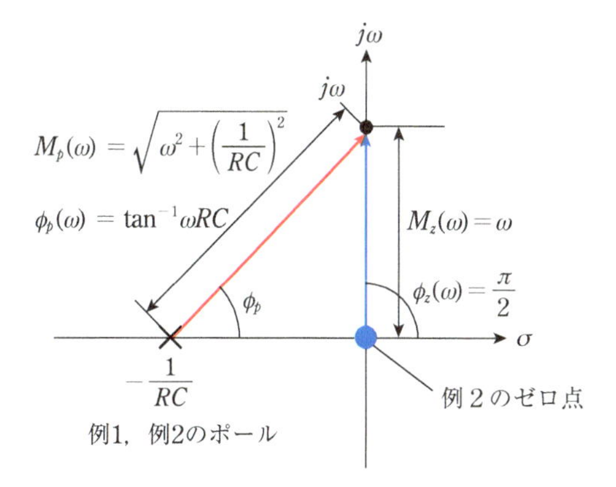

図 2.39　RC 積分・微分回路の利得と位相

$$M_p(\omega)=\sqrt{\omega^2+\left(\frac{1}{RC}\right)^2} \tag{2.125a}$$

$$\phi_p(\omega)=\tan^{-1}\omega RC \tag{2.125b}$$

であり，ゼロ点においては

$$M_z(\omega)=\omega \tag{2.126a}$$

$$\phi_z(\omega)=\frac{\pi}{2} \tag{2.126b}$$

である．この結果より，大きさ M は各ポールやゼロから虚軸上の角周波数までの長さであり，位相は実軸をゼロとした基準からの角度であることが分かる．

式 (2.124) を用いることで，周波数特性を表す式 (2.123) は以下のようになる．

$$H(j\omega)=H\frac{M_{z1}M_{z2}\cdots M_{zm}}{M_{p1}M_{p2}\cdots M_{pn}}e^{j(\phi_{z1}+\phi_{z2}+\cdots+\phi_{zm}-\phi_{p1}-\phi_{p2}-\cdots-\phi_{pn})} \tag{2.127}$$

つまり，システムの周波数特性の大きさの部分はゼロから虚軸上の角周波数までの長さをかけて，各ポールからの長さで割ったものであり，位相の部分は各ゼロから虚軸上の角周波数への角度を足して，各ポールから虚軸上の角周波数への角度で引いたものである．

したがって，大きさを $|H(\omega)|$ とすると，RC 積分回路の周波数特性は，

$$|H(\omega)|=\frac{1}{RC}\frac{1}{\sqrt{\omega^2+\left(\frac{1}{RC}\right)^2}}=\frac{1}{\sqrt{1+(\omega RC)^2}}=\frac{1}{\sqrt{1+\left(\frac{\omega}{\omega_c}\right)^2}} \tag{2.128a}$$

$$\phi(\omega)=-\tan^{-1}\omega RC=-\tan^{-1}\left(\frac{\omega}{\omega_c}\right) \tag{2.128b}$$

となる．ここで，$\omega_c = \dfrac{1}{RC}$ である．同様に，RC 微分回路の周波数特性は，

$$|H(\omega)| = \frac{\omega}{\sqrt{\omega^2 + \left(\dfrac{1}{RC}\right)^2}} = \frac{1}{\sqrt{1 + \left(\dfrac{1}{\omega RC}\right)^2}} = \frac{1}{\sqrt{1 + \left(\dfrac{\omega_c}{\omega}\right)^2}} \tag{2.129a}$$

$$\phi(\omega) = \frac{\pi}{2} - \tan^{-1}\omega RC = -\tan^{-1}\left(\frac{\omega}{\omega_c}\right) \tag{2.129b}$$

となる．RC 積分・微分回路の周波数特性を表 2.2 に示す．

表 2.2　RC 積分・微分回路の周波数特性

	RC 積分回路			RC 微分回路		
角周波数	$\omega = 0$	$\omega = \infty$	$\omega = \omega_c$	$\omega = 0$	$\omega = \infty$	$\omega = \omega_c$
大きさ	1	0	$\dfrac{1}{\sqrt{2}}$	0	1	$\dfrac{1}{\sqrt{2}}$
位相	0°	−90°	−45°	90°	0	45°

2.7.2　ボード線図と骨格ボード線図

1)　ボード線図

周波数特性をより分かりやすく表現したのが**ボード線図**である．周波数特性を表す式 (2.127) を対数に変換し，利得と位相に分けると，

$$\textbf{利得：}\ 20\log|H(\omega)| = 20\log H + 20\sum_{i=1}^{m}\log|M_{zi}| - 20\sum_{i=1}^{n}\log|M_{pi}| \tag{2.130a}$$

$$\textbf{位相：}\ \phi = \sum_{i=1}^{m}\phi_{zi} - \sum_{i=1}^{n}\phi_{pi} \tag{2.130b}$$

となり，利得も位相もゼロとポールに関する利得と位相の加減算で表される．

2)　骨格ボード線図

骨格ボード線図とは，ポールやゼロが実数の場合にボード線図を直線で近似したものである．このことにより作図が簡単になり設計がしやすくなる．

ポールやゼロが実数の場合，式 (2.123) の周波数特性は $-z_m = \omega_{zm}$，$-p_n = \omega_{pm}$ を用いて，次のように書き換えることができる．

$$H(j\omega) = H\frac{(j\omega - z_1)(j\omega - z_2)\cdots(j\omega - z_m)}{(j\omega - p_1)(j\omega - p_2)\cdots(j\omega - p_n)}$$

$$= G\frac{\left(1 + \dfrac{j\omega}{\omega_{z1}}\right)\left(1 + \dfrac{j\omega}{\omega_{z2}}\right)\cdots\left(1 + \dfrac{j\omega}{\omega_{zm}}\right)}{\left(1 + \dfrac{j\omega}{\omega_{p1}}\right)\left(1 + \dfrac{j\omega}{\omega_{p2}}\right)\cdots\left(1 + \dfrac{j\omega}{\omega_{pn}}\right)} \tag{2.131}$$

ここで，G は周波数がゼロのときの利得である．なお，ω_{zm}，ω_{pn} はそれぞれゼロ角周波数，ポール角周波数と呼ばれる．

式 (2.131) を対数に変換し，利得と位相に分けると，

利得：$20\log|H(\omega)|$

$$= 20\log G + 20\sum_{i=1}^{m}\log\left|1 + j\frac{\omega}{\omega_{zi}}\right| - 20\sum_{i=1}^{n}\log\left|1 + j\frac{\omega}{\omega_{pi}}\right| \tag{2.132a}$$

位相：$$\phi = 57.3\left(\sum_{i=1}^{m}\tan^{-1}\frac{\omega}{\omega_{zi}} - \sum_{i=1}^{n}\tan^{-1}\frac{\omega}{\omega_{pi}}\right) \tag{2.132b}$$

となる．ここで，利得は複素数の絶対値を求め，

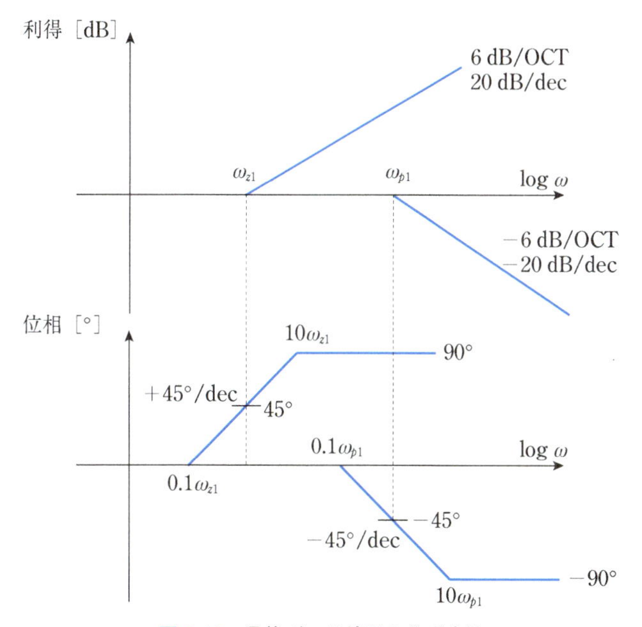

図 2.40　**骨格ボード線図の作成方法**

利得も位相も低い周波数の方のポールもしくはゼロから決まっていき，その影響を基準として高い方のポールもしくはゼロの利得，位相特性となる．6 dB/OCT は周波数が2倍になると6 dB 増加することを，20 dB/dec は周波数が10倍になると20 dB 増加することを意味している．

$$20\log\left|1+j\frac{\omega}{\omega_i}\right| = 20\log\left(1+\left(\frac{\omega}{\omega_i}\right)^2\right)^{\frac{1}{2}} = 10\log\left(1+\left(\frac{\omega}{\omega_i}\right)^2\right) \tag{2.133}$$

で表されるため，次のように近似できる．

$$\begin{aligned} &20\log\left|1+j\frac{\omega}{\omega_i}\right| = 10\log\left(1+\left(\frac{\omega}{\omega_i}\right)^2\right) = 0\ \text{dB}\ (\omega \ll \omega_i) \\ &20\log\left|1+j\frac{\omega}{\omega_i}\right| = 20\log\left(\frac{\omega}{\omega_i}\right)\ (\omega \gg \omega_i) \end{aligned} \tag{2.134}$$

位相はやや複雑であるが，ゼロの場合は $\omega = \omega_i$ で $45°$，$\omega = 0.1\omega_i$ で $0°$，$\omega = 10\omega_i$ で $90°$ に直線近似し，ポールの場合は $\omega = \omega_i$ で $-45°$，$\omega = 0.1\omega_i$ で $0°$，$\omega = 10\omega_i$ で $-90°$ に直線近似することがよく行われている．図2.40に1つのゼロと1つのポールがあるときの利得と位相の骨格ボード線図作成の様子を示す．

図2.41に RC 積分回路と RC 微分回路の利得と位相のボード線図を示す．角周波数はポール角周波数で規格化している．また RC 微分回路で初期位相が $90°$ になっているのは原点にできるゼロのためである．

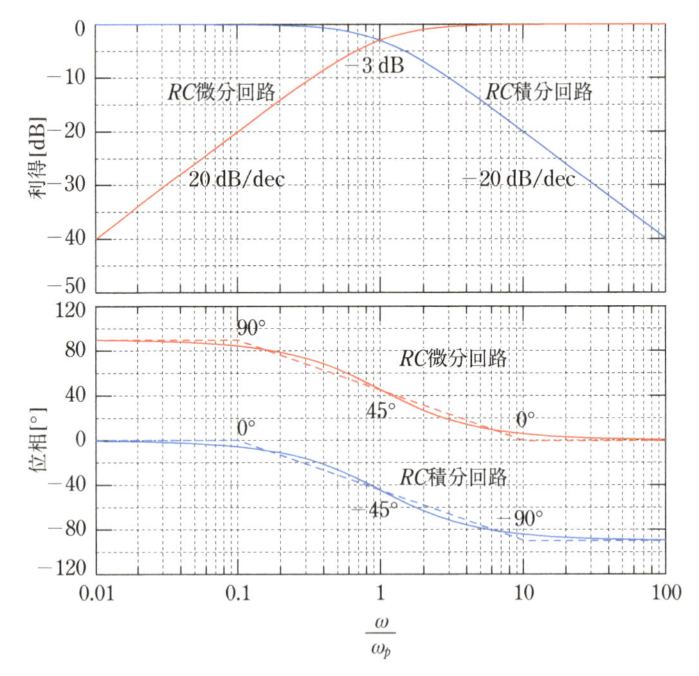

図2.41　RC 積分・微分回路のボード線図
利得はほぼ直線近似でもよいことが分かる．

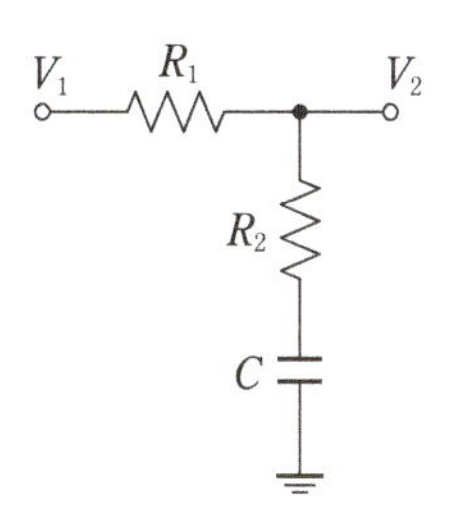

図 2.42　*RC* 回路

例として，骨格ボード線図を用いて図 2.42 の *RC* 回路において，V_1 を入力電圧，V_2 を出力電圧とし，伝達関数 $H(s)=\dfrac{V_2(s)}{V_1(s)}$ の周波数特性を求めてみよう．ただし，$R_1=10\,\mathrm{k\Omega}$，$R_2=10\,\Omega$，$C=16\,\mathrm{pF}$ とする．

伝達関数 $H(s)$ は

$$H(s)=\frac{R_2+\dfrac{1}{sC}}{R_1+R_2+\dfrac{1}{sC}}=\frac{1+sCR_2}{1+sC(R_1+R_2)}\approx\frac{1+sCR_2}{1+sCR_1} \tag{2.135}$$

となる．ここで，$R_1 \gg R_2$ を用いた．

ポール p とゼロ z は

$$p=-\frac{1}{R_1C},\quad z=-\frac{1}{R_2C} \tag{2.136}$$

となり，ポール角周波数 ω_p とゼロ角周波数 ω_z およびポール周波数 f_p とゼロ周波数 f_z は，それぞれ

$$\begin{aligned}&\omega_p=\frac{1}{R_1C}=6.25\times10^6\,\mathrm{rad},\quad \omega_z=\frac{1}{R_2C}=6.25\times10^9\,\mathrm{rad},\\ &f_p\approx 1\,\mathrm{MHz},\quad f_z\approx 1\,\mathrm{GHz}\end{aligned} \tag{2.137}$$

となる．したがって，周波数特性 $H(f)$ は

$$H(f)=\frac{1+j\dfrac{f}{f_z}}{1+j\dfrac{f}{f_p}} \tag{2.138}$$

と求められる．この回路の利得と位相の周波数特性を図 2.43 に示す．実線が正確な値で，破線が骨格ボード線図を用いたものである．

ポール周波数およびゼロ周波数から骨格ボード線図を用いて，おおよその周波数特性を求めることができる．ただし，位相は隣接するポールやゼロの周波数比が1000倍以上ないと誤差が大きい．利得はポール周波数より低い範囲では減衰がゼロで，ポー

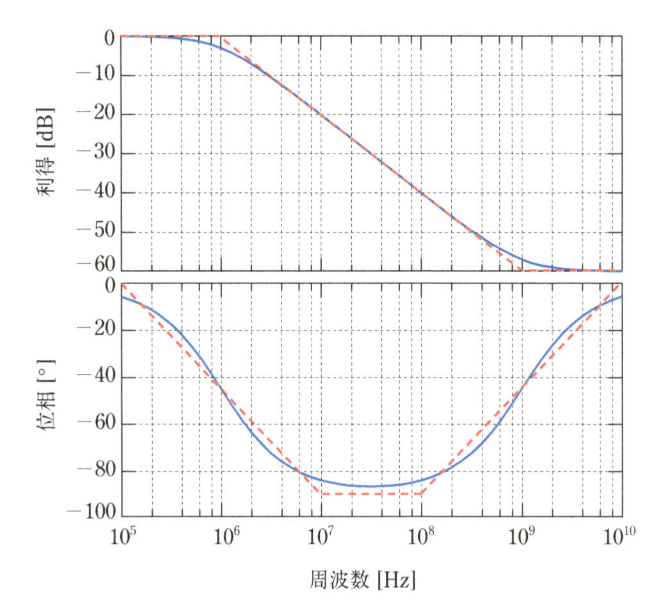

図 2.43　*RC* 回路の周波数特性

ル周波数以上では 20 dB/dec で減衰し，ゼロ周波数で減衰が停止し，それ以上の周波数では -60 dB で平坦になる．位相はポール周波数の 1/10 程度の周波数から回転し，ポール周波数で $-45°$ をとり，ポール周波数の 10 倍以上の周波数では $-90°$ で一定となる．さらに，ゼロ周波数の 1/10 程度の周波数から位相が戻り，ゼロ周波数で $-45°$ まで戻り，ゼロ周波数の 10 倍以上の周波数では $0°$ で一定となる． このように周波数特性は低い周波数から特性が決まっていく．

次に，図 2.44 の 2 段の *RC* 回路の周波数特性を求めてみよう．ただし，$R_1 = 10\,\mathrm{k\Omega}$, $R_2 = 10\,\Omega$, $C_1 = C_2 = 16\,\mathrm{pF}$ とする．

伝達関数 $H(s)$ は

$$H(s) = \frac{1}{(1 + sR_1C_1)(1 + sR_2C_2)} \tag{2.139}$$

であり，ポール p_1, p_2 は

$$p_1 = -\frac{1}{R_1C_1},\quad p_2 = -\frac{1}{R_2C_2}$$

となる．また，ポール周波数 f_{p1}, f_{p2} は

$$f_{p1} \approx 1\,\mathrm{MHz},\quad f_{p2} \approx 1\,\mathrm{GHz} \tag{2.140}$$

となる．したがって，周波数特性 $H(f)$ は

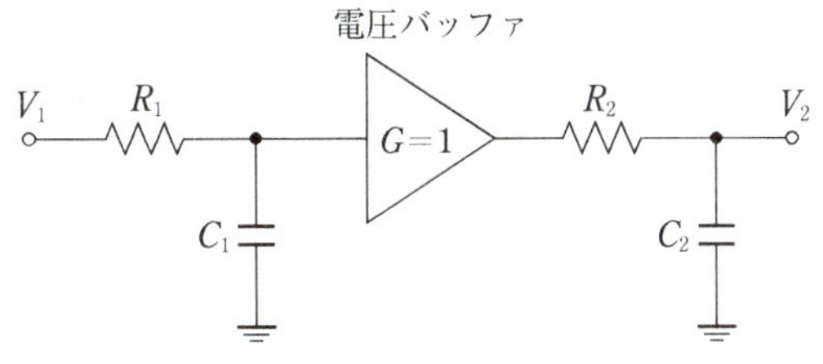

図 2.44　2 段の *RC* 回路

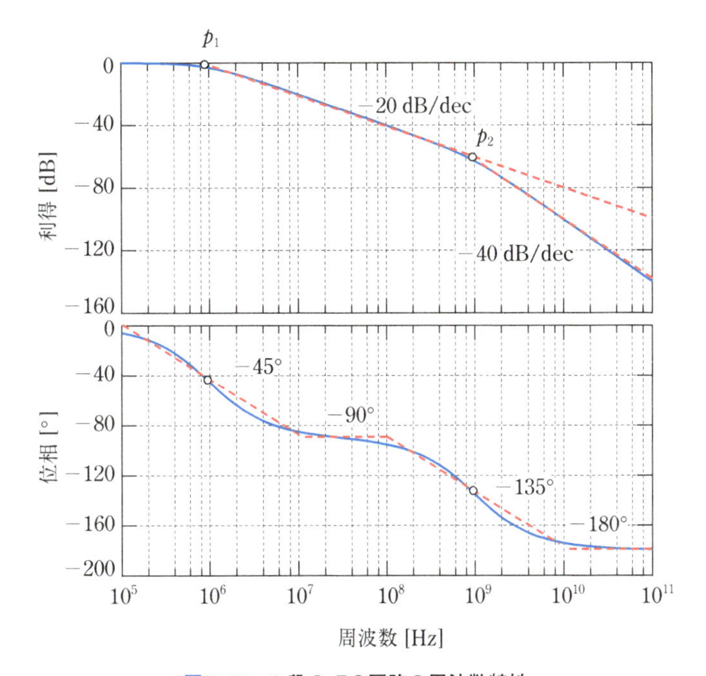

図 2.45　2 段の *RC* 回路の周波数特性

$$H(f) = \frac{1}{\left(1 + j\dfrac{f}{f_{p1}}\right)\left(1 + j\dfrac{f}{f_{p2}}\right)} \tag{2.141}$$

と求められる．この回路の利得と位相の周波数特性を図 2.45 に示す．実線が正確な値で，破線が骨格ボード線図を用いたものである．利得は第 1 ポール周波数 f_{p1} より低い範囲では減衰がゼロで，第 1 ポール周波数以上で第 2 ポール周波数以下では 20 dB/dec で減衰し，第 2 ポール周波数以上では 40 dB/dec で減衰する．つまりポール 1 個につき 20 dB/dec ずつ減衰が大きくなる．位相は第 1 ポール周波数の 1/10 程度の周波数から回転し，第 1 ポール周波数で −45° をとり，第 1 ポール周波数の 10 倍以上の周波数

では -90° で一定となる．さらに，第2ポール周波数の1/10程度の周波数から位相が戻り，第2ポール周波数で -45° が加算され 135° となり，第2ポール周波数の10倍以上の周波数では -180° で一定となる．

演習問題

2.1 以下のラプラス逆変換を行え．

(1) $F(s) = \dfrac{2s+5}{(s+1)(s+4)}$

(2) $F(s) = \dfrac{s+1}{(s+2)^2(s+3)}$

(3) $F(s) = \dfrac{1}{(s-2)(s^2-2s+2)}$

2.2 ラプラス変換を用いて，以下の微分方程式を解け．

(1) $\dfrac{d^2y}{dt^2} + 3\dfrac{dy}{dt} + 2y = 0$ （$t=0$ のとき $y=0$，$y'=1$）

(2) $\dfrac{d^2y}{dt^2} + 4\dfrac{dy}{dt} = \sin t$ （$t=0$ のとき $y=y'=0$）

(3) $\dfrac{d^3y}{dt^3} + \dfrac{dy}{dt} = e^{3t}$ （$t=0$ のとき $y=y'=y''=0$）

2.3 以下のシステムの極と安定性を述べよ．

(1) $H(s) = \dfrac{s-4}{s+7}$

(2) $H(s) = \dfrac{s+3}{s^2+3}$

(3) $H(s) = \dfrac{3s^3-2s+6}{s^3+s^2+s+1}$

2.4 システムの伝達関数が $H(s) = \dfrac{8}{s+4}$ で与えられるとき，以下の入力に対する出力を求めよ．

(1) $x(t) = u(t)$

(2) $x(t) = tu(t)$

(3) $x(t) = 2(\sin 2t)\,u(t)$

2.5 キルヒホッフの法則を適用して，図の電圧 $V_1 \sim V_3$，電流 $I_1 \sim I_3$ を求めよ．

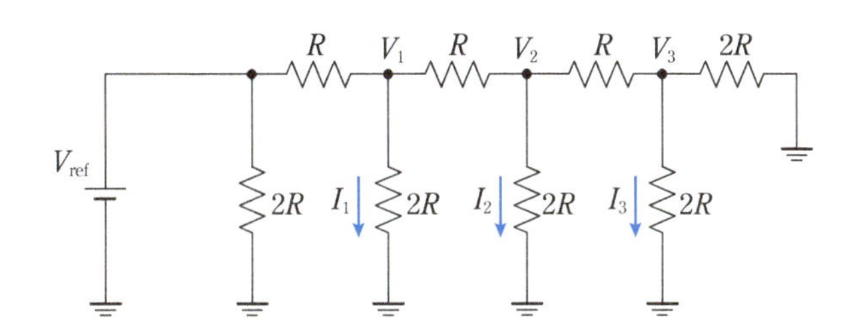

2.6 図の回路において，はじめにスイッチSを閉じて十分定常状態に達した後，スイッチSを開き，容量 C に発生する電圧 $V(t)$ を求めたい．以下の問いに答えよ．

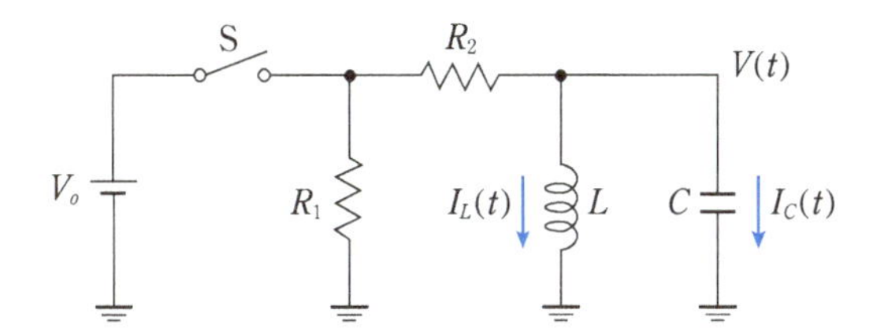

(1) 初期値を考慮して，$V(s)$ を表す s 関数を求めよ．

(2) (1)で求めた方程式のポールを求めよ．

(3) 発生する電圧 $V(t)$ が振動的な波形になる条件を求めよ．

(4) $V_o = 3\,\mathrm{V}$，$R_1 = 0.5\,\Omega$，$R_2 = 1.5\,\Omega$，$L = 0.8\,\mathrm{H}$，$C = 0.25\,\mathrm{F}$ のときの $V(t)$ を求めよ．

2.7 図に示す電圧制御電流源を用いた回路において，以下の問いに答えよ．

(1) 回路(a)～(c)の伝達関数 $H(s) = \dfrac{v_2}{v_1}$ を求めよ．

(2) 回路(d)の等価インピーダンスを求めよ．

(3) 電圧制御電流源と容量を用いて，端子の片側が接地されているインダクタを構成せよ．

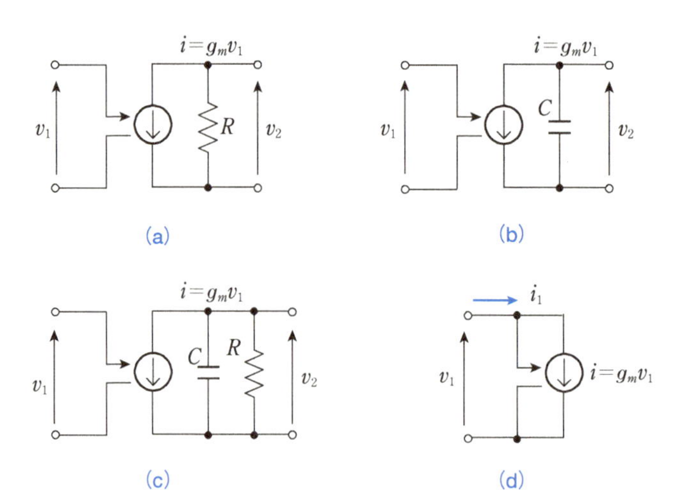

2.8 図において，以下の問いに答えよ．

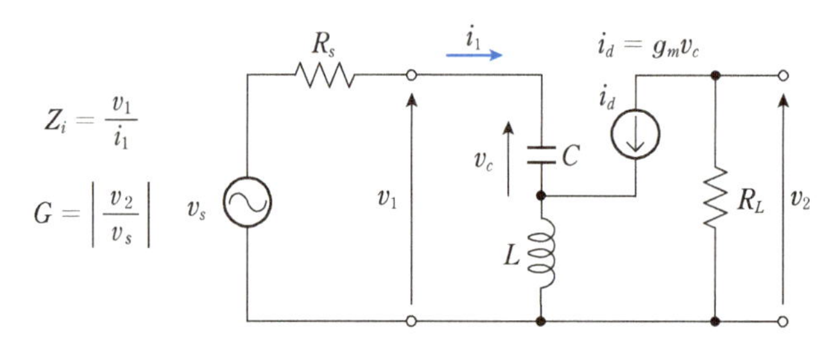

(1) 角周波数を用いて，この回路の入力インピーダンス Z_i を示せ．

(2) この回路において入力インピーダンス整合が取れる条件を求めよ．なお，この場合のインピーダンス整合とは，信号源のインピーダンス (R_s) に対して，入力インピーダンスが共役複素数の関係になることを指す．

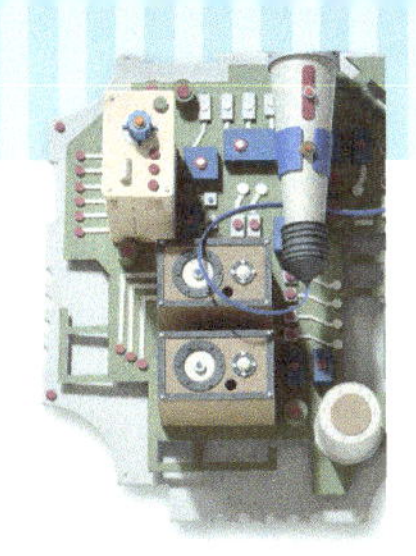

第3章 半導体の基礎

能動素子としてダイオード，バイポーラトランジスタ，MOSトランジスタなどの半導体デバイスを用いて，電子回路は構成される．抵抗，容量，インダクタなどの受動素子とは異なり，これらの半導体デバイスは非線形な電圧－電流特性を示す．この性質を利用して，電子回路ではさまざまな有益な機能を果たすことができる．したがって，電子回路を理解し，設計や解析を行うためには，電気回路の知識だけでなく半導体デバイスの知識が不可欠である．本章では，電子回路に頻繁に用いられるバイポーラトランジスタやMOSトランジスタの基礎となる半導体の基礎について説明する．

3.1 半導体

固体物質は以下の3つに分類される．

- **導体**：金や銀，銅やアルミニウムのように，高い伝導率を持つ
- **絶縁体**：ガラスや雲母(うんも)のように，低い伝導率を持つ
- **半導体**：ゲルマニウムやシリコンのように，導体と絶縁体の中間の伝導率を持つ

体積抵抗率で見ると，$10^{-6}\ \Omega\cdot\mathrm{m}$以下が導体，$10^{6}\ \Omega\cdot\mathrm{m}$以上を絶縁体といい，半導体はこの中間にある．半導体は不純物，温度，光，磁界などに非常に敏感な性質を持っており，デバイス構造や不純物量を制御することで，さまざまな機能が実現できる．

シリコンSiのn型半導体およびp型半導体を図3.1に示す．シリコンには価電子が4個あり，これに価電子が5個のリンPを微量な不純物として入れると，図3.1(a)のようになる．リンはシリコンと同様に最外殻に8個の電子を持つ共有結合を作るが，電子が1つ余って**自由電子**となり，この自由電子が電気伝導に寄与する．これを**n型半導体**という．

一方，価電子が3個のボロン(ホウ素) Bを微量な不純物として入れると，図3.1(b)のようになる．シリコンと共有結合を作るが，電子が1つ欠落し，この欠落した隙間に近傍の電子が飛び込むことにより，あたかも正電荷を有する電子(これを**正孔(ホール)**という)が動くことにより電気伝導に寄与する．これを**p型半導体**という．

半導体における電流量は，これらの電子や正孔の密度に大きく依存し，電子や正孔

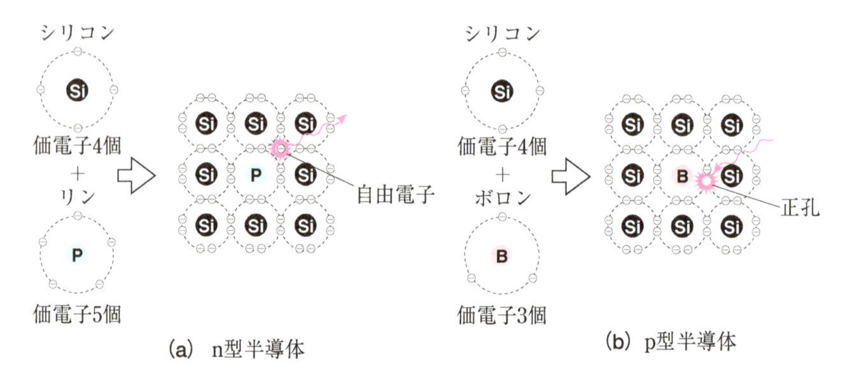

図 3.1　n 型半導体と p 型半導体
4価のシリコン原子に5価のリン原子を入れると電子が1個余って自由電子となる．このように電子を供給できる原子をドナーという．同様に，4価のシリコン原子に3価のボロン原子を入れると電子が1個欠落し正孔が生じる．このように電子を受け取る原子をアクセプタという．

の密度に対してはエネルギー帯における**フェルミ準位**が重要な役割を果たす．また，電気伝導に寄与する電子や正孔を**キャリア**と呼ぶ．

3.1.1　エネルギー帯

半導体は，原子が規則的な結合により結晶を作ると，一定の幅を持った**エネルギー帯**をとる．図 3.2 は**エネルギー帯図**と呼ばれ，**伝導帯**では電子が電気伝導に寄与することができるが，**価電子帯**は電子によって完全に満たされており，電気伝導に寄与することはできない．伝導帯の下端から価電子帯の上端までのエネルギー差は**エネルギーギャップ** E_g と呼ばれる．半導体では価電子帯にある電子のうち，その熱エネルギーがエネルギーギャップ E_g よりも大きい電子が伝導帯に励起され，伝導に寄与する．価電子帯から電子が抜けたあとが正孔となる．

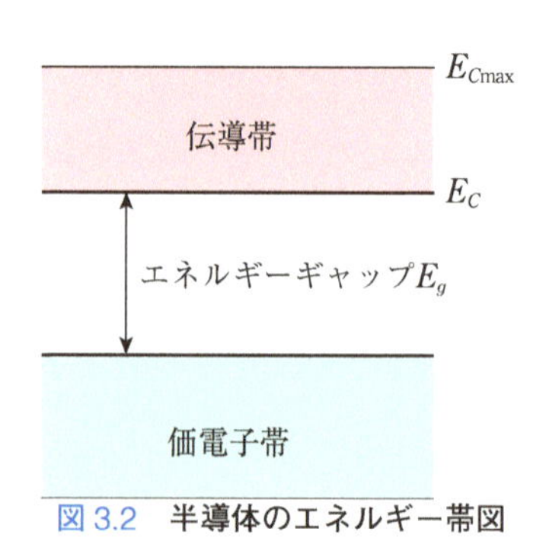

図 3.2　半導体のエネルギー帯図

3.1.2 電子密度と正孔密度

熱エネルギーにより電子が価電子帯から伝導帯に励起され，その抜けたあとが正孔となるため，励起された電子と同数の正孔が発生する．不純物密度がこの熱的に発生した電子・正孔に比べて少ない半導体を**真性半導体**と呼び，その電子密度 n は次のようになる．

$$n = \int_{E_C}^{E_{C\max}-E_C} N(E) f(E)\, dE \tag{3.1}$$

ここで，E_C，$E_{C\max}$ はそれぞれ伝導帯の下端および上端の電子エネルギーである．$N(E)$ は単位体積あたりの状態密度であり，許容されるエネルギー状態数 E で，次のように与えられる．

$$N(E) = 4\pi\left(\frac{2m_e}{h^2}\right)^{\frac{3}{2}} E^{\frac{1}{2}} \tag{3.2}$$

ここで，h はプランク定数，m_e は電子の有効質量である．

また，$f(E)$ はフェルミ統計に従う**フェルミ・ディラック関数**であり，

$$f(E) = \frac{1}{1 + e^{\frac{E-E_F}{kT}}} \tag{3.3}$$

と表される．ここで，k はボルツマン定数，T は絶対温度であり，E_F は電子の存在確率が1/2になるエネルギーで，**フェルミ準位**と呼ばれる．

不純物のない真性半導体では，フェルミ準位(真性フェルミ準位 E_i)が禁制帯のほぼ中央の E_i にあるので，

$$f(E) \approx e^{-\frac{(E-E_i)}{kT}} \tag{3.4}$$

と近似できる．これより，**電子密度** n は伝導帯の電子の実効密度 N_C を用いて，

$$n = N_C e^{-\frac{(E_C-E_i)}{kT}} \tag{3.5}$$

と表される．同様に，**正孔密度** p は価電子帯の電子の実効密度 N_V を用いて，

$$p = N_V e^{-\frac{(E_i-E_V)}{kT}} \tag{3.6}$$

となる．電子密度 n と正孔密度 p の積は，$E_C - E_V = E_g$ より

$$pn = N_V N_C e^{-\frac{(E_C-E_V)}{kT}} = N_V N_C e^{-\frac{E_g}{kT}} \tag{3.7}$$

となる．そこで，**真性キャリア密度** n_i を

$$n_i^2 \equiv N_V N_C e^{-\frac{E_g}{kT}} \tag{3.8}$$

と定義すれば,

$$pn = n_i^2 \tag{3.9}$$

となる. 式 (3.9) は**質量作用則**と呼ばれ, 熱平衡状態であればすべての半導体にあてはまる重要な式である. また, 電子密度と正孔密度の積は温度のみの関数となる.

3.1.3 不純物の導入

半導体は不純物の導入により電気的特性が大幅に変化し, 特定の不純物の導入により容易に電子や正孔を増加させることができる. 例えば4価のシリコンに5価のヒ素(もしくはリン)を添加すると, ヒ素原子は隣接する4個のシリコン原子と共有結合し, 残った1個の電子は自由電子となる. このような伝導に寄与する電子を与える不純物(この場合はヒ素)を**ドナー** (与えるものという意味)と呼び, n型半導体を構成する. また, 4価のシリコンに3価のボロンを添加すると, ボロン原子は隣接する4個のシリコン原子と共有結合し, 電子が不足するので価電子帯に正孔ができる. このような伝導に寄与する正孔を与える不純物(この場合はボロン)を**アクセプタ**(受け取るものという意味)と呼び, p型半導体を構成する.

ドナーやアクセプタは室温での熱エネルギーでほとんどがイオン化され, 等しい密度の電子および正孔を作り出す. つまり, n型半導体の電子密度 n_n はドナー密度 N_D とほぼ等しく,

$$n_n = N_D \tag{3.10}$$

となり, n型半導体の正孔密度 p_n は, 式 (3.9) と式 (3.10) より,

$$p_n = \frac{n_i^2}{n_n} = \frac{n_i^2}{N_D} \tag{3.11}$$

となる. 同様に, p型半導体の正孔密度 p_p はアクセプタ密度 N_A とほぼ等しく,

$$p_p = N_A \tag{3.12}$$

となるので, p型半導体の電子密度 n_p は,

$$n_p = \frac{n_i^2}{p_p} = \frac{n_i^2}{N_A} \tag{3.13}$$

となる. 式 (3.5) および式 (3.6) において $n = N_D$, $p = N_A$ と置き換えると, 不純物を導入したときのフェルミ準位は,

$$E_F = E_C - kT \ln\left(\frac{N_C}{N_D}\right) \tag{3.14a}$$

$$E_F = E_V - kT \ln\left(\frac{N_V}{N_A}\right) \tag{3.14b}$$

となる. つまり, 図3.3に示すように, フェルミ準位はドナー密度が高くなると伝導

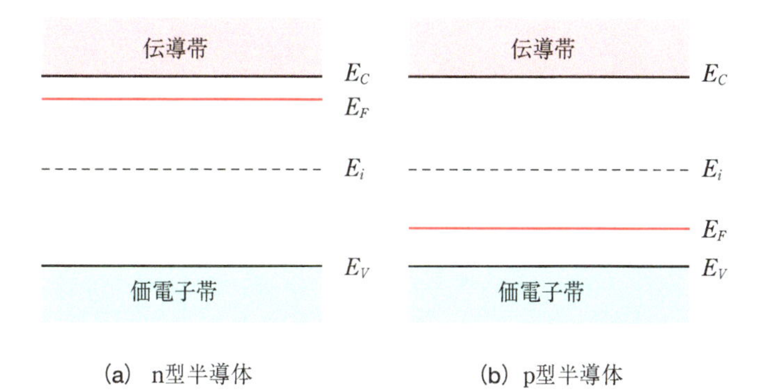

(a) n型半導体　　(b) p型半導体

図 3.3　n 型および p 型半導体のエネルギー帯図
n 型半導体ではドナー密度が高くなるとフェルミ準位が伝導帯の下端に近づき，電子が伝導帯に入りやすくなり電流が流れやすくなる．同様に，p 型半導体ではアクセプタ密度が高くなるとフェルミ準位が価電子帯の上端に近づき，正孔が価電子帯に入りやすくなり電流が流れやすくなる．

帯の下端 E_C に近づき，アクセプタ密度が高くなると価電子帯の上端 E_V に近づく．

不純物を含む半導体の電子密度 n は式 (3.5) より，$n = N_C e^{-\frac{(E_C - E_F)}{kT}}$ で与えられるが，真性フェルミ準位 E_i を用いて書き換えると，

$$n = N_C e^{-\frac{(E_C - E_i)}{kT}} e^{\frac{(E_F - E_i)}{kT}} \tag{3.15}$$

となり，真性キャリア密度 $n_i = N_C e^{-\frac{(E_C - E_i)}{kT}}$ を用いると，

$$n = n_i e^{\frac{E_F - E_i}{kT}} \tag{3.16}$$

となる．また，正孔密度は $pn = n_i^2$ を用いると，

$$p = n_i e^{-\frac{(E_F - E_i)}{kT}} \tag{3.17}$$

と表すことができる．

❖3.2　pn 接合ダイオード

3.2.1　pn 接合

p 型半導体と n 型半導体を接合したものが **pn接合ダイオード** であり，印加される電圧の極性により流れる電流を大幅に変化させることができる**整流作用**を持つ．

p 型半導体は正孔が多く，n 型半導体は電子が多い．したがって，接合部ではキャリア濃度差を生じ，p 型から n 型へは正孔が，n 型から p 型へは電子が拡散する．このため正孔が移動したあとにはアクセプタイオンが，電子が移動したあとにはドナーイオンが接合部近傍に取り残される．これにより図 3.4 に示すように，接合の p 型に

は負の空間電荷が，n 型には正の空間電荷ができ，n 型から p 型に向かう電界が発生する．熱平衡状態では電界によるドリフト電流を濃度勾配による拡散電流が打ち消すように流れ，接合面を通過する電流はゼロになる．

このような電界を生じさせる電位差を求めてみよう．接合面から十分離れた n 型領域では，その電子密度 n_n はドナー密度 N_D に等しいので，

$$n_n = N_D = n_i e^{\frac{E_F - E_i}{kT}} = n_i e^{\frac{q\phi_n}{kT}} \tag{3.18}$$

となる．ここで，エネルギー E とポテンシャル ϕ の関係：$E_F - E_i = q\phi_n$ を用いた．q は電荷素量 (1.6×10^{-19} C)，ϕ_n は n 型半導体のフェルミポテンシャルである．したがって，

$$\phi_n = \frac{kT}{q} \ln\left(\frac{N_D}{n_i}\right) \tag{3.19a}$$

となる．同様に，接合面から十分離れた p 型領域では，その正孔密度 p_p はアクセプタ密度 N_A に等しいので，

$$\phi_p = -\frac{kT}{q} \ln\left(\frac{N_A}{n_i}\right) \tag{3.19b}$$

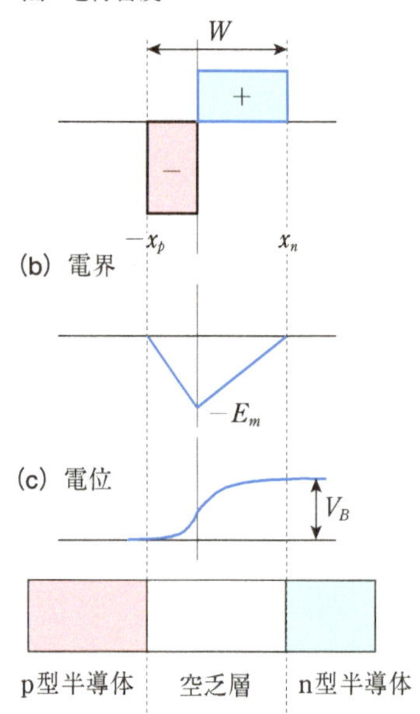

図 3.4 pn 接合ダイオード
pn 接合ダイオードではゼロバイアスにおいて V_B の内部電圧を生じ，ドリフト電流と拡散電流を相殺している．この電圧は電池のように外部に取り出すことはできない．

となる．**拡散電位** V_B は n 型領域と p 型領域とのポテンシャルの差であるので，

$$V_B = \phi_n - \phi_p = \frac{kT}{q} \ln\left(\frac{N_A N_D}{n_i^2}\right) \tag{3.20}$$

となる．ここで，$V_T \equiv \frac{kT}{q}$ は**熱電圧**と呼ばれ，常温 ($T = 300$ K) において約 26 mV の値を持つ(以降は，MOS のしきい値電圧と区別するため U_T を用いる)．

3.2.2 空乏層

接合面付近ではドナーイオンとアクセプタイオンが残留し，キャリアがほとんど存在しない領域となる．このような領域を**空乏層**という．全体の空乏層幅 W を求めてみよう．図3.4のように不純物分布を階段状分布で近似すると，**ポアソンの方程式**から，

$$\frac{d^2\phi}{dx^2} = \frac{qN_A}{\varepsilon}, \quad -x_p \leq x < 0 \tag{3.21a}$$

$$\frac{d^2\phi}{dx^2} = -\frac{qN_D}{\varepsilon}, \quad 0 < x \leq x_n \tag{3.21b}$$

が成り立つ．ここで，ε はシリコンの誘電率である．また，空乏層では電流が流れないので，空乏層での正の電荷量と負の電荷量は等しく，

$$x_p N_A = x_n N_D \tag{3.22}$$

が成り立つ．ここで，x_p，x_n はそれぞれの空乏層幅である．したがって電界 E は，

$$E = -\frac{d\phi}{dx} = -\frac{qN_A}{\varepsilon}(x + x_p), \quad -x_p \leq x < 0 \tag{3.23a}$$

$$E = -E_{\max} + \frac{qN_D x}{\varepsilon} = \frac{qN_D}{\varepsilon}(x - x_n), \quad 0 < x \leq x_n \tag{3.23b}$$

となる．ここで，$E_{\max}$ は最大電界強度で，

$$E_{\max} = \frac{qN_A x_p}{\varepsilon} = \frac{qN_D x_n}{\varepsilon} \tag{3.24}$$

である．接合面での拡散電位を求めると，

$$V_B = -\int_{-x_p}^{x_n} E(x)dx = \frac{qN_A}{\varepsilon}\int_{-x_p}^{0}(x + x_p)dx - \frac{qN_D}{\varepsilon}\int_{0}^{x_n}(x - x_n)dx$$

$$= \frac{q}{2\varepsilon}(N_A x_p{}^2 + N_D x_n{}^2) \tag{3.25}$$

となる．この式に，$x_p = \dfrac{N_D x_n}{N_A}$，$x_n = \dfrac{N_A x_p}{N_D}$ を代入すると，

$$x_n = \left(\frac{2\varepsilon V_B}{q}\frac{N_A}{N_D}\frac{1}{N_A + N_D}\right)^{\frac{1}{2}} \tag{3.26a}$$

$$x_p = \left(\frac{2\varepsilon V_B}{q}\frac{N_D}{N_A}\frac{1}{N_A + N_D}\right)^{\frac{1}{2}} \tag{3.26b}$$

となる．したがって，全体の空乏層幅 W は，

$$W = x_n + x_p = \left(\frac{2\varepsilon V_B}{q}\left(\frac{1}{N_A} + \frac{1}{N_D}\right)\right)^{\frac{1}{2}} \tag{3.27}$$

となる．

ところで，通常は片側の不純物密度は他方のそれよりも十分に大きく，空乏層は濃度の薄い方に伸びるので，全体の空乏層幅 W は

$$W \approx x_n = \sqrt{\frac{2\varepsilon V_B}{qN_D}}, \quad N_A \gg N_D \tag{3.28a}$$

$$W \approx x_p = \sqrt{\frac{2\varepsilon V_B}{qN_A}}, \quad N_A \ll N_D \tag{3.28b}$$

と近似できる．

3.2.3 電圧-電流特性

p型半導体に正の電圧，n型半導体に負の電圧を印加した場合を**順方向バイアス**，その逆を**逆方向バイアス**という．順方向バイアスでは接合部に生じた内部電位差である**ポテンシャル障壁**が熱平衡状態でのそれよりも下がるため電流が流れやすくなり，逆方向バイアスでは接合部のポテンシャル障壁がますます上がるので，電流は流れにくいままとなる．電圧-電流特性を求めてみよう．式(3.20)より，

$$\frac{n_i^2}{N_A N_D} = e^{-\frac{qV_B}{kT}} \tag{3.29}$$

が成り立つ．n型領域では不純物が電子を供給するドナーであり，完全にイオン化しているとすると，n型領域での数が多い多数キャリアである電子の熱平衡時の電子密度 n_{n0} は，

$$n_{n0} \approx N_D \tag{3.30a}$$

となる．p型領域での数が少ない少数キャリアである電子の熱平衡時の電子密度 n_{p0} は，p型領域での多数キャリアである正孔の熱平衡時の正孔密度 p_{p0} が不純物密度 N_A でほぼ決定されることを考慮すると，

$$p_{p0} \approx N_A \tag{3.30b}$$

となる．したがって式(3.9)より，

$$n_{p0} \approx \frac{n_i^2}{p_{p0}} \approx \frac{n_i^2}{N_A} \tag{3.31}$$

となる．そこで，これらの関係を式(3.29)に適用すると，

$$n_{p0} = \frac{n_i^2}{N_A} = N_D e^{-\frac{qV_B}{kT}} = n_{n0} e^{-\frac{qV_B}{kT}} \tag{3.32}$$

が得られる．この式はp型領域での少数キャリアである電子と，n型領域での多数キャリアである電子の関係を示している．

正孔にも同様の関係が成り立つため，

$$p_{n0} = p_{p0} e^{-\frac{qV_B}{kT}} \tag{3.33}$$

となる．もし順方向に電圧が印加され，濃度勾配による拡散電流と電界によるドリフト電流をバランスさせることで接合面を流れる電流をゼロにしていた接合部のポテンシャル障壁が拡散電位 V_B よりも減少すると，n型領域での多数キャリアである電子はp型領域に注入される．図3.5に順方向に電圧が印加されたときの接合部の電子および正孔の密度関係を示す．

この効果は，接合面を流れる電流をゼロにするために発生していた拡散電位 V_B が，順方向バイアス電圧 V_a により低下したことを意味しているので，V_B を $V_B - V_a$ で置き換えることで，

$$n_p(-x_p) = n_{n0}\,e^{-\frac{q(V_B - V_a)}{kT}} = n_{n0}\,e^{-\frac{qV_B}{kT}}\,e^{\frac{qV_a}{kT}} = n_{p0}\,e^{\frac{qV_a}{kT}} \tag{3.34}$$

と表される．同様に，p 型領域での多数キャリアである電子は n 型領域に注入され，

$$p_n(x_n) = p_{n0}\,e^{\frac{qV_a}{kT}} \tag{3.35}$$

となる．これらの注入された少数キャリアは拡散していくので，その濃度は次のように与えられる．

$$\frac{d^2(\delta n_p)}{dx^2} = \frac{\delta n_p}{{L_n}^2},\quad x < -x_p \tag{3.36a}$$

$$\frac{d^2(\delta p_n)}{dx^2} = \frac{\delta p_n}{{L_p}^2},\quad x > x_n \tag{3.36b}$$

ここで，$\delta n_p = n_p - n_{p0}$，$\delta p_n = p_n - p_{n0}$ であり，L_n は電子の拡散長，L_p は正孔の拡散長である．この解は，

$$\delta n_p(x) = n_p(x) - n_{p0} = n_{p0}\left(e^{\frac{qV_a}{kT}} - 1\right)e^{\frac{x_p + x}{L_n}},\quad x \leq -x_p \tag{3.37a}$$

$$\delta p_n(x) = p_n(x) - p_{n0} = p_{n0}\left(e^{\frac{qV_a}{kT}} - 1\right)e^{\frac{x_n - x}{L_p}},\quad x \geq x_n \tag{3.37b}$$

で与えられる．

拡散による電子電流密度および正孔電流密度は，次のように与えられる．

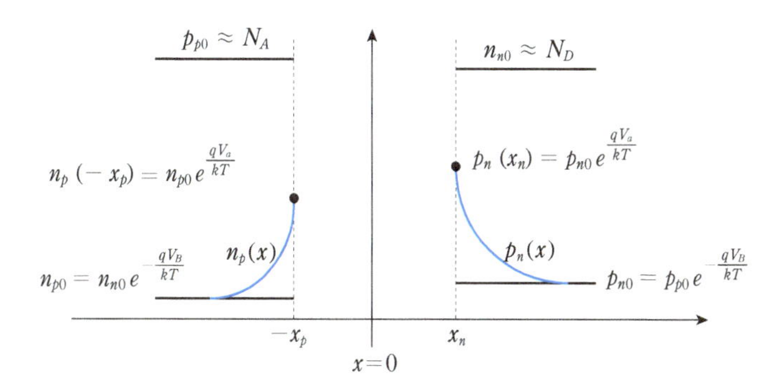

図 3.5 順方向に電圧が印加されたときの接合部の電子および正孔の密度関係

pn 接合ダイオードに順方向電圧 V_a を印加すると，接合部分の空乏層端の n 型領域の正孔密度と p 型領域の電子密度は熱平衡状態の密度に対し $e^{\frac{qV_a}{kT}}$ 倍の大きさになり，大きな濃度勾配を生じる．この拡散により電流が流れるようになる．

$$J_n(-x_p) = qD_n \frac{d(\delta n_p(x))}{dx}\bigg|_{x=-x_p} = \frac{qD_n n_{p0}}{L_n}\left(e^{\frac{qV_a}{kT}} - 1\right) \tag{3.38a}$$

$$J_p(x_n) = -qD_p \frac{d(\delta p_n(x))}{dx}\bigg|_{x=x_n} = \frac{qD_p p_{n0}}{L_p}\left(e^{\frac{qV_a}{kT}} - 1\right) \tag{3.38b}$$

ここで，D_n は電子の拡散定数，D_p は正孔の拡散定数である．したがって，全電流は，

$$J = J_n(-x_p) + J_p(x_n) = \left(\frac{qD_n n_{p0}}{L_n} + \frac{qD_p p_{n0}}{L_p}\right)\left(e^{\frac{qV_a}{kT}} - 1\right) \tag{3.39}$$

となる．ここで，

$$J_s = \frac{qD_n n_{p0}}{L_n} + \frac{qD_p p_{n0}}{L_p} \tag{3.40}$$

とおくと，全電流は，

$$J = J_s\left(e^{\frac{qV_a}{kT}} - 1\right) \tag{3.41}$$

となる．

図3.6に示すように，順方向に電圧をかけると，

$$J = J_s e^{\frac{qV_a}{kT}} \tag{3.42}$$

のように順方向バイアス電圧 V_a に対して指数的に電流は増加し，大きな電流が流れる．

また，逆方向に電圧をかけると，

$$J = -J_s \tag{3.43}$$

のようにほとんど電流が流れない．このような電圧-電流特性がpn接合ダイオードの特長である．

ところで，ダイオードの電圧-電流特性を本質的な電流密度 J を用いて説明したが，実際のダイオードではこの電流密度 J に接合面積をかけた電流 I が用いられる．したがって，式(3.41)は

$$I = I_s e^{\frac{qV_a}{kT}} \tag{3.44}$$

と書き換えられる．

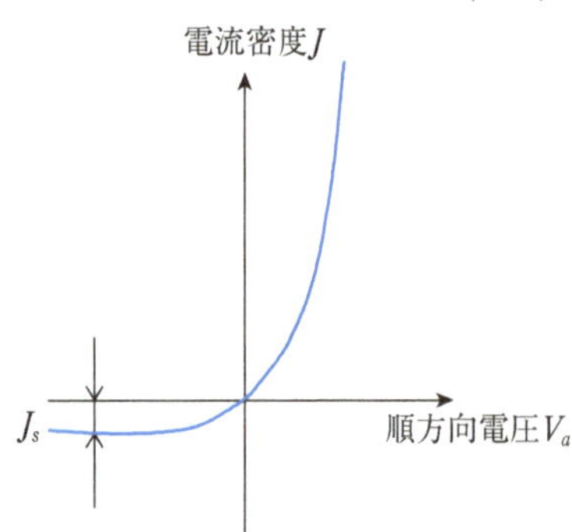

図3.6　ダイオードの電圧-電流特性
順方向に電圧を印加すると指数的に電流が流れ，逆方向の電圧印加ではほとんど電流が流れない．

3.2.4 接合容量

pn 接合部は空乏層を形成しているので容量と見なすことができる．この容量 C_j は**接合容量**と呼ばれ，逆方向バイアス電圧 V_R および空乏層幅 x_n，x_p を用いると，

$$C_j = \frac{dQ}{dV_R} = \frac{dQ}{dx_n}\frac{dx_n}{dV_R} = \frac{dQ}{dx_p}\frac{dx_p}{dV_R} \tag{3.45}$$

と表される．ただし，

$$dQ = qN_D\,dx_n = qN_A\,dx_p \tag{3.46}$$

より，x_n，x_p どちらを解いても求められるが，ここでは x_n を用いると，

$$x_n = \left\{\frac{2\varepsilon(V_B + V_R)}{q}\frac{N_A}{N_D}\frac{1}{N_A + N_D}\right\}^{\frac{1}{2}} \tag{3.47}$$

より，

$$C_j = \frac{dQ}{dV_R} = qN_D\frac{dx_n}{dV_R} = \left\{\frac{q\varepsilon}{2(V_B + V_R)\left(\frac{1}{N_A} + \frac{1}{N_D}\right)}\right\}^{\frac{1}{2}} \tag{3.48}$$

となる．つまり，逆方向バイアス電圧 V_R を増加させると，空乏層が伸びて接合容量 C_j は減少する．

演習問題

3.1 pn 接合ダイオードにおいて，$N_D = 10^{16}$ /cm^3，$N_A = 10^{15}$ /cm^3，$T = 300$ K，$n_i = 1.5 \times 10^{10}$ /cm^3 のときに以下の値を求めよ．$k = 1.38 \times 10^{-23}$ J/K，$q = 1.6 \times 10^{-19}$ C とする．

(1) 熱電圧 U_T (V_T)

(2) 拡散電位 V_B

(3) pn 接合をショートしたときの空乏層の厚さ W

($k_{Si} = 12$,　$\varepsilon_0 = 8.85 \times 10^{-14}$ F/cm,　$\varepsilon = k_{Si} \cdot \varepsilon_0$)

(4) pn 接合に 5 V の逆方向バイアス電圧を印加したときの空乏層の厚さ

(5) pn 接合に 0 V と，5 V の逆方向バイアス電圧 V_R を印加したときの容量（面積は 100 μm × 100 μm）

(6) 電圧-電流特性が $I_d = I_s\left(e^{\frac{V_a}{U_T}} - 1\right)$ で表され，$I_s = 10^{-12}$ A のとき，$I_d = 1$ mA になる順方向バイアス電圧 V_a

第4章 バイポーラトランジスタとMOSトランジスタ

pn接合ダイオードは2端子デバイスであり，2つの端子に印加する電圧の極性により流れる電流が大幅に変化し，整流作用が生じる．しかし，電圧や電力を増幅することはできない．電圧や電力の増幅作用を得るには，制御端子を有する3端子デバイスが必要である．現在用いられている主な3端子デバイスは，少数キャリアの拡散を利用したバイポーラトランジスタと，絶縁体を介した静電誘導作用によるキャリアの発生を利用したMOSトランジスタである．本章では，これらを説明する．電流が流れるメカニズムを理解することが重要である．

❖4.1　バイポーラトランジスタ

図4.1に示すように，**バイポーラトランジスタ**はpn接合をサンドイッチ状に形成したものであり，npn接合を用いた**npnトランジスタ**とpnp接合を用いた**pnpトランジスタ**の2種類がある．図4.1にはnpnトランジスタを示した．

通常は，ベース・エミッタ間のpn接合に順方向電圧を加え，ベース・コレクタ間のpn接合に逆方向電圧を加えて動作させる．また，**ベース**の厚さを少数キャリアの拡散長よりもはるかに薄くし，各領域の不純物密度は，**エミッタ**を最も高く，ベースをその次に，**コレクタ**を最も低く設定する(エミッタ>ベース>コレクタ)．

npnトランジスタとpnpトランジスタは，電圧，電流，キャリアの種類，動きがすべて逆となる相補的な動作をするので，ここでは，よく用いられるnpnトランジスタにより動作を説明する．

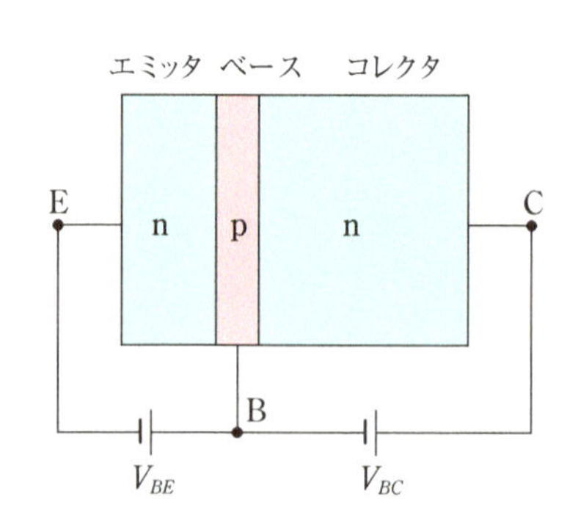

図4.1　npnトランジスタ
バイポーラトランジスタのベース・エミッタ間には順方向電圧を印加し，ベース・コレクタ間には逆方向電圧を印加する．ベースは電流増幅率と遮断周波数を上げるため薄く，コレクタは耐圧を稼ぐために厚くする．ベース・エミッタ間電圧を変化させることで，コレクタ電流を指数関数的に変化させることができる．エミッタはキャリアを注入する部分，コレクタはベースを通過したキャリアを集める部分，ベースは最初のバイポーラトランジスタでは支持の基板(ベース)にもなったことから，名付けられた．

4.1.1　バイポーラトランジスタの電圧－電流特性

npn トランジスタのキャリア濃度を図 4.2 に示す．

ベース領域での少数キャリアである電子のエミッタ接合端でのキャリア濃度は，ダイオードと同様に，熱平衡状態でのベース領域の電子密度を n_{p0} とすると，式 (3.34) より，

$$n_p(0) = n_{p0}\, e^{\frac{qV_{BE}}{kT}} \tag{4.1}$$

となる．この少数キャリアが厚さ W_B のベース領域を拡散し，コレクタ接合端に達したときはベース・コレクタ間の pn 接合が逆方向にバイアスされており，コレクタ領域に吸い込まれるので，コレクタ接合端でのキャリア濃度は，

$$n_p(W_B) = n_{p0}\, e^{\frac{qV_{BC}}{kT}} \approx 0 \tag{4.2}$$

となる．ベース領域における正孔と電子の再結合がわずかであるとすると，エミッタ接合端からの距離 x における少数キャリアの濃度 $n_p(x)$ は $n_p(0)$ と $n_p(W_B) = 0$ を結ぶ直線で近似できる．

コレクタを流れる電流は，ベース領域を拡散してきた少数キャリアである電子の電流であるので，その大きさ J_n は，D_n を拡散係数として，

$$J_n = qD_n \frac{dn_p(x)}{dx} \approx -qD_n \frac{n_p(0)}{W_B} \tag{4.3}$$

である．コレクタ電流 I_C はコレクタに流れ込む電流を正にすると，

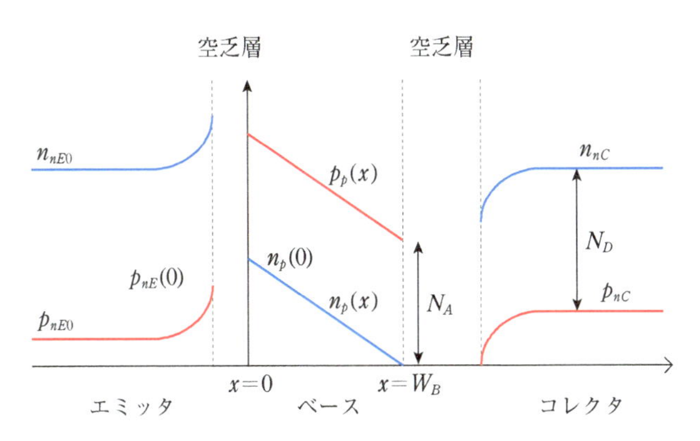

図 4.2　npn トランジスタのキャリア濃度

エミッタ側から注入された少数キャリアである電子が p 型のベース中を拡散し，コレクタ側の空乏層領域に到達するが，高電界に引かれてほとんどすべてコレクタ側に流れていく．このため，コレクタ接合端での電子の密度(キャリア濃度)はゼロと近似してもよい．また，ベースの厚さは拡散長に比べ十分に薄いので，キャリア濃度の分布は直線で近似できる．

$$I_C = qAD_n \frac{n_p(0)}{W_B} \tag{4.4}$$

となる．ここで，A はエミッタ領域の断面積である．式 (4.1) と $n_{po} = \frac{n_i^2}{N_A}$（式 (3.31)）を用いると，式 (4.4) は

$$I_C = \frac{qAD_n n_{po}}{W_B} e^{\frac{qV_{BE}}{kT}} = \frac{qAD_n n_i^2}{W_B N_A} e^{\frac{qV_{BE}}{kT}} = I_s e^{\frac{qV_{BE}}{kT}} \tag{4.5}$$

となる．したがって，コレクタ電流 I_C はベース・エミッタ間電圧 V_{BE} に対し指数関数的に変化する．比例係数 I_s は

$$I_s = \frac{qAD_n n_i^2}{W_B N_A} = \frac{qA\overline{D_n} n_i^2}{Q_B} \tag{4.6}$$

となり，エミッタ単位面積あたりのベース中の不純物数 Q_B に反比例する．通常，I_s は $10^{-14} \sim 10^{-16}$ 程度の値をとる．

ベースには，ベースからエミッタに向けての正孔の注入電流と，わずかではあるがベース中における正孔と電子の再結合電流の2種類の電流が流れる．正孔の注入電流 I_{Bh} は，エミッタにおける少数キャリアである正孔の濃度勾配に比例し，

$$I_{Bh} = \frac{qAD_p}{L_p} p_{nE}(0) \tag{4.7}$$

で与えられる．ここで，D_p は正孔の拡散係数，L_p はエミッタにおける正孔の拡散長である．$p_{nE}(0)$ はエミッタの空乏層端における正孔濃度であり，

$$p_{nE}(0) = p_{nE0} e^{\frac{qV_{BE}}{kT}} \tag{4.8}$$

で与えられる．N_D をエミッタのドナー濃度とすると，

$$p_{nE0} \approx \frac{n_i^2}{N_D} \tag{4.9}$$

となるので，正孔の注入電流 I_{Bh} は，

$$I_{Bh} = \frac{qAD_p}{L_p} \frac{n_i^2}{N_D} e^{\frac{qV_{BE}}{kT}} \tag{4.10}$$

となる．

また，ベース中における正孔と電子の再結合電流 I_{Br} はベース中の少数キャリアの電荷 Q_e に比例する．図4.2よりベース中の少数キャリア電荷 Q_e は，

$$Q_e = \frac{1}{2} n_p(0) W_B qA \tag{4.11}$$

で与えられ，τ_b を少数キャリアの寿命とすると，正孔と電子の再結合電流 I_{Br} は，

$$I_{Br} = \frac{Q_e}{\tau_b} = \frac{1}{2}\frac{n_p(0)\,W_B\,qA}{\tau_b} = \frac{1}{2}\frac{n_{p0}\,W_B\,qA}{\tau_b}e^{\frac{qV_{BE}}{kT}} \tag{4.12}$$

で与えられる．

したがって，全ベース電流 I_B は，

$$I_B = I_{Bh} + I_{Br} = \left(\frac{qAD_p}{L_p}\frac{n_i^2}{N_D} + \frac{1}{2}\frac{n_{p0}\,W_B\,qA}{\tau_b}\right)e^{\frac{qV_{BE}}{kT}} \tag{4.13}$$

となる．このように，ベース電流もベース・エミッタ間電圧 V_{BE} に対し指数関数的に変化するので，

$$I_B = \frac{I_C}{\beta_F} \tag{4.14}$$

と表すことができる．ここで，β_F は**順方向電流増幅率**と呼ばれ，

$$\beta_F = \frac{1}{\dfrac{D_p}{D_n}\dfrac{W_B}{L_p}\dfrac{N_A}{N_D} + \dfrac{{W_B}^2}{2\tau_b D_n}} \tag{4.15}$$

である．順方向電流増幅率 β_F を上げるにはベースの厚さを薄くし，不純物密度比 N_D/N_A を大きくすればよい．したがって，エミッタの不純物密度は高く，ベースの不純物密度は低くなっている．順方向電流増幅率 β_F は通常100程度が多く，10～500程度をとる．

エミッタ電流 I_E は，ベース電流 I_B とコレクタ電流 I_C が合流したものであるので，極性を考慮すると，

$$I_E = -(I_B + I_C) = -\left(I_C + \frac{I_C}{\beta_F}\right) = -\frac{I_C}{\alpha_F} \tag{4.16}$$

となる．α_F は**順方向電流伝達率**と呼ばれ，順方向電流増幅率 β_F と

$$\alpha_F = \frac{\beta_F}{1+\beta_F} = \frac{1}{1+\dfrac{1}{\beta_F}} \approx 1 - \frac{1}{\beta_F}$$

$$\beta_F = \frac{\alpha_F}{1-\alpha_F} \tag{4.17}$$

の関係がある．

まとめると，式 (4.5) に示したように，**バイポーラトランジスタのコレクタ電流 I_C はベース・エミッタ間電圧 V_{BE} で決まり，ベース・エミッタ間電圧に対し指数関数的に変化する．コレクタ電圧には基本的に依存しない**．また，式 (4.14) に示したように，ベース電流 I_B はコレクタ電流 I_C を順方向電流増幅率 β_F で割ったものである．

バイポーラトランジスタのベース・エミッタ間電圧 V_{BE} とコレクタ電流 I_C，ベース

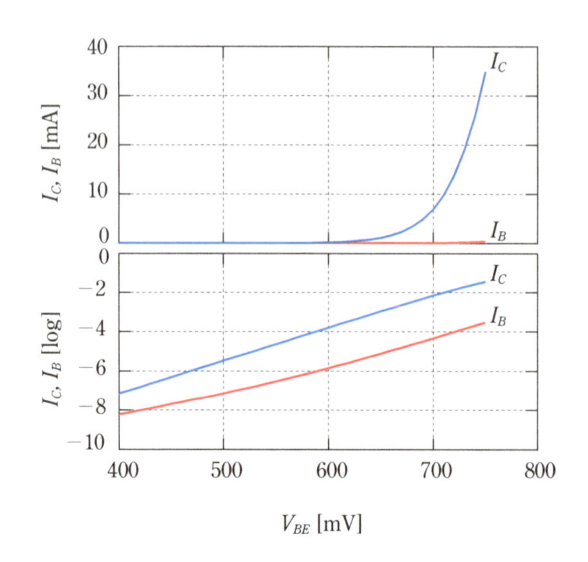

図 4.3　ベース・エミッタ間電圧とコレクタ電流
V_{BE} が650 mVよりも高いと，急激にコレクタ電流が増加する．電流増幅率は100程度である．

電流 I_B との関係を図4.3に示す．対数プロットを用いると，I_C は V_{BE} に対して直線的であるので，指数的に変化しているのが分かる(図4.3(下))．また，I_B は I_C に対して $1/\beta_F$ の関係を保つが，低電流領域では I_C と I_B の間隔が狭くなっており，β_F が小さくなることが分かる．また，リニアプロットでは $V_{BE} = 650$ mV 程度までは I_C はほとんど流れず，0.65 V を過ぎるあたりから急激に増加する．I_B は I_C に比べればわずかしか流れない(図4.3(上))．

ベース電流 I_B をパラメータにし，コレクタ・エミッタ間電圧 V_{CE} に対するコレクタ電流 I_C をプロットしたものが図4.4である．コレクタ電流 I_C はコレクタ・エミッタ間電圧 V_{CE} への依存性はわずかで，ほとんどがベース電流 I_B もしくはベース・エミッタ間電圧 V_{BE} で決まる．ただし，V_{CE} が0.3 V程度よりも低い領域ではコレクタ電流は急激に低下する．この領域は**飽和領域**といい(MOSトランジスタの飽和領域とは意味が異なる)，コレクタ・ベース間のpn接合が順方向になり，ベース領域の少数キャリアがコレクタ側に流れ込まなくなる領域である．**通常，この飽和領域をバイポーラトランジスタの動作領域として使用してはいけない．**

4.1.2　アーリー効果

図4.4を見ると，わずかではあるがコレクタ・エミッタ間電圧 V_{CE} の変化によりコレクタ電流 I_C が変化することが分かる．この効果を**アーリー効果**もしくは**ベース幅変**

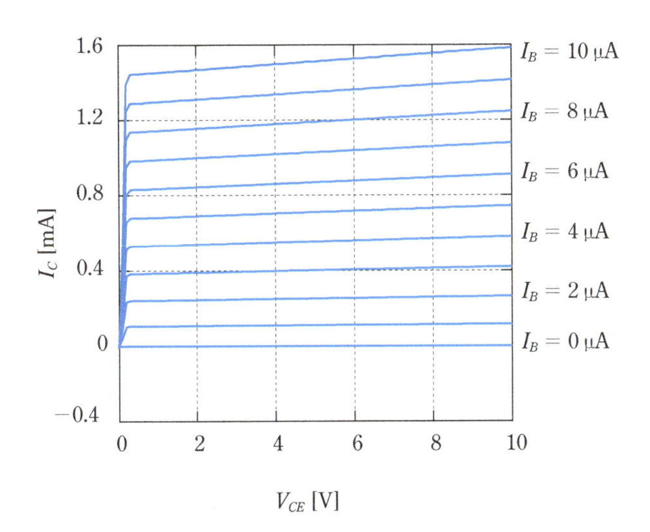

図 4.4　**コレクタ・エミッタ間電圧とコレクタ電流**

コレクタ電流 I_C はベース・エミッタ間電圧 V_{BE} もしくはベース電流 I_B で決定され，コレクタ・エミッタ間電圧 V_{CE} とはほとんど無関係である．この特性は，電圧制御電流源で表すことができる．

調効果といい，電流源の定電流性や能動負荷を用いた増幅器の利得に大きく関係する．図 4.5 を用いて，このメカニズムを説明する．

ベース・エミッタ間電圧 V_{BE} が一定なので，ベース・エミッタ接合近傍の少数キャリア密度 $n_p(0)$ は一定である．式 (4.4) より，コレクタ電流 I_C は，

$$I_C = qAD_n \frac{n_p(0)}{W_B} \tag{4.18}$$

であり，コレクタ・エミッタ間電圧 V_{CE} が変化すると，コレクタ・ベース間の pn 接合における空乏層は変化する．V_{CE} が高くなると空乏層は ΔW だけ広がり，ベース幅はそれだけ薄くなる．

したがって，このときのコレクタ電流は

$$I_C{}' = qAD_n \frac{n_p(0)}{W_B - \Delta W} \approx qAD_n \frac{n_p(0)}{W_B}\left(1 + \frac{\Delta W}{W_B}\right) = I_C\left(1 + \frac{\Delta W}{W_B}\right) \tag{4.19}$$

となる．空乏層が広がるほど少数キャリア濃度の変化が大きくなり，コレクタ電流は増加する．ΔW は V_{CE} に比例すると近似し，以下の電圧−電流式が導かれる．

$$I_C = I_s e^{\frac{qV_{BE}}{kT}}\left(1 + \frac{V_{CE}}{V_A}\right) \tag{4.20}$$

ここで，電圧 V_A は発見者にちなんで**アーリー電圧**と呼ばれる．通常，アーリー電

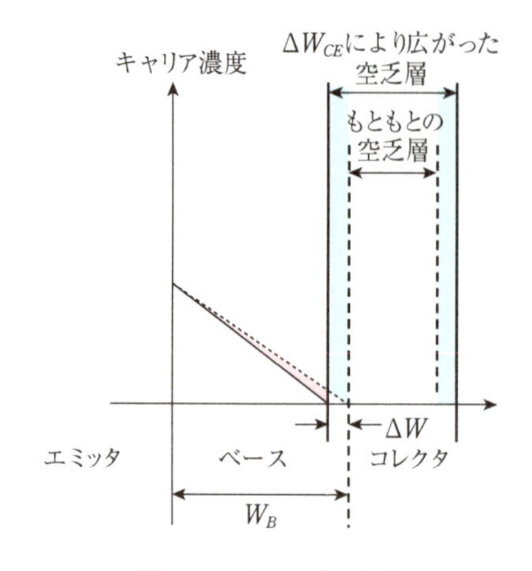

図 4.5　ベース幅の変調

圧は 10～100 V 程度である．

❖4.2　MOS トランジスタ

4.2.1　MOS トランジスタの基本構造

図 4.6 のように，**MOS**（Metal Oxide Semiconductor）**トランジスタ**は半導体上に，二酸化ケイ素 SiO_2 などの絶縁体と，ポリシリコンなどの金属性物質で**ゲート**を形成したものである．基板が p 型半導体の場合は n 型半導体で**ドレイン・ソース**領域を形成する．ドレイン・ソース間に正の電圧 V_{DS} を印加し，ゲート・ソース間に電圧 V_{GS} を印加すると，電圧 V_{GS} がある電圧よりも高い正の電圧の場合はドレイン・ソース間に電流 I_D が流れ，電圧 V_{GS} がある電圧よりも低い電圧の場合は電流が流れないようになる．

4.2.2　キャリアの発生

電流が流れるためには，ドレイン・ソース間に電流を担うキャリアとなる電子が発生する必要がある．まずは，このキャリアの発生について説明する．

簡単化のために，図 4.7 に示すような，ソースとドレインを取り除いた，基板とゲートのみを対象とし，MOS 構造のゲートと基板の半導体間に電圧を印加する．もし基板が金属であるならば，電極の内部表面に正の電荷 $+Q$ および負の電荷 $-Q$ が発生する．しかし半導体においては，正の電荷 $+Q$ がゲート表面に，負の電荷 $-Q$ が半導体内部に一定の幅を持って発生する．

つまり，ゲートに正の電圧が印加されると，p 型半導体中の正孔は反発力を受けて

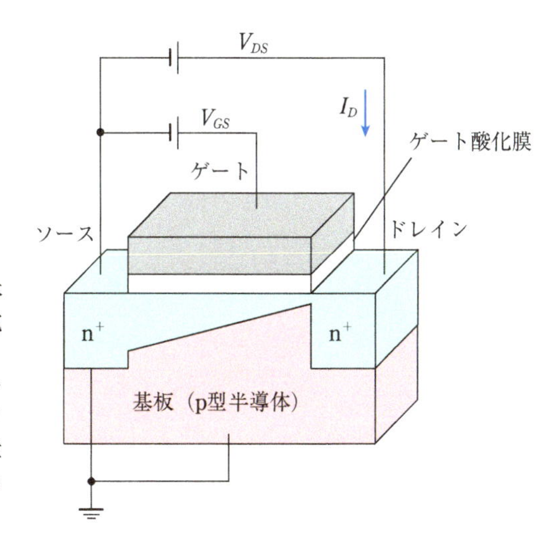

図 4.6　**MOS トランジスタ**
MOS トランジスタはゲートから絶縁体を通じた静電誘導作用によりドレイン電流 I_D を制御するトランジスタである．ソースはキャリアを発生させる源(ソース)であることから，ドレインはキャリアを抜き去ることから，ゲートは電流量を制御する関門(ゲート)であることから名付けられた．

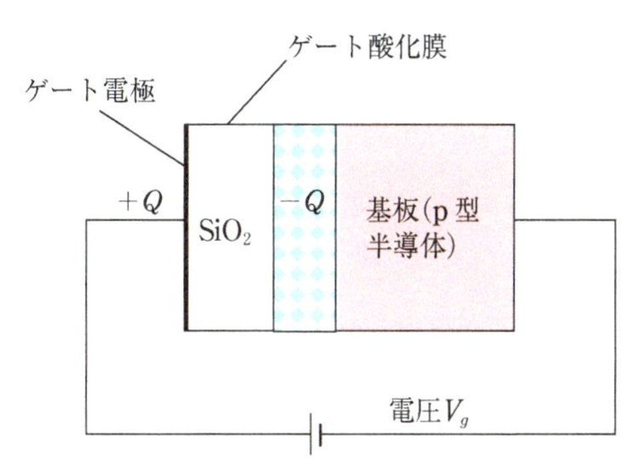

図 4.7　**印加電圧と発生する電荷**
MOS では，金属の電極を用いた容量と異なり，電荷が半導体中に一定の深さを持って分布する．

内部に移動するので，負の電荷を持ったアクセプタイオンが残り，負の電荷を持った領域(空乏層)を形成する．これにより，半導体内部に電位が生じる．この様子を図 4.8 に示す．

空乏層の電荷密度は $-qN_A$ で与えられるので，ポアソンの方程式により，

$$\frac{d^2\phi(x)}{dx^2} = \frac{qN_A}{\varepsilon} \tag{4.21}$$

となる．式 (4.21) を境界条件：$\dfrac{d\phi(x)}{dx} = \phi(x) = 0$ ($x = x_d$ において) のもとで解くと，

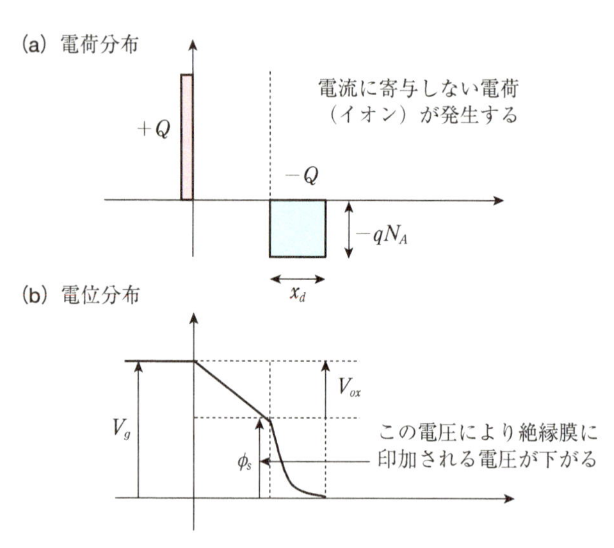

図 4.8 **電荷分布と電位分布**

ゲートに正の電圧が印加されると，p 型半導体中の正孔は反発力を受けて表面から遠ざかり，負の電荷を持ったアクセプタイオンが残り，負の電荷を持った領域(空乏層)を形成する．この電荷密度はアクセプタ密度になるため距離 x_d を持って分布しないと，ゲート側の電荷量とつり合わない．距離を持って電荷が分布すると，半導体内部に電位が生じ，絶縁体に印加される電圧が減少する．

$$\phi(x) = \frac{qN_A}{2\varepsilon}x_d{}^2\left(1-\frac{x}{x_d}\right)^2 \tag{4.22}$$

となる．したがって，表面電位 ϕ_s は，式 (4.22) において $x = 0$ とおくことにより，

$$\phi_s = \phi(0) = \frac{qN_A}{2\varepsilon}x_d{}^2 \tag{4.23}$$

となる．この空乏層の電荷量 Q は，

$$Q = -qN_A x_d \tag{4.24}$$

で与えられる．この電荷量の絶対値はゲートに蓄積される電荷量に等しく，位置による電位分布は図 4.8(b) のようになる．したがって，C_{ox} を単位面積当たりのゲート酸化膜容量とすると，

$$V_g = V_{ox} + \phi_s = -\frac{Q}{C_{ox}} + \phi_s \tag{4.25}$$

となり，発生した電荷量 Q は，

$$Q = C_{ox}(V_g - \phi_s) \tag{4.26}$$

となる．つまり，半導体内部に電位が生じていることにより，金属電極の場合よりも電荷は少なくなっている．

ところで，この電荷は動けない固定電荷であるイオンにより発生したものであるので，このままではまだ電流は流れない．MOSトランジスタに電流が流れるためには半導体中に少数キャリアが誘起される必要がある．この誘起条件は，表面電位がフェルミポテンシャルの2倍に達することである．フェルミポテンシャル ϕ_F はフェルミ準位 E_F に対する真性フェルミ準位 E_i の差であり，式(3.19)を用いて以下のように表される．

$$\phi_F = \frac{E_i - E_F}{q} = \frac{kT}{q}\ln\frac{N_A}{n_i} \tag{4.27}$$

このときの電子密度は，

$$n = n_i e^{\frac{\phi_s - \phi_F}{V_T}} \tag{4.28}$$

$$pn = n_i^2$$

であり，正孔密度は

$$p = n_i e^{-\frac{\phi_s - \phi_F}{V_T}} \tag{4.29}$$

である．したがって，表面電位 ϕ_s がフェルミポテンシャル ϕ_F と等しいときに，電子密度と正孔密度はつり合う．また，図4.9に示すように，半導体表面近傍のエネルギー帯図の表面電位 ϕ_s がフェルミポテンシャル ϕ_F の2倍程度の電圧になった場合，少数キャリアが誘起されるのに十分な電子が発生する．

この発生した電子はキャリアとなってドレイン・ソース間に流れる電流のもとになる．このときのゲート電圧を**しきい値電圧** V_T という．これ以降ゲート電圧を上げると，半導体表面のキャリアがゲート・ソース間電圧 V_{GS} からしきい値電圧 V_T を引いた有効ゲート電圧 V_{eff} に比例して増加する．

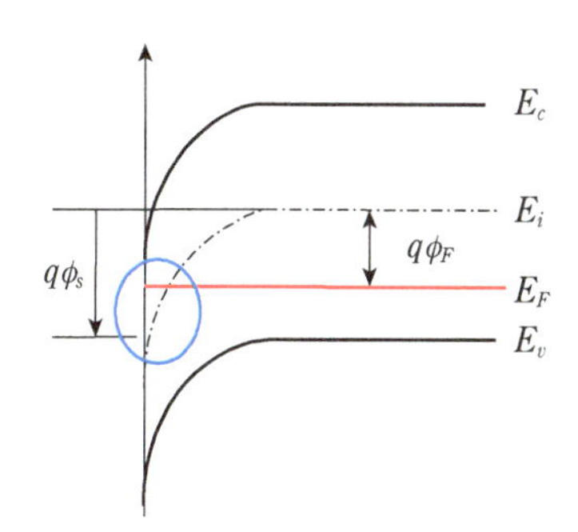

図4.9　半導体表面近傍のエネルギー帯図

内部電位により，p型半導体表面のバンドが曲がり，フェルミ準位が真正フェルミ準位よりも高い状態(青色の円内)，つまりn型になる．これを反転という．

4.2.3 しきい値電圧

しきい値電圧 V_T を求めてみよう．しきい値電圧は表面電位 ϕ_s が $2\phi_F$ になる電圧であるので，式(4.25)より

$$V_T = 2\phi_F - \frac{Q_B}{C_{ox}} \tag{4.30}$$

と与えられる．ここで，電荷 Q_B は，

$$Q_B = -qN_A x_{d\max} \tag{4.31}$$

であり，空乏層では，

$$x_{d\max} = \sqrt{\frac{2\varepsilon\phi_s}{qN_A}} \tag{4.32}$$

であるので，

$$Q_B = -2\sqrt{\varepsilon q N_A \phi_F} \tag{4.33}$$

となる．これより，しきい値電圧 V_T は，

$$V_T = V_{FB} + 2\phi_F + 2\frac{\sqrt{\varepsilon q N_A \phi_F}}{C_{ox}} \tag{4.34}$$

となる．ここで，V_{FB} はゲート材料と基板間の仕事関数の差および酸化膜中の電荷の影響を考慮した補正電圧であり，**フラットバンド電圧**と呼ばれる．

式 (4.34) で重要なことは基板の不純物密度 N_A が高いときはしきい値が高くなり，逆に低いときはしきい値が低くなることである．この性質を利用して，イオン注入を用いて基板表面の不純物密度を変化させることにより，しきい値電圧が制御できる．しきい値電圧は通常 -2 mV/℃ 程度の温度係数を有し，低温では高くなり，高温では低くなる．

4.2.4 MOS トランジスタの電圧-電流特性

MOS トランジスタのドレイン・ソース間には電圧が印加され，電界が生じキャリアのドリフトにより電流が流れる．このドレイン電流を求めてみよう．

電流 I は電荷量 Q の電荷が速度 v で移動することにより生じるので，

$$I = Q \times v \tag{4.35}$$

で与えられる．速度 v は電界 E および電圧 V と以下の関係がある．

$$v = \mu E = -\mu\frac{dV}{dx} \tag{4.36}$$

ここで，μ は移動度である．

MOS トランジスタの電圧-電流特性は，ゲートによって発生したキャリアがドレインまでつながっているリニア領域と，つながっていない飽和領域とでは異なるので，

それぞれの場合について考えてみよう．

1) リニア領域での電圧-電流特性

キャリアが流れる経路を**チャネル**という．図4.10のように，ゲートによりチャネルを形成するドレイン・ソース間の全域にわたってキャリアの誘起が発生し，**リニア領域**ができる．

チャネルの電位はソースからドレインに向けて直線であるとして近似すると，各位置における酸化膜にかかる電圧 V_{ox} とチャネルに生じるキャリア Q は図4.10のようになる．ここで，M はソースとドレインの中点を表す．

電流は平均電荷と速度で決まるので，W をチャネル幅，L をチャネル長として，

$$I_D = \overline{Q} \times v = \left\{ C_{ox} W \left(V_{GS} - V_T - \frac{V_{DS}}{2} \right) \right\} \left\{ \mu \frac{V_{DS}}{L} \right\} \tag{4.37}$$

となる．この式を整理すると，ドレイン電流は，

$$I_D = \mu C_{ox} \frac{W}{L} \left(V_{GS} - V_T - \frac{V_{DS}}{2} \right) V_{DS} \tag{4.38}$$

となる．これがリニア領域での電圧-電流式である．

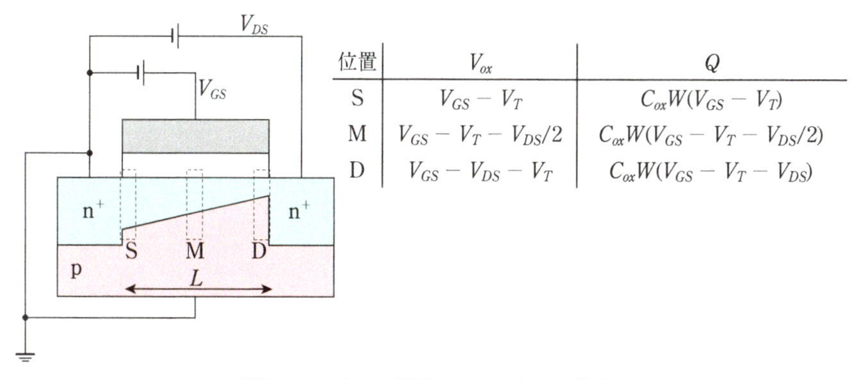

位置	V_{ox}	Q
S	$V_{GS} - V_T$	$C_{ox}W(V_{GS} - V_T)$
M	$V_{GS} - V_T - V_{DS}/2$	$C_{ox}W(V_{GS} - V_T - V_{DS}/2)$
D	$V_{GS} - V_{DS} - V_T$	$C_{ox}W(V_{GS} - V_T - V_{DS})$

図4.10 リニア領域でのチャネルの様子

ゲート・ソース間電圧 V_{GS} がしきい値電圧 V_T よりも低いと，ドレイン，ソースのn型領域の間にp型領域があるため2つのダイオードが逆接合の状態となり，ドレイン・ソース間に電圧をかけてもドレイン・ソース間に電流は流れない．しかし，ゲート・ソース間電圧 V_{GS} がしきい値電圧 V_T よりも高いと，p型半導体の表面がn型に反転し，ドレイン，ソースのn型領域とつながることによりドレイン・ソース間に電圧をかけると電流が流れる．ただし，ソース側(S)では半導体表面とゲートとの電圧差が大きいため発生する電子は多いが，ドレイン側(D)では半導体表面とゲートとの電圧差が小さいため発生する電子は少ない．流れる電流は平均電荷と速度で決まるので，ソースとドレインの中央の状態(M)を平均と見なして，電流が電荷と速度の積に比例することを用いると，電圧-電流特性が導出できる．

2) 飽和領域での電圧-電流特性

$V_{DS} > V_{GS} - V_T$となると，図4.11のようにドレイン近傍でチャネルに誘起される電荷は消滅する．したがって，チャネルにかかる電圧は$V_{GS} - V_T$で制限される．このときの電圧-電流式は，式(4.37)におけるV_{DS}を$V_{GS} - V_T$で置き換えたものになる．これより，

$$I_D = \overline{Q} \times v = \left(C_{ox} W \frac{V_{GS} - V_T}{2}\right)\left(\mu \frac{V_{GS} - V_T}{L}\right) \tag{4.39}$$

となり，これを整理すると，ドレイン電流は，

$$I_D = \frac{\mu C_{ox}}{2} \frac{W}{L} (V_{GS} - V_T)^2 \tag{4.40}$$

となる．つまり，ドレイン電流I_Dはゲート・ソース間電圧V_{GS}で決まり，ドレイン・ソース間電圧V_{DS}には依存しない．このような領域を**飽和領域**という．この領域がMOSトランジスタの動作領域としてよく用いられる．

図4.12にドレイン・ソース間電圧V_{DS}を1.8 Vに固定したときのnMOSトランジスタの電圧-電流(V_{GS}-I_D)特性を示す．しきい値電圧V_T以下のゲート・ソース間電圧V_{GS}では流れる電流がほぼゼロで，しきい値電圧以上では$V_{GS} - V_T$に対して2次関数的に比例して電流が増加している．

図4.13にゲート・ソース間電圧V_{GS}をパラメータとしたときのドレイン・ソース間電圧V_{DS}に対するドレイン電流I_Dの特性を示す．$V_{DS} < V_{GS} - V_T$の電圧領域では

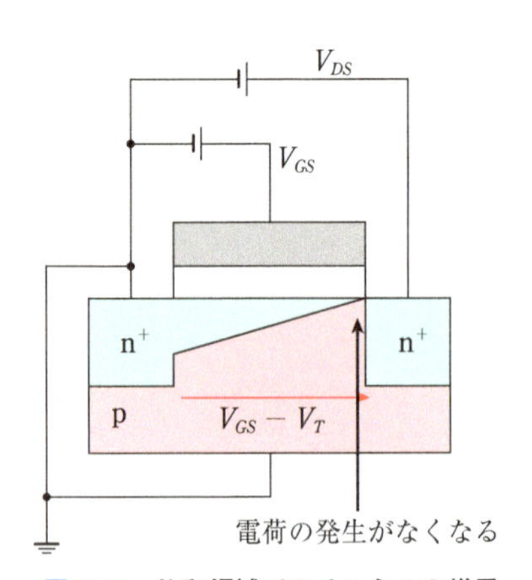

図4.11 **飽和領域でのチャネルの様子**
ドレイン・ソース間電圧が高すぎると，ドレイン端では半導体表面とゲート間に電子を発生させうる電圧が印加できず，半導体に電子を生じさせることができなくなる．ただし，ソース側で生じた電子は電流となる．電流は電子が発生している領域の電圧(V_{GS}-V_T)で決まるので，このことを考慮して電圧-電流特性が導出できる．

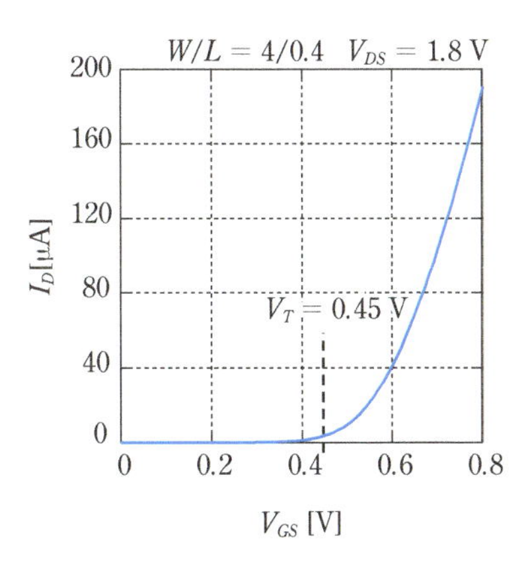

図 4.12　**飽和領域での電圧-電流（V_{GS}-I_D）特性**

ドレイン電流 I_D はゲート・ソース間電圧 V_{GS} がしきい値電圧 V_T よりも低いときはほとんど流れず，それよりも高い電圧のときは2次関数的に流れる．

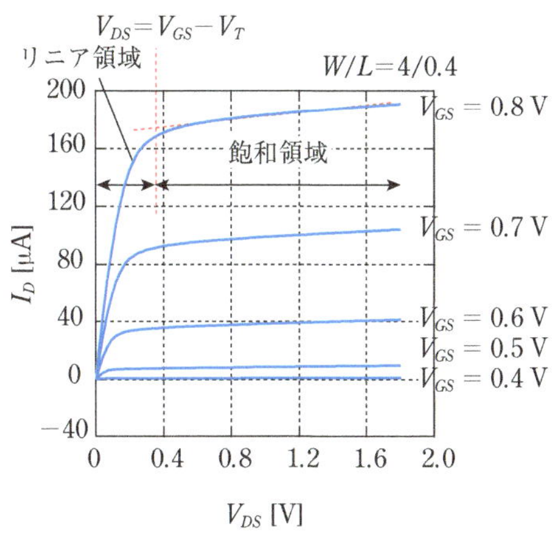

図 4.13　**飽和領域での電圧-電流（V_{DS}-I_D）特性**

ドレイン電流 I_D はドレイン・ソース間電圧 V_{DS} が十分高いときはほぼ一定電流となり，ゲート・ソース間電圧 V_{GS} で決定される電圧制御電流源になる．

MOSトランジスタはリニア領域にあり，電流は上に凸の放物線を描く．$V_{DS} > V_{GS} - V_T$ では飽和領域となり，流れる電流はドレイン・ソース間電圧 V_{DS} にあまり依存しなくなる．

4.2.5　ドレイン電圧の影響

図 4.14 のように実際の MOS トランジスタでは，飽和領域でもドレイン電圧が変化すると，ドレイン電流 I_D が変化する．

この理由の1つがチャネルとドレイン間の空乏層厚の変化である．ドレイン・ソース間電圧が高くなると実効的なチャネル長が ΔL だけ短くなる．このことによりチャネル内の電界が強くなり，キャリア速度が上昇して電流が増大する．この効果を**チャネル長変調効果**という．

式 (4.40) より，チャネルが ΔL だけ短くなったときの電圧-電流式は，

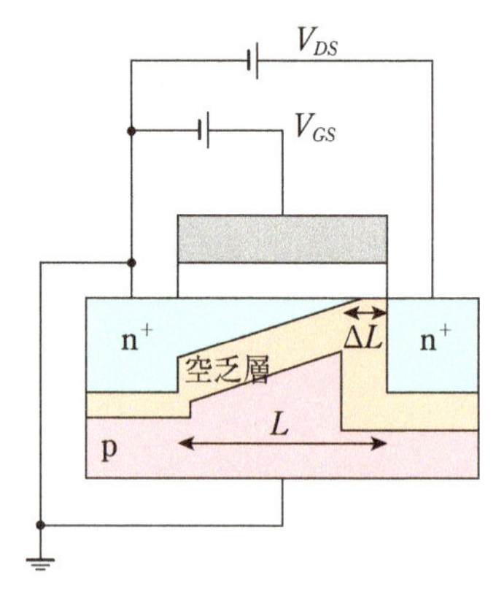

図 4.14　**チャネル長変調効果**
ドレイン・ソース間電圧 V_{DS} が高くなると空乏層が広がり，実効的なチャネル長が短くなり，ドレイン電流 I_D が増加する．

$$I_D = \frac{\mu C_{ox}}{2}\frac{W}{L-\Delta L}(V_{GS}-V_T)^2 = \frac{\mu C_{ox}}{2}\frac{W}{L\left(1-\dfrac{\Delta L}{L}\right)}(V_{GS}-V_T)^2$$
$$\approx \frac{\mu C_{ox}}{2}\frac{W}{L}(V_{GS}-V_T)^2\left(1+\frac{\Delta L}{L}\right) \approx \frac{\mu C_{ox}}{2}\frac{W}{L}(V_{GS}-V_T)^2\left(1+\frac{V_{DS}}{V_A}\right) \tag{4.41}$$

と表すことができる．ここでは，チャネル長の縮小距離 ΔL はドレイン・ソース間電圧 V_{DS} に比例すると近似した．V_A はその効果を表す電圧でアーリー電圧である．アーリー電圧は λ を用いて表されることが多いが，回路設計上は電圧を表す V_A を用いた方が分かりやすいので，この表記を用いることにする．ただし，以下の関係がある．

$$V_A = \frac{1}{\lambda} \tag{4.42}$$

4.2.6　バックゲート効果

通常はバイポーラトランジスタと同様に，MOS トランジスタは3端子デバイスとして取り扱うことが多いが，ソースやドレインが形成される基板も制御端子として考えるべきなので，正確には図 4.15 に示したように4端子デバイスとなる．図4.15ではソースとボディ（基板）間に**バックゲート電圧** V_B を印加している．通常，nMOS トランジスタのバックゲート電圧はダイオードが遮断状態になるように負の電圧が印加される．

バックゲート電圧を印加すると，図 4.16 に示したようにダイオードと同様にソースおよびドレインチャネル直下の空乏層が変化し，半導体表面のポテンシャルが変化する．バックゲート電圧印加がないとき，空乏層中の電荷は，式 (4.33) より，

$$Q_B = -2\sqrt{\varepsilon q N_A \phi_F} \tag{4.43}$$

である．バックゲート電圧が印加されたときの電荷は，$2\phi_F \to 2\phi_F - V_B$ の置き換えることで，

$$Q_B = -2\sqrt{\varepsilon q N_A \left(\phi_F - \frac{V_B}{2}\right)} \tag{4.44}$$

と求められる．したがって，しきい値電圧 V_T は，式 (4.34) より，

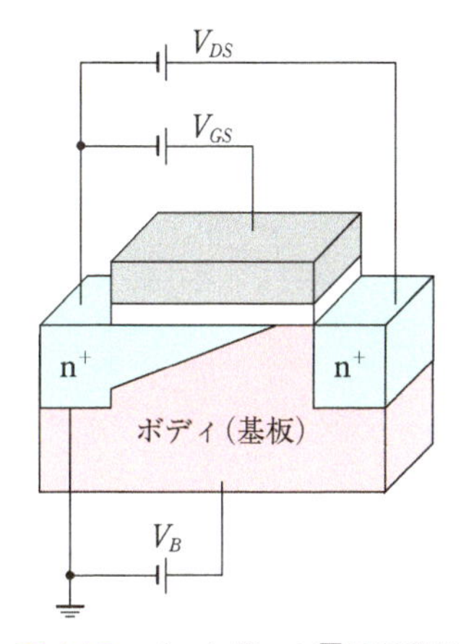

図 4.15　**バックゲート電圧の印加**

バックゲート電圧は故意に印加しなくても，ソースが接地されていない場合はソースとボディ（基板）間に電位差が生じ，逆方向に電圧が印加されるため，しきい値電圧 V_T が上昇する．

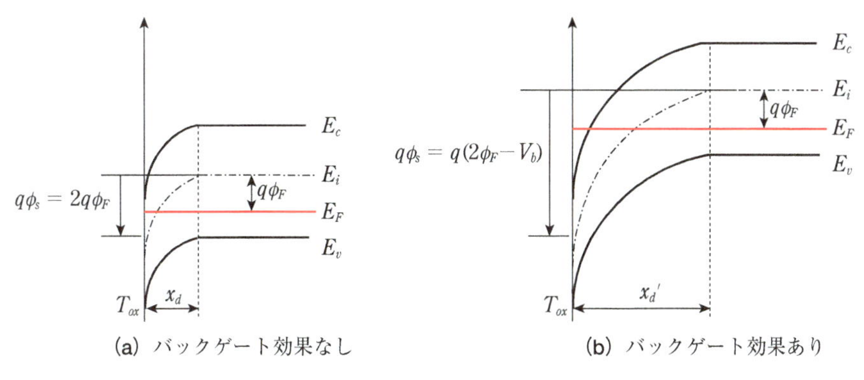

図 4.16　**バックゲート電圧印加時のエネルギー帯図**

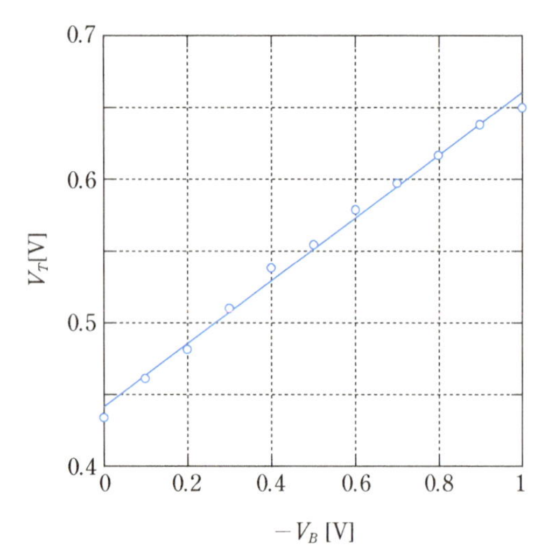

図 4.17　**バックゲート電圧に対するしきい値電圧変化**

この例ではバックゲート電圧 V_B が 1 V 変化したとき，しきい値電圧 V_T が 0.2 V 程度変化しているので，$V_T = V_{T0} - 0.2V_B$ と表すことができる．ここで，V_{T0} はバックゲート電圧 $V_B = 0$ のときのしきい値電圧 V_T である．

$$V_T = V_{FB} + 2\phi_F + 2\frac{\sqrt{\varepsilon q N_A\left(\phi_F - \dfrac{V_B}{2}\right)}}{C_{ox}} \tag{4.45}$$

と求められる．これより，しきい値電圧はバックゲート電圧に対し，約 1/2 乗で増加する特性を示すことが分かる．この効果を**バックゲート効果**と呼ぶ．

図 4.17 にチャネル長 0.18 μm の nMOS トランジスタのバックゲート電圧に対するしきい値電圧変化の様子を示す．逆方向のバックゲート電圧がかかると，しきい値電圧は増加する．単純な理論では式 (4.45) に示すように，しきい値電圧はバックゲート電圧に対して 1/2 乗で増加するが，実際には直線増加と見なしてもあまり問題がないことが多い．

4.3　トランジスタの回路記号と相補関係

各半導体素子は図 4.18 のような回路記号で表す．バイポーラトランジスタは矢印があるのがエミッタである．MOS トランジスタはさまざまな回路記号があり，バックゲートは表記されないこともある．

npn トランジスタと pnp トランジスタ，nMOS トランジスタと pMOS トランジスタは互いに相補的な関係にある．n 型では流れるキャリアは電子で，p 型では正孔で

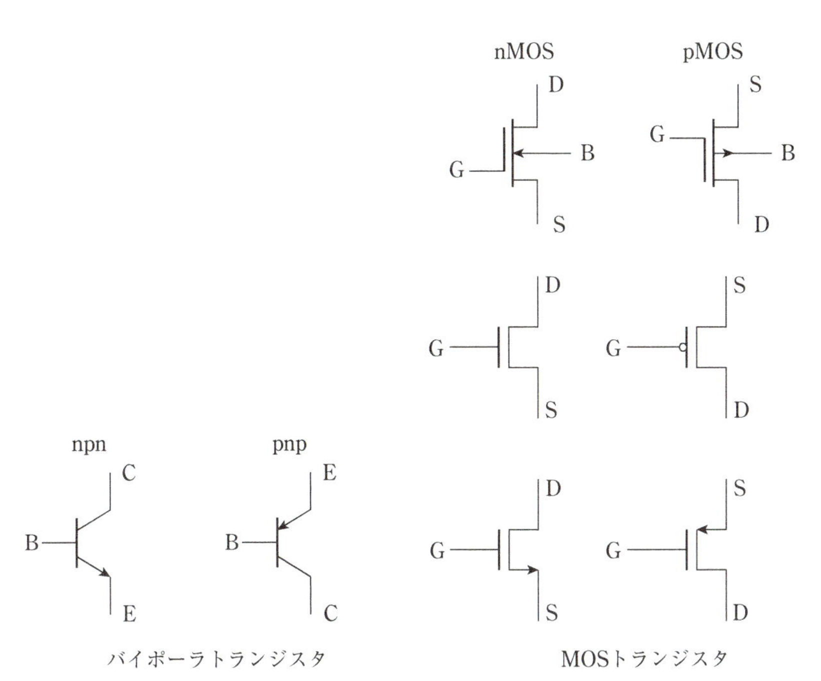

図 4.18　トランジスタの回路記号

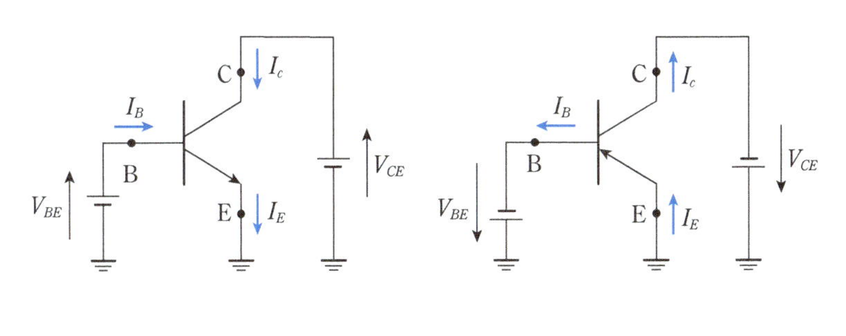

(a)　npnトランジスタ　　(b)　pnpトランジスタ

図 4.19　バイポーラトランジスタの電圧-電流関係

あり，p 型は電圧印加の極性と流れる電流の方向が n 型と逆になる．

図 4.19 に npn トランジスタおよび pnp トランジスタの電圧-電流関係を示す．電圧と電流の極性が互いに逆になっている．

同様に図 4.20 に nMOS トランジスタおよび pMOS トランジスタの電圧-電流関係を示す．バイポーラトランジスタと同様に，電圧と電流の極性が互いに逆になっている．

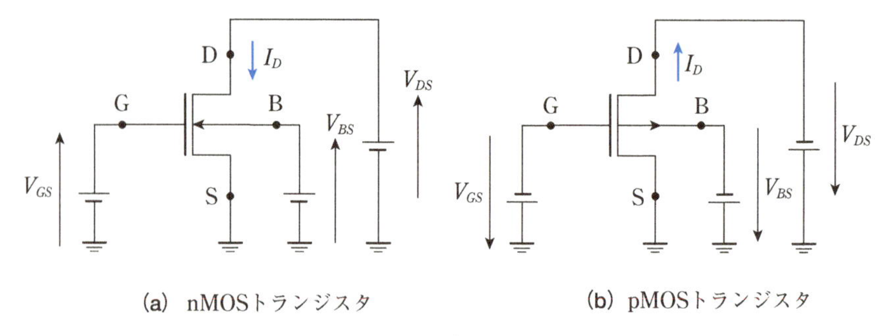

図 4.20　MOS トランジスタの電圧-電流関係

演習問題

4.1　$I_s = 10^{-16}$ A，$\beta_F = 100$，常温 (300 K) のバイポーラトランジスタ回路について，以下の問いに答えよ．ただし，熱電圧 U_T は 26 mV とする．

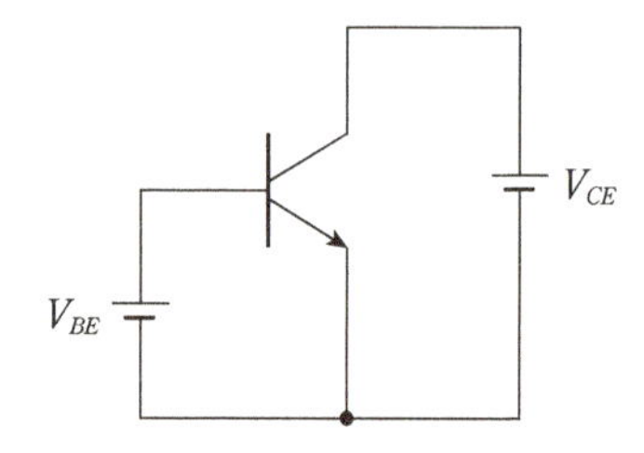

(1)　コレクタ・エミッタ間電圧を $V_{CE} = 1$ V に設定し，ベース・エミッタ間電圧 V_{BE} を 0 V～0.8 V まで変化させたときのコレクタ電流 I_C をプロットせよ(アーリー効果は無視せよ)．

(2)　コレクタ電流 $I_C = 1$ mA のときベース・エミッタ間電圧の V_{BE} を求めよ．また，そのときのベース電流 I_B も求めよ．

(3)　アーリー効果を考慮し，アーリー電圧 $V_A = 10$ V とする．ベース電流を $I_B = 10\ \mu$A とし，コレクタ・エミッタ間電圧 V_{CE} を 0 V～2 V まで変化させたときのコレクタ電流 I_C をプロットせよ．ただし，$V_{CE} > 0.2$ V のときに正常な動作状態になり，その電圧まではコレクタ電流 I_C はコレクタ・エミッタ間電圧 V_{CE} に対し直線で近似できるものとする．

4.2　MOS トランジスタについて，以下の問いに答えよ．ただし，熱電圧 U_T は 26 mV とする．

(1)　プロセスを制御して，しきい値電圧 V_T を上げるために，どのようにしたらよいのか考察せよ．

(2)　しきい値電圧 V_T の温度変化について述べよ．

(3)　$N_A = 10^{16}/\text{cm}^3$ のアクセプタ濃度の p 型シリコンに $T_{ox} = 10$ nm の SiO_2 をゲー

ト酸化膜としたMOSトランジスタについて，以下の問いに答えよ．

(a) フェルミポテンシャル ϕ_F を求めよ．ただし，真正キャリア密度 n_i は $1.5\times 10^{10}\,/\mathrm{cm}^3$ とする．

(b) フラットバンド電圧 $V_{FB}=0\,\mathrm{V}$ としたときのしきい値電圧 V_T を求めよ．ここで，$C_{ox}=\dfrac{k_{\mathrm{SiO2}}\times\varepsilon_0}{T_{ox}}$ であり，比誘電率 $k_{\mathrm{SiO2}}=4.0$，$\varepsilon_0=8.85\times10^{-14}\,\mathrm{F/cm}$ とする．また，比誘電率 $k_{\mathrm{Si}}=12.0$，電荷素量 q は $1.6\times10^{-19}\,\mathrm{C}$ とする．

4.3 $\mu C_{ox}=220\,\mu\mathrm{A/V^2}$，$W/L=8$，$V_T=0.45\,\mathrm{V}$ のMOSトランジスタ回路において，以下の問いに答えよ．

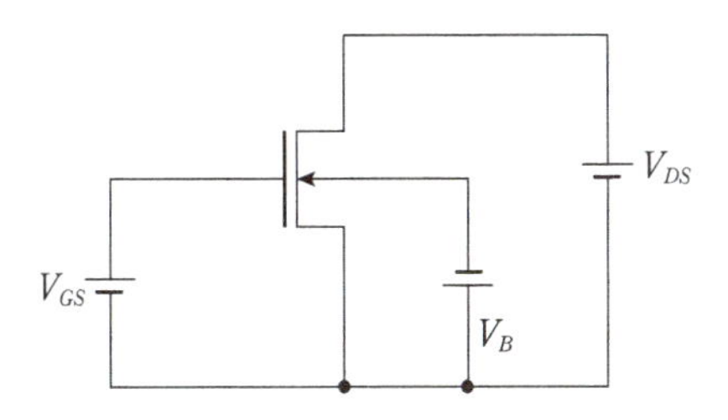

(1) $V_{DS}=1\,\mathrm{V}$，$V_B=0\,\mathrm{V}$ に設定し，ゲート・ソース間電圧 V_{GS} を $0\,\mathrm{V}\sim2\,\mathrm{V}$ まで変化させたときのドレイン電流 I_D をプロットせよ(チャネル長変調効果は無視せよ)．

(2) バックゲート効果が図4.17に示したものと同一であるとして，$V_{DS}=1\,\mathrm{V}$，$V_B=1\,\mathrm{V}$ に設定し，ゲート・ソース間電圧 V_{GS} を $0\,\mathrm{V}\sim2\,\mathrm{V}$ まで変化させたときのドレイン電流 I_D をプロットせよ．

(3) $V_B=0\,\mathrm{V}$，$V_A=5\,\mathrm{V}$ に設定し，ゲート・ソース間電圧を $V_{GS}=1\,\mathrm{V}$ および $2\,\mathrm{V}$ とする．この場合に，ドレイン・ソース間電圧 V_{DS} を $0\,\mathrm{V}\sim2\,\mathrm{V}$ まで変化させたときのドレイン電流 I_D をプロットせよ．また，飽和領域とリニア領域の境界に黒丸を入れよ．

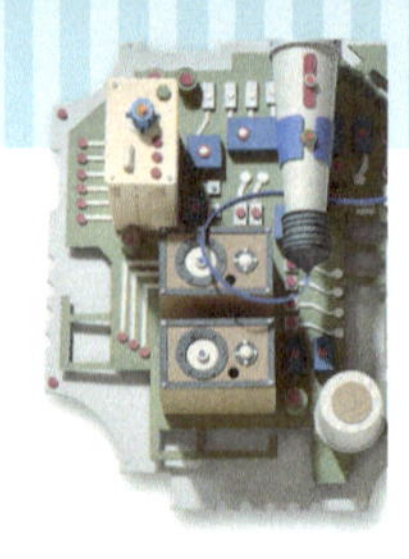

第5章
基本増幅回路

バイポーラトランジスタやMOSトランジスタを用いることにより，信号の増幅が可能となる．このためにはトランジスタを直流的に適切な動作状態に保ち，その動作点のまわりで入力信号電圧を変化させたときの出力信号電圧の変化を求める必要がある．

回路設計において必要なのは電圧のわずかな変化である小信号に対する応答であり，電圧値そのものではない．このため回路設計では小信号に対する等価回路を用いて特性を導出している．本章では，トランジスタを直流的に適切な動作状態に保つバイアス技術と，その状態における小信号に対する等価回路の導出について述べる．バイポーラトランジスタやMOSトランジスタには3つの端子があり，どの端子を接地するかにより，増幅回路の形式が3種類存在し，回路特性がそれぞれ異なる．本章では，これら基本回路とその特性についても説明する．

5.1 トランジスタの増幅回路

バイポーラトランジスタおよびMOSトランジスタを用いて増幅回路を構成する方法について説明する．

5.1.1 バイポーラトランジスタの増幅回路

小さな信号振幅を大きな信号振幅に変換するためには，バイポーラトランジスタでは図5.1(左)に示すようにエミッタを接地し，コレクタと電源間に負荷抵抗 R_L を挿入し，ベース・エミッタ間電圧 V_{BE} を変化させて，負荷抵抗に現れる電圧(**負荷電圧**)の変化を出力電圧 V_o として用いるのが基本構成である．このような回路は**エミッタ接地回路**と呼ばれる．

入力信号として周波数1 kHz，片側振幅10 mVの正弦波を加え，ベース・エミッタ間電圧 V_{BE} を610 mV，650 mV，690 mV，730 mVと，40 mVステップで変化させたときの出力電圧 V_o を図5.1(右)に示す．$V_{BE} = 610$ mVでは出力電圧 V_o は電源電圧 $V_{CC} = 10$ Vとほぼ等しく振幅も小さい．これは，ベース・エミッタ間電圧が不十分で，コレクタに電流が流れないからである．$V_{BE} = 650$ mVでは0.5 V程度の振幅が得られる．$V_{BE} = 690$ mVでは片側2.0 V程度の振幅が得られる．$V_{BE} = 730$ mVでは出力電圧 V_o は接地電位となり，振幅もほとんどとれない．これは，電流が流れすぎて出

力電圧 V_o が接地電位で固定(クランプ)されたためである.

このバイポーラトランジスタの V_{BE}-I_C 特性と V_{CE}-I_C 特性を図5.2に示す. 図5.2(左)に示すように, バイポーラトランジスタでは, コレクタ電流 I_C はベース・エミッタ間電圧 V_{BE} の指数関数で変化するので, わずかな電圧変化で急激に電流が変化する. $V_{BE} = 610$ mV ではほとんどコレクタ電流が流れず, $V_{BE} = 650$ mV では1 mA程度,

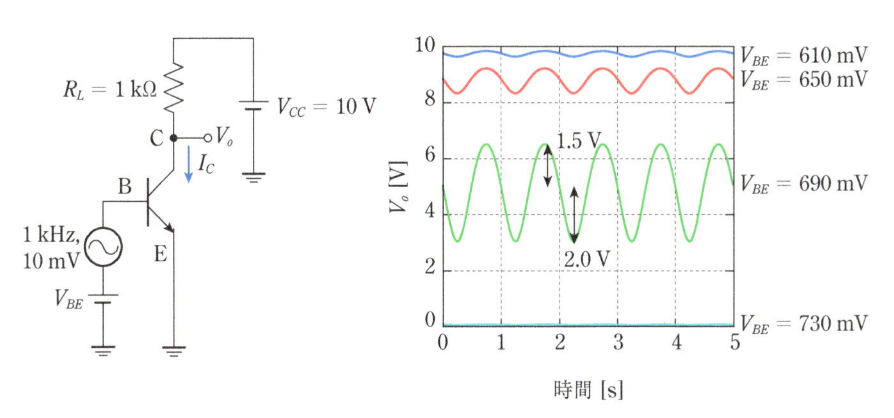

図5.1 エミッタ接地回路と負荷電圧

ベース・エミッタ間電圧 V_{BE} が610 mVと低いと, トランジスタに電流があまり流れず, 出力電圧 V_o は電源電圧 V_{CC} に近く, 信号振幅も小さい. V_{BE} が690 mVで V_o が V_{CC} の半分程度の5 Vとなると, 信号振幅は大きくなる. V_{BE} が730 mVになると, 電流が流れ過ぎて V_o はゼロになり, 信号振幅もほとんどとれなくなる. 適切な動作点(バイアス)電圧設定が求められる.

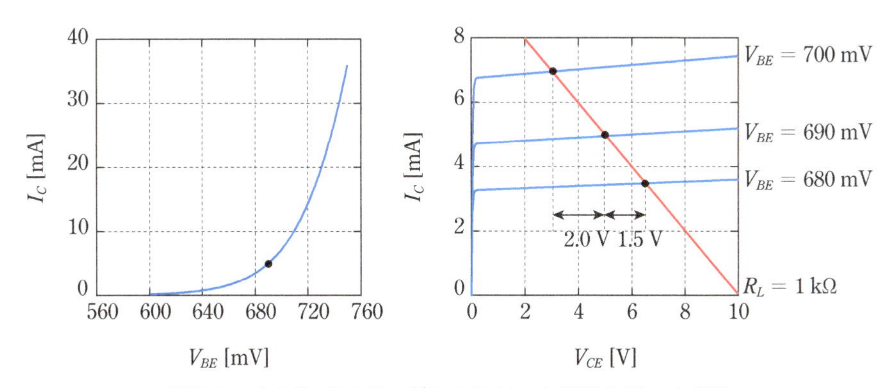

図5.2 バイポーラトランジスタの V_{BE}-I_C 特性と V_{CE}-I_C 特性

出力電圧 V_o が電源電圧 V_{CC} の半分程度の5 Vになるのは, 負荷抵抗が1 kΩ, すなわちコレクタ電流 I_C が5 mAのときで, このときベース・エミッタ間電圧 V_{BE} は690 mVである. コレクタ電流 I_C はコレクタ・エミッタ間電圧 V_{CE} によらず, ベース・エミッタ間電圧 V_{BE} で決定される. 負荷線(赤線)はコレクタ電流 I_C がゼロのとき $V_o = V_{CC} = 10$ Vであるから, $V_{CE} = 10$ Vで $I_C = 0$ の点を起点にして $R_L = 1$ kΩ の直線を引けばよい.

$V_{BE} = 690$ mVでは5 mAとなっている．電源電圧 $V_{CC} = 10$ V，負荷抵抗 $R_L = 1$kΩであるので，信号電圧を変化させるときの基準点である動作点は出力振幅を最大にできるように電源電圧の半分の5 Vとすると，5 mAのコレクタ電流が流れるためには $V_{BE} = 690$ mAに設定するべきであることが分かる．図5.2(右)の V_{CE}-I_C 特性では $V_{BE} = 690$ mVを中心に正弦波の片側振幅分の10 mVを増加および減少させたときのコレクタ電流 I_C と電源電圧 $V_{CC} = 10$ V，負荷抵抗 $R_L = 1$ kΩの直流負荷線を示した．図5.1の回路から分かるように，コレクタ電流 I_C と出力電圧 V_o には以下の関係がある．

$$V_o = V_{CC} - R_L I_C = 10 - 1 \times 10^3 \times I_C \tag{5.1}$$

コレクタ電流 I_C はコレクタ・エミッタ間電圧 V_{CE} に対してはあまり変化せず，ベース・エミッタ間電圧 V_{BE} でほぼ決定され，わずかな電圧変化で急激に電流が変化するため，負荷抵抗で電圧に変換され大きな電圧変化が生じている．

ここで，以上の現象を定量的に考えてみよう．コレクタ電流 I_C は，式 (4.5) より，

$$I_C = I_s e^{\frac{qV_{BE}}{kT}} \tag{5.2}$$

である．このトランジスタの比例係数 I_s を 1.32×10^{-14} と仮定して，V_o が V_{CC} の半分となるベース・エミッタ間電圧 V_{BE} を求めてみよう．式 (5.2) より，

$$V_{BE} = \frac{kT}{q} \ln\left(\frac{I_C}{I_s}\right) \tag{5.3}$$

となるので，式 (5.3) に $I_C = 5$ mA，$k = 1.38 \times 10^{-23}$ J/K，$T = 300$ K，$q = 1.6 \times 10^{-19}$ C を代入すると，

$$V_{BE} = 26 \text{ mV} \times \ln\left(\frac{5 \times 10^{-3}}{1.32 \times 10^{-14}}\right) = 693 \text{ mV}$$

が得られる．この値は図5.1に示したシミュレーション結果とほぼ一致する．ここで，

$$U_T = \frac{kT}{q} \tag{5.4}$$

と定義される U_T は重要な電圧であり，**熱電圧**と呼ばれる．常温(300 K)で約26 mVである．通常，熱電圧は V_T と表記されることが多いが，本書ではMOSのしきい値電圧と区別するために U_T と表記する．

さて，このときの**増幅度**を求めてみよう．増幅度 G は，

$$G = \frac{dV_o}{dV_{BE}} = -R_L \frac{dI_C}{dV_{BE}} = -R_L g_m \tag{5.5}$$

となる．ここで，g_m はベース・エミッタ間電圧 V_{BE} の変化に対するコレクタ電流 I_C の変化率を表し，**相互コンダクタンス**という．バイポーラトランジスタの相互コンダ

クタンス g_m は，

$$g_m \equiv \frac{dI_C}{dV_{BE}} = \frac{I_s e^{\frac{V_{BE}}{U_T}}}{U_T} = \frac{I_C}{U_T} \tag{5.6}$$

となり，コレクタ電流 I_C に比例する．したがって増幅度 G は，

$$G = -R_L g_m = -R_L \frac{I_C}{U_T} \tag{5.7}$$

となる．式 (5.7) に $R_L = 1\,\mathrm{k\Omega}$，$I_C = 5\,\mathrm{mA}$，$U_T = 26\,\mathrm{mV}$ を代入すると，増幅度は約192倍となる．図5.1より $V_{BE} = 690\,\mathrm{mV}$ のときの増幅度は $2/0.01 = 200$ 倍なので，計算とおおよそ一致するのが分かる．

5.1.2 MOSトランジスタの増幅回路

MOSトランジスタを用いた増幅回路においても回路構成はバイポーラトランジスタと同じであり，図5.3(左)に示すようにソースを接地し，ドレインと電源間に負荷抵抗 R_L を挿入し，ゲート・ソース間電圧を変化させて，負荷抵抗に現れる電圧(負荷電圧)の変化を出力電圧 V_o として用いる．このような回路は**ソース接地回路**と呼ばれる．

入力信号として周波数1 kHz，振幅10 mVの正弦波を加え，ゲート・ソース間電圧 V_{GS} を0.5 V，0.6 V，0.7 V，0.8 V，0.9 Vと変化させたときの出力電圧 V_o を図5.3(右)に示す．$V_{GS} = 0.5\,\mathrm{V}$ では出力電圧 V_o は電源電圧 $V_{DD} = 2\,\mathrm{V}$ とほぼ等しく振幅も小さい．これは，ゲート・ソース間電圧 V_{GS} がしきい値電圧(この例では0.45 V)程度であるため，ドレインにあまり電流が流れないからである．$V_{GS} = 0.6 \sim 0.8\,\mathrm{V}$ では70 mV

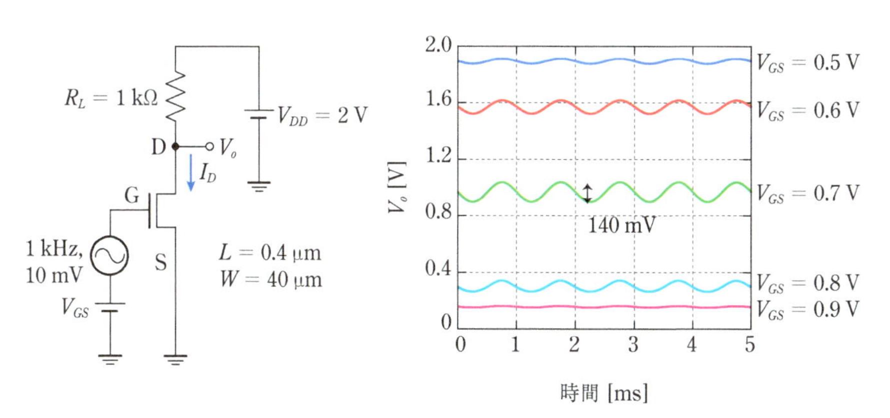

図5.3 **ソース接地回路と負荷電圧**
MOSトランジスタでも，バイアス電圧を適切に設定することで増幅器ができる．

程度の振幅が得られる．$V_{GS} = 0.9\,\mathrm{V}$ では接地電位となり，振幅もほとんどとれない．これは，電流が流れすぎて接地電位でクランプされたためである．

MOS トランジスタの V_{GS}-I_D 特性と V_{DS}-I_D 特性を図 5.4 に示す．ゲート・ソース間電圧 $V_{GS} = 0.4\,\mathrm{V}$ 程度ではほとんどドレイン電流 I_D が流れないが，それより高い電圧では徐々に電流が流れはじめ，$V_{GS} = 0.7\,\mathrm{V}$ 近辺で約 1 mA の I_D が流れ，$V_{GS} = 0.8\,\mathrm{V}$ では約 2 mA の I_D が流れる．ドレイン・ソース間電圧 V_{DS} に関しては，V_{DS} が低い領域ではあまり I_D が流れないが，徐々に I_D が増加し，V_{DS} が高い領域では V_{DS} によらずほぼ一定の I_D が流れる．これは，MOS トランジスタがリニア領域から飽和領域に入ったからである．**飽和領域ではドレイン電流 I_D はゲート・ソース間電圧 V_{GS} でほとんど決定される．**

ここでも，定量的に考えてみよう．式 (5.1) と同様に，ドレイン電流 I_D と出力電圧 V_o には以下の関係がある．

$$V_o = V_{DD} - R_L I_D = 2.0 - 1 \times 10^3 \times I_D \tag{5.8}$$

MOS トランジスタの飽和領域での電圧-電流式はゲート長変調効果を無視すると，式 (4.40) より，

$$I_D = \frac{1}{2}\mu C_{ox}\frac{W}{L}(V_{GS} - V_T)^2 \tag{5.9}$$

となり，この MOS トランジスタのしきい値電圧 V_T は 0.45 V であり，図 5.4 より $V_{GS} = 0.7\,\mathrm{V}$ のとき $I_D = 1\,\mathrm{mA}$ であるので，トランジスタパラメータ μC_{ox} は，

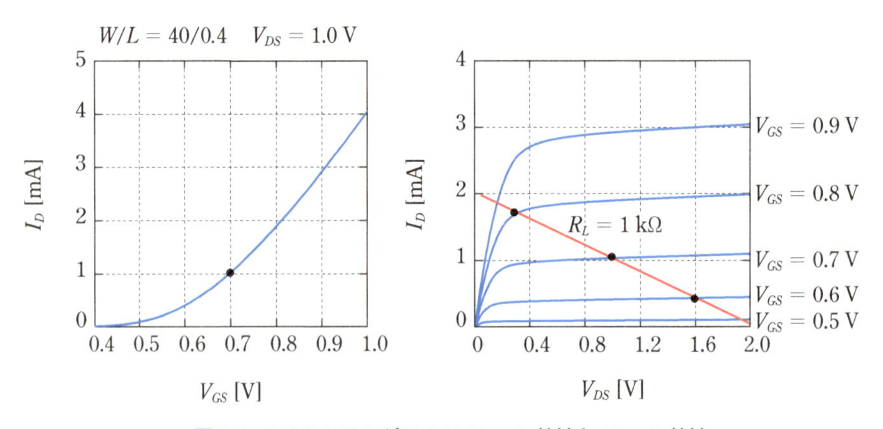

図 5.4　MOS トランジスタの V_{GS}-I_D 特性と V_{DS}-I_D 特性

出力電圧 V_o が電源電圧 V_{DD} の半分程度の 1 V になるのは，負荷抵抗が 1 kΩ であるのでドレイン電流 I_D が 1 mA のときで，このときゲート・ソース間電圧 V_{GS} は 0.7 V である．ドレイン電流 I_D はドレイン・ソース間電圧 V_{DS} によらず，ゲート・ソース間電圧 V_{GS} でほとんど決定される．ただし，バイポーラトランジスタよりも電圧感度が低い．

$$\mu C_{ox} = \frac{2I_D}{\frac{W}{L}(V_{GS} - V_T)^2} = \frac{2 \times 10^{-3}}{\frac{40}{0.4}(0.7 - 0.45)^2} = 320\,\mu A/V^2$$

と求められる．

バイポーラトランジスタと同様に，回路の増幅度 G は

$$G = -R_L g_m \tag{5.10}$$

であるので，相互コンダクタンス g_m は

$$g_m \equiv \frac{dI_D}{dV_{GS}} = \mu C_{ox}\frac{W}{L}(V_{GS} - V_T) \tag{5.11}$$

となり，先に求めた値を用いると，相互コンダクタンス g_m は，

$$g_m = \mu C_{ox}\frac{W}{L}(V_{GS} - V_T) = 320 \times 10^{-6} \times \frac{40}{0.4} \times (0.7 - 0.45) = 8\,\mathrm{mS}$$

と求められる．したがって，増幅度 G は8倍となり，図5.3より求めた7.0倍 $(= 70\,\mathrm{mV}/10\,\mathrm{mV})$ に近い．

ところで，式 (4.40) より，

$$\mu C_{ox}\frac{W}{L} = \frac{2I_D}{(V_{GS} - V_T)^2} \tag{5.12}$$

であるので，これを式 (5.11) に代入すると，相互コンダクタンス g_m は，

$$g_m = \frac{2I_D}{V_{GS} - V_T} = \frac{2I_D}{V_{\mathrm{eff}}} \tag{5.13}$$

のように簡潔に表現できる．ここで，

$$V_{\mathrm{eff}} \equiv V_{GS} - V_T \tag{5.14}$$

は**有効ゲート電圧**である．MOSトランジスタのキャリアに寄与する電荷が有効ゲート電圧に比例し，MOSトランジスタを用いたアナログ電子回路設計において非常に重要なパラメータとなる．有効ゲート電圧は**ゲートオーバードライブ電圧**（V_{OV} と表記）と呼ばれることもある．

MOSトランジスタの相互コンダクタンス g_m はドレイン電流 I_D と有効ゲート電圧 V_{eff} が分かれば，移動度やトランジスタサイズなどの情報がなくても算出できる．バイポーラトランジスタの相互コンダクタンス g_m と比較すると，

$$\text{バイポーラトランジスタ：} g_m = \frac{I_C}{U_T} \tag{5.15a}$$

$$\text{MOSトランジスタ：} g_m = \frac{2I_D}{V_{\mathrm{eff}}} \tag{5.15b}$$

となり，いずれもトランジスタを流れる電流を，ある電圧で割った形となっている．

ただし，バイポーラトランジスタは熱電圧という物理量であり，トランジスタのパラメータやサイズ依存を持たない．それに対し，MOSトランジスタの有効ゲート電圧 V_{eff} は式 (5.13) より，

$$V_{\mathrm{eff}} = \sqrt{\frac{2I_D}{\mu C_{ox}\dfrac{W}{L}}} \tag{5.16}$$

となるので，デバイスパラメータ，電流，サイズなどの関数となる．したがって，MOSトランジスタを用いたアナログ電子回路設計は，まずこの有効ゲート電圧 V_{eff} を決定することからはじまる．通常，$V_{\mathrm{eff}} = 0.2\,\mathrm{V}$ 程度に設定する．

熱電圧 U_T は常温で 26 mV であるので，同一動作電流時に MOS トランジスタの相互コンダクタンス g_m はバイポーラトランジスタのそれよりも約 1/4 程度に低くなる．

❖5.2 トランジスタのバイアス

前節で述べたように，トランジスタを用いて小信号を増幅するには，バイポーラトランジスタにおいてはベース・エミッタ間電圧 V_{BE} を一定にして，コレクタ電流 I_C を適切な大きさにすればよい．また，MOS トランジスタにおいてはゲート・ソース間電圧 V_{GS} を一定にして，ドレイン電流 I_D を適切な大きさに設定し，その動作点の近傍で電圧を変化させる必要がある．このように適切な電圧や電流を設定することを**バイアス**という．

5.2.1 バイアスの安定性

図 5.1，図 5.3 に示した増幅回路では動作の安定性が極めて悪く，このままでは実際の使用は困難である．例えば，図 5.1 に示したバイポーラトランジスタを用いた回路では $V_{BE} = 0.7\,\mathrm{V}$ 程度に設定すれば，うまく動作するように思われるかもしれないが，温度に対する安定度が極めて悪い．動作温度 T を 0℃，25℃，50℃ と変化させたときのバイポーラトランジスタの V_{BE}-I_C 特性と出力電圧 V_o の温度依存性を図 5.5 に示す．

例えば $I_C = 10\,\mathrm{mA}$ をとる V_{BE} は温度が 25 ℃では 720 mV 程度であるが，50 ℃では 675 mV に減少する．バイポーラトランジスタでは同一のコレクタ電流が得られるベース・エミッタ間電圧 V_{BE} は一般に $-2.2\,\mathrm{mV/℃}$ 程度の温度特性を有する．つまり，**温度が低い場合は V_{BE} が高くなり，温度が高い場合は V_{BE} が低くなる**．したがって，同一電圧でバイアスしても温度により大幅にコレクタ電流が変化する．このため，温度が低いときは電流が流れず，出力電圧 V_o が電源電圧付近に張りつき，温度が高いときは電流が流れすぎて接地電位付近にクランプされ，安定な増幅はできない．そこで，温度などのデバイスパラメータの変動に対して，次に述べる自己バイアス回路などの

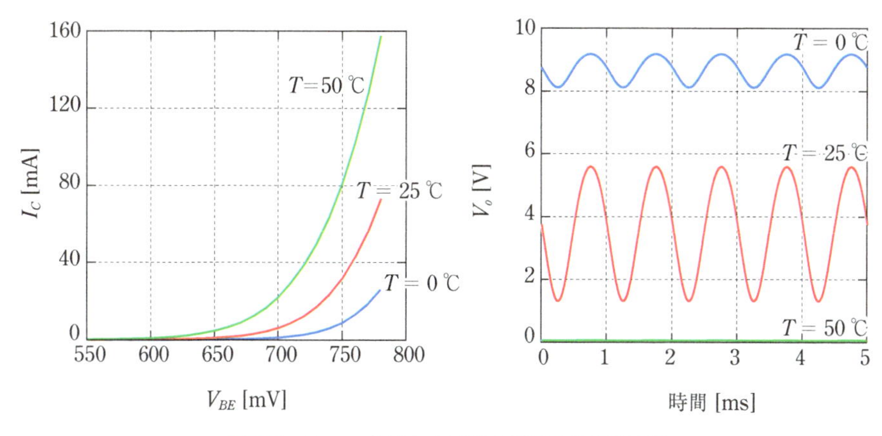

図 5.5　V_{BE}-I_C 特性および出力電圧の温度依存性

安定なバイアス回路が必要となる．

5.2.2　自己バイアス回路

回路の集積化に伴い，最近は**電流ミラーを用いたバイアス回路**を用いることが多く，高周波回路を除いて**自己バイアス回路**はほとんど用いられなくなったが，基本的な自己バイアス回路を以下に示す．

バイポーラトランジスタおよびMOSトランジスタの自己バイアス回路を図5.6に示す．ベースもしくはゲートに一定電圧を与え，エミッタもしくはソースに抵抗を接続しているのが特徴である．

図5.6のバイポーラトランジスタの自己バイアス回路を例にして，このような状態

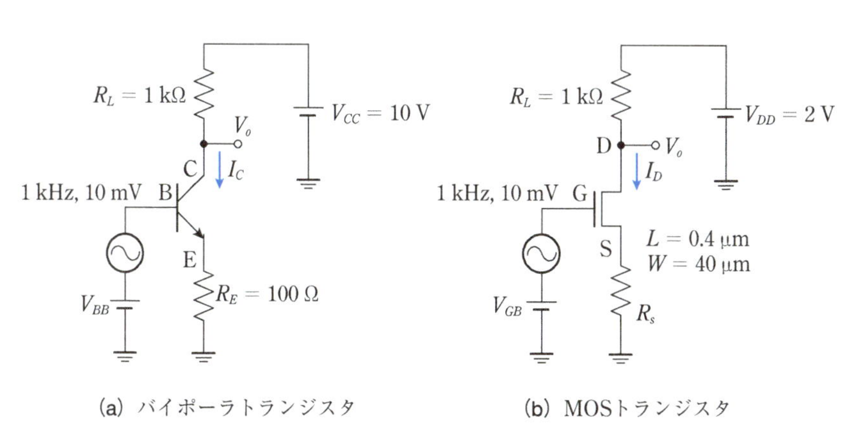

(a) バイポーラトランジスタ　　(b) MOSトランジスタ

図 5.6　自己バイアス回路

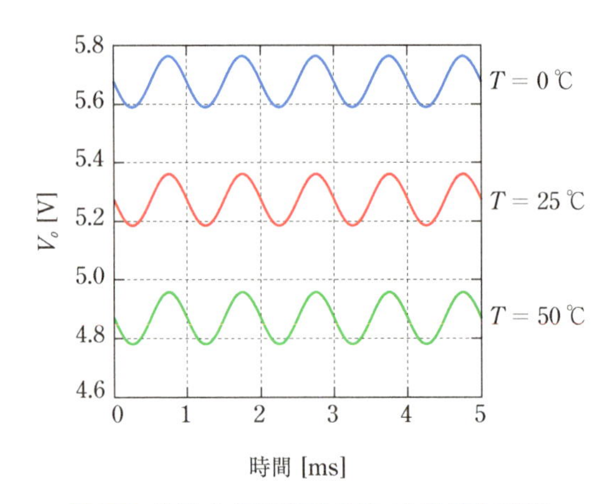

図 5.7　**自己バイアス回路を用いた増幅器の特性**
エミッタやソースに抵抗を入れると，利得は大幅に低下するが温度変化に対する電流変動は抑制できる．

でのバイアス回路の設定法を説明する．はじめに，トランジスタを流れるコレクタ電流 I_C を決定する．次に，出力端のバイアス時の電圧を V_C とすると，負荷抵抗 R_C は，

$$R_C = \frac{V_{CC} - V_C}{I_C} \tag{5.17}$$

となる．この状態でのベース・エミッタ間電圧 V_{BE} は，式 (5.3) より

$$V_{BE} = U_T \ln\left(\frac{I_C}{I_s}\right)$$

となる．抵抗 R_E は増幅率，安定性，信号振幅などを考慮して決定する．R_E が高いほど安定性が上がるが，増幅率や信号振幅は低下する．
ベース側のバイアス電圧 V_{BB} は，次のように求める．

$$V_{BB} = V_{BE} + I_E R_E \tag{5.18}$$

このようにしてパラメータを決定した自己バイアス回路を用いた増幅器の出力電圧 V_o の温度依存性を図 5.7 に示す．図 5.5 と比べ，温度安定性が格段に向上している．ただし，利得は大幅に低下した．

図 5.6 の MOS トランジスタの自己バイアス回路でも同様の手順でパラメータを決定できる．しかし，MOS トランジスタの場合は，温度に対する感度が低いので，自己バイアス回路はあまり用いられない．

❖5.3　トランジスタの小信号等価回路

以上述べたように，アナログ電子回路においては信号電圧を変化させるときの基準

点である**バイアス点**を定め，バイポーラトランジスタにおいてはベース・エミッタ間電圧 V_{BE} を，MOS トランジスタにおいてはゲート・ソース間電圧 V_{GS} を変化させて生じる電流変化を用いて増幅作用を行う．

つまり，バイアス点のまわりに小さな電圧変化を入力して，出力電圧変化を出力として取り出す．したがって，入力変化分に対する出力変化分の特性が必要となり，信号変化に対してのみ着目した回路である**小信号等価回路**が必要となる．本節では，バイポーラトランジスタと MOS トランジスタの小信号等価回路を説明する．

5.3.1　バイポーラトランジスタの小信号等価回路

図 5.1 に示した回路の負荷線とバイアス点を図 5.8 に示す．コレクタ電流 $I_C = 5\,\mathrm{mA}$ のときに出力電圧は 5 V と，電源電圧 V_{CC} の半分になるので，これをバイアス点に設定する．このときのベース・エミッタ間電圧 V_{BE} は 690 mV である．このバイアス点を中心にベース・エミッタ間電圧をわずかに変化させると，コレクタ電流が大きく変化し，この電流が負荷抵抗に流れることにより，出力電圧が大きく変化して増幅作用を得ることができる．

つまり，バイポーラトランジスタ回路においてコレクタ電流 I_C はベース・エミッタ間電圧 V_{BE} およびコレクタ・エミッタ間電圧 V_{CE} の関数であり，

$$I_C = I_C\,(V_{BE},\ V_{CE}) \tag{5.19}$$

と表される．式 (5.19) をテイラー展開すると，

$$I_C + \Delta I_C = I_C\,(V_{BE},\ V_{CE}) + \frac{\partial I_C}{\partial V_{BE}}\Delta V_{BE} + \frac{\partial I_C}{\partial V_{CE}}\Delta V_{CE} \tag{5.20}$$

となる．ここで，ベース・エミッタ間電圧 V_{BE} の変化 ΔV_{BE} に対するコレクタ電流 I_C

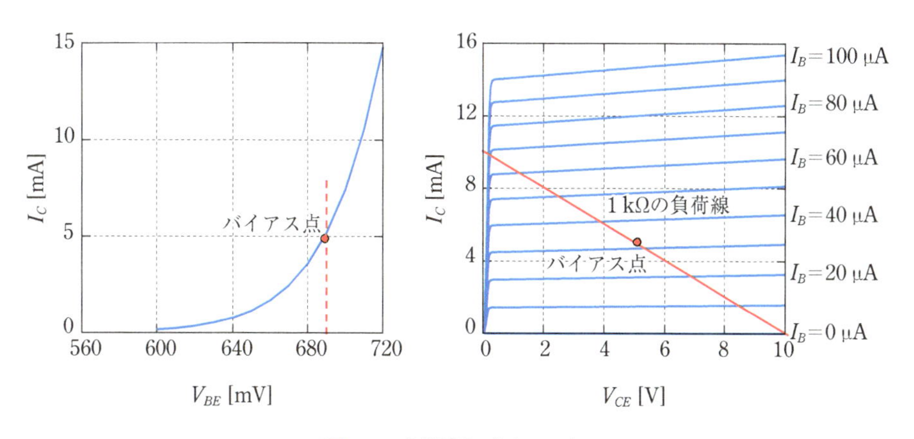

図 5.8　**負荷線とバイアス点**

の変化 ΔI_C の比例係数

$$\frac{\partial I_C}{\partial V_{BE}} \equiv g_m$$

は相互コンダクタンスであり，これはすでに式 (5.6) で求めており，

$$g_m = \frac{I_C}{U_T}$$

である．また，コレクタ・エミッタ間電圧 V_{CE} の変化 ΔV_{CE} に対するコレクタ電流 I_C の変化 ΔI_C の比例係数

$$\frac{\partial I_C}{\partial V_{CE}} \equiv g_o \tag{5.21}$$

は**コレクタコンダクタンス**と呼ばれる．これは式 (4.20) で示された

$I_C = I_s e^{\frac{qV_{BE}}{kT}}\left(1 + \frac{V_{CE}}{V_A}\right)$ を V_{CE} で微分して，$g_o \approx \frac{I_C}{V_A}$ と求めることができる．

次に，ベース電流の変化 ΔI_B は，コレクタ電流とベース電流の関係を表す式 (4.14) より，順方向電流増幅率 β_F と $\Delta I_C = g_m \Delta V_{BE}$ の関係を用いて

$$\Delta I_B = \frac{\Delta I_C}{\beta_F} = \frac{g_m \Delta V_{BE}}{\beta_F} \tag{5.22}$$

と求められる．また，ベース・エミッタ間電圧 V_{BE} の変化 ΔV_{BE} に対するベース電流 I_B の変化 ΔI_B の比例係数

$$g_\pi \equiv \frac{\Delta I_B}{\Delta V_{BE}} = \frac{g_m}{\beta_F} \tag{5.23}$$

は**入力コンダクタンス**と呼ばれる．

したがって，図 5.1 に示したバイポーラトランジスタの小信号等価回路は図 5.9 のよ

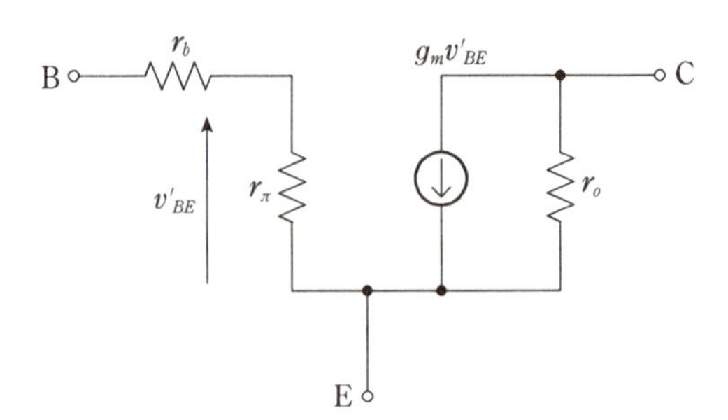

図 5.9　バイポーラトランジスタの小信号等価回路

バイポーラトランジスタの場合，ベース電流が流れるので r_π と，ベース層内の電圧降下を表すベース広がり抵抗 r_b がベースとエミッタ間に入る．このため，電圧-電流計算が MOS トランジスタに比べればやや複雑になる．ただし，この効果による誤差は数%程度であるので，無視できる場合がある．

うになる．図5.9では，ベースに電流が流れるとベース・エミッタ間接合に印加される電圧が減少する**ベース広がり抵抗** r_b の効果を入れている．ベース広がり抵抗 r_b は通常50 Ω～500 Ω程度の値をとる．なお，

$$r_\pi \equiv \frac{1}{g_\pi}, \quad r_o \equiv \frac{1}{g_o} \tag{5.24}$$

である．

5.3.2 MOSトランジスタの小信号等価回路

MOSトランジスタの小信号等価回路ではバックゲート効果を考慮する必要がある．ドレイン電流 I_D は，ゲート・ソース間電圧 V_{GS}，ドレイン・ソース間電圧 V_{DS}，ボディ・ソース間電圧 V_{BS} の関数であるので，次のように表される．

$$I_D = I_D\,(V_{GS},\ V_{DS},\ V_{BS}) \tag{5.25}$$

したがって，ゲート・ソース間電圧 V_{GS}，ドレイン・ソース間電圧 V_{DS}，ボディ・ソース間電圧 V_{BS} がわずかに変化したときの状態は，テイラー展開より，

$$I_D + \Delta I_D = I_D\,(V_{GS0},\ V_{DS0},\ V_{BS0}) + \frac{\partial I_D}{\partial V_{GS}}\Delta V_{GS} + \frac{\partial I_D}{\partial V_{DS}}\Delta V_{DS} + \frac{\partial I_D}{\partial V_{BS}}\Delta V_{BS} \tag{5.26}$$

と表される．そこで，変化分だけに着目して，式 (5.26) を以下のように書き換える．

$$\Delta I_D = g_m v_{GS} + g_D v_{DS} + g_{mb} v_{BS} \tag{5.27}$$

小文字の v や i はそれぞれ電圧変化および電流変化を表す．また，

$$g_m \equiv \frac{\partial I_D}{\partial V_{GS}}, \quad g_D \equiv \frac{\partial I_D}{\partial V_{DS}}, \quad g_{mb} \equiv \frac{\partial I_D}{\partial V_{BS}} \tag{5.28}$$

である．したがって，小信号等価回路は図5.10(右)のようになる．

これらのパラメータのうち，相互コンダクタンス g_m は式 (5.13) で求めたように，

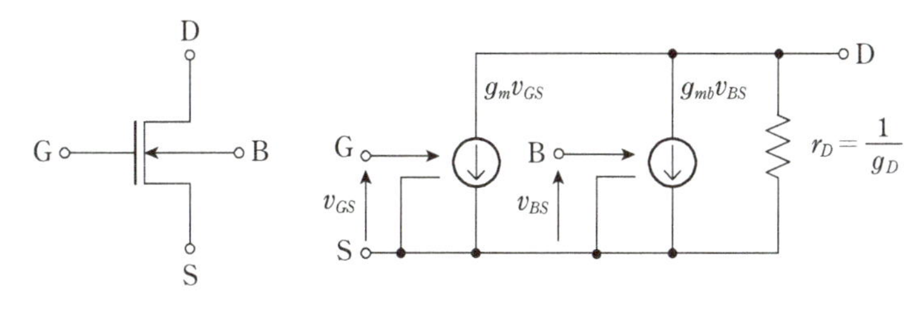

図5.10　MOSトランジスタとその小信号等価回路
MOSトランジスタはゲート電流が流れないので，小信号等価回路はバイポーラトランジスタよりも簡単になる．しかし，バックゲートが変化することによる電流を考慮するとやや複雑になる．

$$g_m = \frac{2I_D}{V_{\text{eff}}}$$

である．g_{mb} はバックゲート効果により発生するものであり，**バックゲートトランスコンダクタンス**もしくは**ボディトランスコンダクタンス**と呼ばれる．

図4.17に示したように，バックゲート電圧 V_B に対してしきい値電圧 V_T が，ほぼ比例して変化する．したがって，g_{mb} がドレイン電流に与える変化は相互コンダクタンス g_m に比例したものとなり，以下のように n を用いて表す．

$$g_{mb} = (n - 1)\,g_m \tag{5.29}$$

n は通常1.2～1.3程度であり，g_m の20％から30％程度の値をとる．

もし，ボディがソースに接続している場合は，図5.11に示すように小信号等価回路は簡単になる．

式(5.28)よりドレインコンダクタンス g_D はドレイン電流 I_D を V_{DS} で微分することにより得られる．式(4.41)より，

$$I_D = \frac{\mu C_{ox}}{2}\frac{W}{L}(V_{GS} - V_T)^2\left(1 + \frac{V_{DS}}{V_A}\right)$$

であり，したがって，

$$g_D = \frac{\partial I_D}{\partial V_{DS}} = \frac{1}{1 + \dfrac{V_{DS}}{V_A}}\frac{I_D}{V_A} = \frac{I_D}{V_A + V_{DS}} \tag{5.30}$$

となる．一般には $V_A \gg V_{DS}$ であるので，

$$g_D \approx \frac{I_D}{V_A} \tag{5.31}$$

と近似することもある．したがって，g_D はドレイン電流 I_D に比例し，アーリー電圧 V_A に反比例する．

MOSトランジスタはバックゲートの処理が難しいが，バイポーラトランジスタと

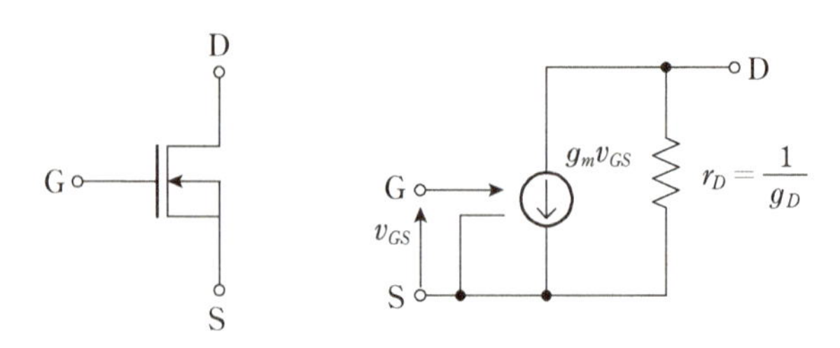

図5.11　**MOSトランジスタとその小信号等価回路**
ソースとボディが接続している場合．

は異なり，ゲートに電流が流れないのでバックゲート効果が無視できるときは計算が簡単である．

以降は，煩雑さを避けるために，よく用いられるMOSトランジスタだけを取り上げることにする．バイポーラトランジスタを用いた場合でも，等価回路に置き換えれば，その特性計算は同様の手順で計算できるからである．

❖5.4　接地方式

トランジスタを用いた増幅回路は接地方式により，**ソース接地回路**，**ゲート接地回路**，**ドレイン接地回路**に大別できる．

ところで，増幅回路の評価指標には，**入力インピーダンス**，**出力インピーダンス**，**電圧利得**，**電流利得**，**電力利得**がある．図5.12に示す回路表記を用いて，これらは以下のように表される．

$$\textbf{入力インピーダンス}：Z_i=\frac{v_1}{i_1} \tag{5.32}$$

入力インピーダンスが高いほど，信号源インピーダンスが高くても信号減衰が少ない．

$$\textbf{出力インピーダンス}：Z_o=-\frac{v_2}{i_2} \tag{5.33}$$

出力インピーダンスが低いほど，負荷インピーダンスが低くても信号減衰が少ない．ただし，この場合の出力インピーダンスは出力電圧 v_2 を変化させたときの増幅器の出力端の電流変化 $-i_2$ を指している．

$$\textbf{電圧利得}：A_v=\frac{v_2}{v_1} \tag{5.34}$$

$$\textbf{電流利得}：A_i=\frac{i_2}{i_1} \tag{5.35}$$

$$\textbf{電力利得}：A_p=\frac{v_2 i_2}{v_1 i_1} \tag{5.36}$$

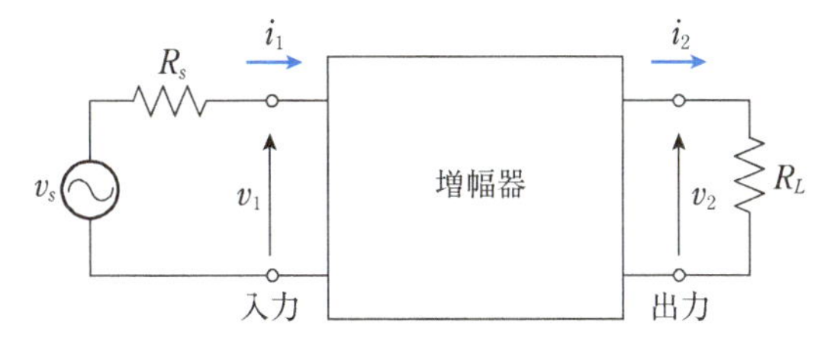

図5.12　**増幅器の動作量**

以下では，ソース接地回路，ゲート接地回路，ドレイン接地回路の各種特性を説明する．

5.4.1 ソース接地回路

ソース接地回路は増幅器の基本である．ソース接地回路とその小信号等価回路を図5.13に示す．小信号等価回路では電源端は変化しないので，接地と見なせることに注意が必要である．ソース接地回路の各種特性は以下のとおりである．

1) 入力インピーダンス

ゲートには直流電流が流れないので，

$$Z_i = \infty \tag{5.37}$$

2) 出力インピーダンス

$v_1 = 0$とすると，電流源からの電流は無視できるので，

$$Z_o = r_D \approx \frac{V_A}{I_D} \tag{5.38}$$

3) 電圧利得

$$A_v = \frac{v_2}{v_1} = -g_m\,(r_D // R_L) = -\frac{g_m}{G_L + g_D} \tag{5.39}$$

ここで，// は並列接続の値を表し，$G_L = \dfrac{1}{R_L}$である．

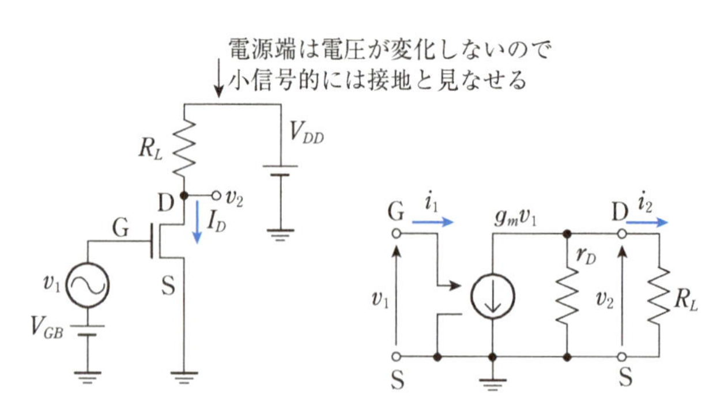

図 5.13　ソース接地回路とその小信号等価回路

小信号等価回路は電圧や電流の「変化」に対する等価回路なので，電圧が変化しない電圧源の端子は接地と見なす．

MOS トランジスタの g_m は式 (5.13) で表されるので，$G_L \ll g_D$ の場合は

$$A_v \approx -\frac{g_m}{g_D} = -\frac{\dfrac{2I_D}{V_{\text{eff}}}}{\dfrac{I_D}{V_A}} = -\frac{2V_A}{V_{\text{eff}}} \tag{5.40}$$

となり，電流によらず，電圧利得は V_A と V_{eff} の比で決定される．

4) 電流利得

$$A_i = \infty \tag{5.41}$$

5) 電力利得

$$A_p = \infty \tag{5.42}$$

05

5.4.2 ゲート接地回路

ゲート接地回路は図 5.14 に示すように，ゲートを交流的に接地して電位を固定し，ソースから入力信号を入れ，ドレインから出力信号を取り出すものである．

ゲート接地回路とその小信号等価回路を図 5.14 に示す．この回路では，ボディが接地されている場合とボディがソースに接続されている場合があるが，はじめに一般的なボディが接地されている場合について考える．

1) 入力インピーダンス

$$\begin{aligned} i_1 &= (g_m + g_{mb})v_1 + g_D\,(v_1 - v_2) \\ v_2 &= i_2 R_L = i_1 R_L \end{aligned} \tag{5.43}$$

より，

$$i_1\,(1 + R_L g_D) = (g_m + g_{mb} + g_D)v_1 \tag{5.44}$$

したがって，入力インピーダンス Z_i は

$$Z_i = \frac{v_1}{i_1} = \frac{1 + R_L g_D}{g_m + g_{mb} + g_D} \tag{5.45}$$

$R_L g_D \ll 1$ かつ $g_D \ll g_m + g_{mb}$ の場合は，

$$Z_i \approx \frac{1}{g_m + g_{mb}} = \frac{1}{n g_m} \tag{5.46}$$

と近似できる．ボディがソースに接続されている場合は，式 (5.46) の g_{mb} をゼロにすればよい．

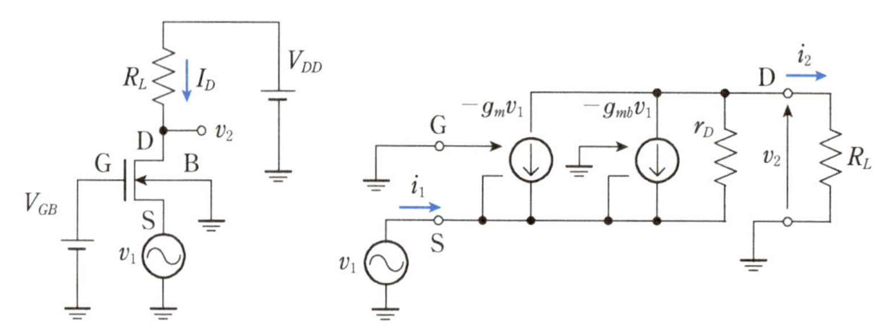

図 5.14　ゲート接地回路とその小信号等価回路

ゲート・ソース間電圧 V_{GS} を変化させることにより，ドレイン電流 I_D が変化するので，ソース電位を固定してゲート電圧を変化させてもよいし，ゲート電圧を固定してソース電位を変化させてもよい．ただし，ボディ電圧が固定され，ソース電圧を変化させる場合はバックゲート効果を考慮する必要がある．

2）出力インピーダンス

$$v_1 = 0 とすると，\ Z_o = r_D \approx \frac{V_A}{I_D} \tag{5.47}$$

3）電圧利得

$$A_v = \frac{v_2}{v_1} = \frac{R_L i_2}{v_1} = \frac{R_L i_1}{v_1} = \frac{R_L}{Z_i} \tag{5.48}$$

したがって，式 (5.45) を用いて，

$$A_v = \frac{(g_m + g_{mb} + g_D)R_L}{1 + R_L g_D} = \frac{g_m + g_{mb} + g_D}{G_L + g_D} \tag{5.49}$$

ここで，$G_L = \dfrac{1}{R_L}$ である．

通常 $g_m \gg g_D$ であるので，

$$A_v \approx \frac{n g_m}{G_L + g_D} \tag{5.50}$$

と近似できる．ボディがソースに接続されている場合は，$g_{mb} = 0$ になるので，$n = 1$ を代入すればよい．

4）電流利得

$$A_i = 1 \tag{5.51}$$

5) 電力利得

$$A_p = A_v \tag{5.52}$$

ゲート接地回路は電圧利得が必要であって，かつ入力インピーダンスを下げたいときに用いられる．

5.4.3 ドレイン接地回路

ドレイン接地回路は図5.15に示すようにドレインを交流的に接地して電位を固定し，ゲートに入力信号を印加し，ソースから出力信号を取り出すものである．**ソースフォロワー回路**とも呼ばれる．ドレイン接地回路とその小信号等価回路を図5.15に示す．

1) 入力インピーダンス

MOSトランジスタのゲートは絶縁されているので直流電流は流れない．したがって，

$$Z_i = \infty \tag{5.53}$$

2) 出力インピーダンス

入力端を接地し，以下の式が得られる．

$$-i_2 = (g_m + g_{mb} + g_D)v_2 \tag{5.54}$$

したがって，

$$Z_o = -\frac{v_2}{i_2} = \frac{1}{g_m + g_{mb} + g_D} \approx \frac{1}{ng_m} \tag{5.55}$$

ここで，$g_m + g_{mb} = ng_m$，$g_D \ll g_m$ の関係を用いた．

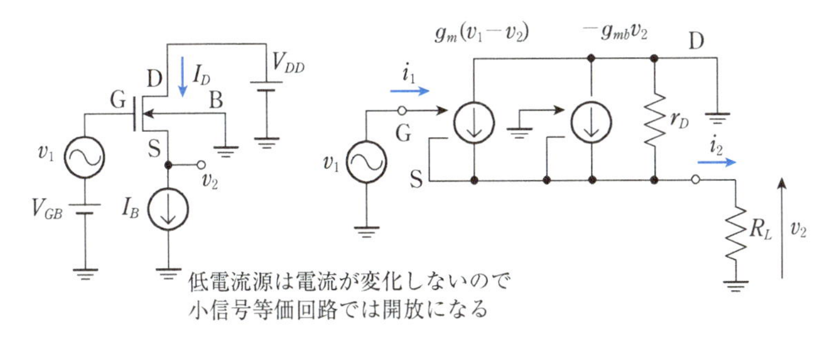

図5.15 ドレイン接地回路とその小信号等価回路

ドレイン接地回路と呼ばれるが，ドレイン端は交流的に接地されず，負荷抵抗を有していても構わない．

3) 電圧利得

$$i_2 = g_m (v_1 - v_2) - g_{mb} v_2 - g_D v_2 = g_m v_1 - (g_m + g_{mb} + g_D) v_2$$
$$v_2 = i_2 R_L \tag{5.56}$$

したがって，

$$v_2 = g_m R_L v_1 - (g_m + g_{mb} + g_D) R_L v_2$$
$$v_2 \{1 + (g_m + g_{mb} + g_D) R_L\} = g_m R_L v_1$$
$$\therefore A_v = \frac{v_2}{v_1} = \frac{g_m R_L}{1 + (g_m + g_{mb} + g_D) R_L} \tag{5.57}$$

ここで，$g_m R_L \gg 1$，$g_m + g_{mb} = n g_m$，$g_m \gg g_D$ の関係を用いると，式 (5.57) は以下のように簡略化できる．

$$A_v = \frac{1}{n} \tag{5.58}$$

ここで，n は1以上であるので，電圧利得は1以下になる．ただし，ボディがソースに接続されている場合は $n = 1$ なので，電圧利得は1になる．

4) 電流利得

入力電流が流れないので $A_i = \infty$

5) 電力利得

これも無限大である．

以上のようにドレイン接地回路は，電圧振幅は変わらず，入力インピーダンスが高く，出力インピーダンスが低いことを利用した，ソースフォロワーと呼ばれる電圧バッファーとして用いられる．

表5.1に各種接地方式の特徴をまとめる．電圧利得が必要な場合はソース接地回路もしくはゲート接地回路が用いられるが，ソース接地回路は入力インピーダンスが高く，ゲート接地回路は低い．ドレイン接地回路は出力インピーダンスを低くすることができるが，電圧利得は1以下である．

表 5.1　各種接地方式の比較

	ソース接地	ゲート接地	ドレイン接地
入力インピーダンス：Z_i	∞	$\dfrac{1}{ng_m}$　低い	∞
出力インピーダンス：Z_o	r_D　高い	r_D　高い	$\dfrac{1}{ng_m}$　低い
電圧利得：A_v	$-\dfrac{g_m}{G_L+g_D}$　高い	$\dfrac{ng_m}{G_L+g_D}$　高い	$\dfrac{1}{n}$　1以下
電流利得：A_i	∞	1	∞
電力利得：A_p	∞	A_v	∞

05

演習問題

5.1　MOS トランジスタの飽和領域の特性が以下のように表されるとする．以下の問いに答えよ．

$$I_D=\frac{\mu C_{ox}}{2}\frac{W}{L}(V_{GS}-V_T)^2\left(1+\frac{V_{DS}}{V_A}\right)$$

(1)　このトランジスタが飽和領域にあるための条件を述べよ．

(2)　$V_{\mathrm{eff}}=V_{GS}-V_T$ を通常何と呼ぶか．また，その物理的な意味は何かを答えよ．

(3)　相互コンダクタンス g_m を $V_{GS}-V_T$ の関数として求めよ．

(4)　$V_{GS}-V_T$ の項を消去し，相互コンダクタンス g_m をドレイン電流 I_D の関数として表せ．

(5)　相互コンダクタンス g_m を V_{eff} と I_D で表せ．

(6)　一定電流でバイアスされた MOS トランジスタの g_m を増大させるには V_{eff} をどのようにしたらよいか．

(7)　飽和領域のドレインコンダクタンス g_D を I_D と V_A で表せ．

5.2　図(a)に示すバイポーラトランジスタ回路において，$I_s=10^{-16}$ A，$\beta_F=100$，常温 (300 K)，$V_{CC}=5$ V，$U_T=26$ mV とする．以下の問いに答えよ．

(1)　バイアス状態で，$I_C=1$ mA，$V_C=3$ V，$V_E=1$ V に設定したい．R_C，R_E，V_{BE}，V_B を求めよ．ただし，計算においてベース電流はゼロとしてよい．

(2)　**(1)** の計算に基づき，R_1，R_2 を設定する．ベース電流をゼロと仮定したとき，R_1/R_2 比はいくらになるか．

(3)　**(2)** の計算で算出した R_1/R_2 比になるようにしたとき，$R_2=10$ kΩ にすると R_1 は何 kΩ になるか．また，ベース電流が流れるとき，**(1)** で設定したバイアス条件にするには，R_1 を何 kΩ にすべきか．

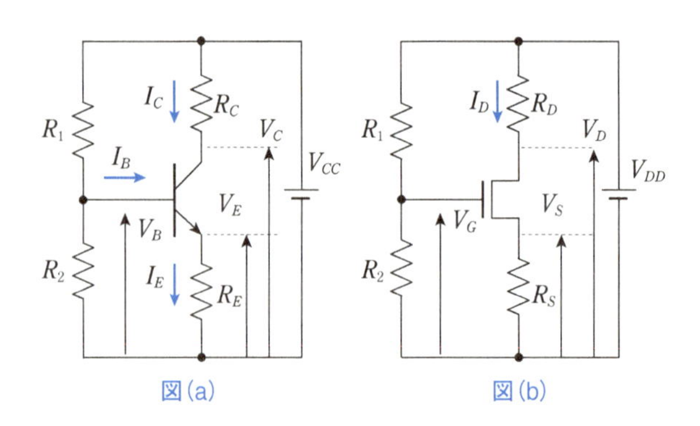

(4) 図(b)に示すMOSトランジスタ回路において，$\mu C_{ox} = 220\,\mu\text{A/V}^2$，$V_T = 0.45\,\text{V}$，$V_{DD} = 5.0\,\text{V}$とする．バイアス状態で，$I_D = 1\,\text{mA}$，$V_D = 3\,\text{V}$，$V_S = 1\,\text{V}$，$V_{\text{eff}} = 0.2\,\text{V}$に設定したい．$W/L$，$R_D$，$R_S$，$V_{GS}$，$V_G$を求めよ．このとき，ボディはソースに接続されており，バックゲート効果は無視できるものとする．

(5) **(4)** の計算に基づき，R_1，R_2を設定する．R_1/R_2はいくらになるか．

(6) ボディが接地電位にあるとする．バックゲート効果によるしきい値電圧の変化ΔV_Tは$\Delta V_T = 0.2\,V_B$と近似できるとき，**(4)** のバイアス条件を与えるV_{GS}，V_G，R_1/R_2を求めよ．

5.3 図の回路で以下の問いに答えよ．ここで，$R_1 = 49\,\text{k}\Omega$，$R_2 = 11\,\text{k}\Omega$，$R_E = 1\,\text{k}\Omega$，$R_L = 5\,\text{k}\Omega$，$V_{CC} = 12\,\text{V}$，$V_{BE} = 0.7\,\text{V}$，常温 (300 K)，$U_T = 26\,\text{mV}$とする．

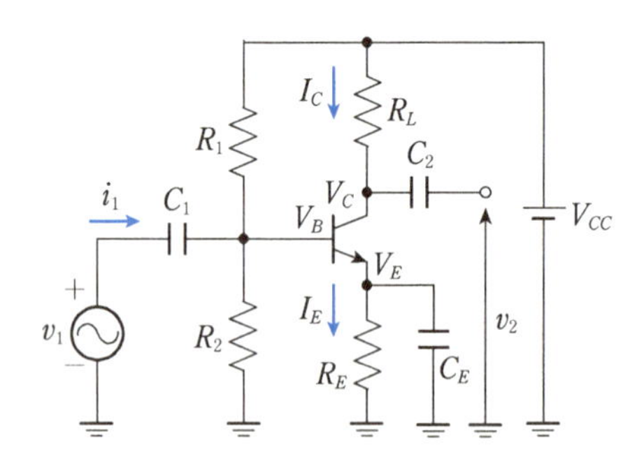

(1) 直流バイアスV_B，V_E，I_E，I_C，V_Cを求めよ（ただし，計算においては，ベース電流はゼロとしてよい）．

(2) 小信号等価回路を描け．

(3) 入力インピーダンス$Z_i = \dfrac{v_1}{i_1}$を求めよ（このとき，抵抗R_1，R_2の影響を考慮せよ）．ただし，$r_b = 100\,\Omega$，$\beta_F = 100$とする．

(4) 電圧利得$A_v = \dfrac{v_2}{v_1}$を求めよ．ただし，信号に対して各コンデンサのインピーダンスは十分に小さいとしてよい．ただし，$r_b = 100\,\Omega$，$\beta_F = 100$とする．

5.4 図の回路で以下の問いに答えよ．ただし，$V_{DD} = 5\,\text{V}$，$I_D = 1\,\text{mA}$，$R_L = 2\,\text{k}\Omega$，$R_S = 1\,\text{k}\Omega$，$V_T = 0.5\,\text{V}$，$V_{\text{eff}} = 0.2\,\text{V}$，$R_1 = 33\,\text{k}\Omega$，$R_2 = 17\,\text{k}\Omega$とし，バックゲートはソースに接続されており，バックゲート効果はないものとする．

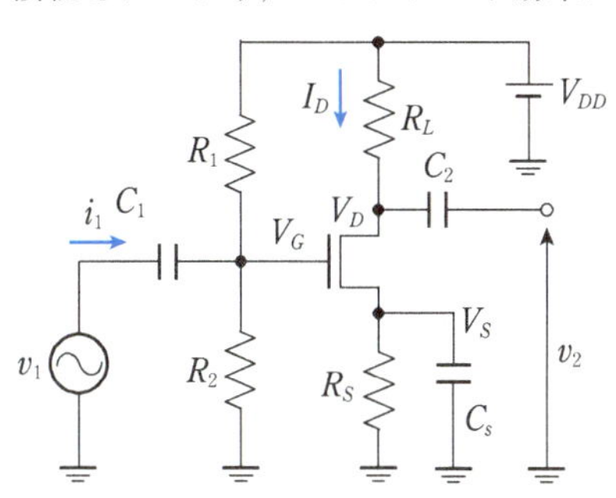

(1) V_G，V_S，V_Dを求めよ．

(2) 小信号等価回路を描け．

(3) 入力インピーダンス$Z_i = \dfrac{v_1}{i_1}$を求めよ（このとき，抵抗R_1，R_2の影響を考慮せよ）．

(4) 電圧利得$A_v = \dfrac{v_2}{v_1}$を求めよ．ただし，信号に対して各コンデンサのインピーダンスは十分に小さいとしてよい．

5.5 図にnMOSソースフォロワー回路を示す．バイアス電流をI_B，$V_{\text{eff}} = 0.2\,\text{V}$とし，チャネル長変調効果を無視し，以下の問いに答えよ．

(1) バックゲートをソースに接続したときの出力端から見たソース側の抵抗r_oをドレイン電流I_Dと有効ゲート電圧V_{eff}で表せ．

(2) (1)において，バックゲートを基板に接続したときの出力端から見たソース側の抵抗r_oを求めよ．このとき，$g_{mb} = (n-1)g_m$と表せるものとする．

(3) $I_B = 1\,\text{mA}$，$n = 1.4$においてバックゲートを基板に接続したときの出力端から見たソース側の抵抗r_oを求めよ．

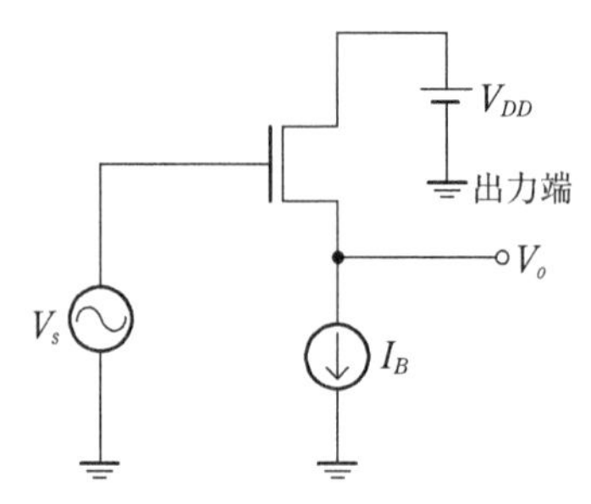
V_{DD}
出力端
V_o
V_s
I_B

第6章 基本増幅回路の周波数特性

これまでは，増幅回路の動作を小信号に対する応答として述べ，周波数への依存性は考慮しなかった．しかし，実際の増幅回路には多くの容量が存在し，周波数特性が存在する．本章では，バイポーラトランジスタおよびMOSトランジスタに付随する容量について述べたあと，基本増幅回路の周波数特性について説明する．

❖6.1　トランジスタの高周波等価回路

トランジスタの周波数特性は，直流の変化に対する小信号等価回路に容量成分を付加することで求めることができる．これを，**トランジスタの高周波等価回路**という．通常，トランジスタに付随する容量はトランジスタの各電極間の接合容量やゲート容量を考えればよい．しかし，キャリアの拡散により電流が流れる場合，ベース・エミッタ間の容量には，キャリアの拡散現象に起因する容量成分が発生する．この特徴的な容量は**拡散容量**と呼ばれる．

6.1.1　拡散容量

図6.1に示すように，ベース・エミッタ間に印加される電圧が $V_{BE} \rightarrow V_{BE} + \Delta V_{BE}$ と変化した場合，ベース領域の少数キャリアによる電荷は $Q_e \rightarrow Q_e + \Delta Q_e$ と増加する．

このとき，ベース領域での電荷の中性条件により，p型領域の正孔密度 p_p はアクセプタ不純物密度 N_A にp型領域の電子密度 n_p を加えたものになるので，

$$N_A + n_p = p_p \tag{6.1}$$

が成り立つ必要がある．つまり，ベース領域での多数キャリアである正孔も同様に増加し，この増加分はベース端子から供給されることになる．

接合の電圧が変化して電荷も変化したので，容量の定義により拡散容量 C_d は Q_h を正孔の電荷量として，

$$C_d = \frac{\Delta Q_h}{\Delta V_{BE}} = \frac{\Delta Q_e}{\Delta V_{BE}} \tag{6.2}$$

となる．ベース領域での電荷量 Q_e は式(4.11)より，

$$Q_e = \frac{1}{2} n_p(0)\, W_B\, qA \tag{6.3}$$

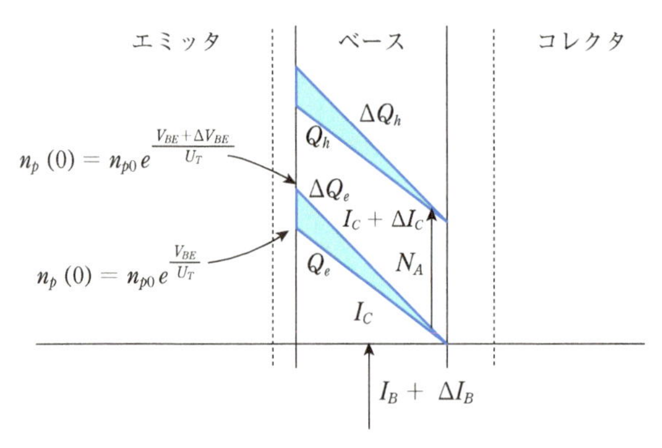

図 6.1　ベース領域での電荷の増加

ベース・エミッタ間電圧 V_{BE} が変化することで電荷 Q が変化するので，ベース・エミッタ間は容量と見なせる．

であり，コレクタ電流 I_C は式 (4.4) より，

$$I_C = qAD_n \frac{n_p(0)}{W_B} \tag{6.4}$$

である．したがって，コレクタ電流 I_C とベース領域での電荷量 Q_e には，

$$Q_e = \frac{{W_B}^2}{2D_n} I_C = \tau_F I_C \tag{6.5}$$

の関係が成り立つ．ここで，

$$\tau_F = \frac{{W_B}^2}{2D_n} \tag{6.6}$$

は**時定数**と呼ばれ，物理的にはベース領域を電子が通過する時間を表す．したがって，式 (6.2) は，

$$C_d = \frac{\Delta Q_h}{\Delta V_{BE}} = \frac{\Delta Q_e}{\Delta V_{BE}} = \tau_F \frac{\Delta I_C}{\Delta V_{BE}} = \tau_F g_m = \tau_F \frac{I_C}{U_T} \tag{6.7}$$

と表現できる．電気回路では，抵抗と容量の積である時定数が小さいほど周波数特性は良好である．拡散容量 C_d はコレクタ電流 I_C に比例し，その比例定数はベースの厚さ W_B の2乗に比例するため，容量を小さくして高周波特性を上げるにはベースの厚さを薄くする必要がある．

6.1.2　バイポーラトランジスタの高周波等価回路

この拡散容量を組み込んだバイポーラトランジスタの高周波等価回路を図 6.2 に示す．ここで

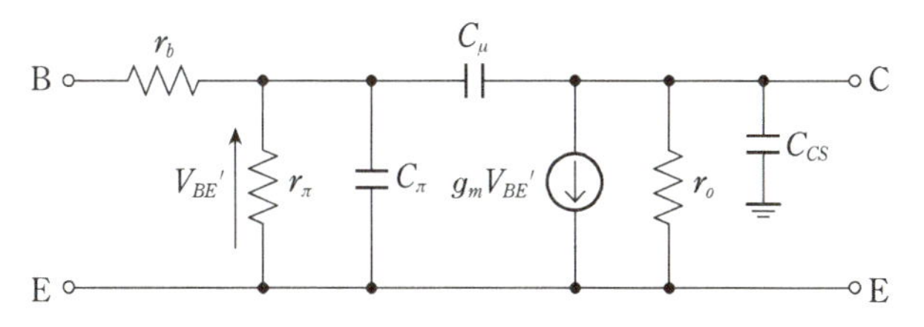

図 6.2　バイポーラトランジスタの高周波等価回路

容量 C_π や C_μ に対しては，ベース抵抗 r_b が大きいと，抵抗と容量の積である時定数が大きくなって周波数特性が劣化する．したがって周波数特性をよくするには，ベース抵抗 r_b の低減が効果的である．

$$C_\pi = C_d + C_{je} \tag{6.8}$$

であり，C_π は，拡散容量 C_d とベース・エミッタ間の接合容量 C_{je} が並列接続された容量を示している．なお，C_μ はベース・コレクタ間の接合容量，C_{CS} はコレクタ・半導体基板間の接合容量である．等価回路から分かるように，ベース抵抗 r_b が高く，ベース・エミッタ間容量 C_π が大きいと，信号周波数が高くなるほどベース・エミッタ間容量に電流が流れやすくなるとともに，ベース抵抗 r_b による電圧降下が大きくなる．このため真性ベース・エミッタ間電圧 V_{BE}' が低下し，g_mV_{BE}' で表されるコレクタ電流の変化が小さくなるので周波数特性を劣化させる．

06

6.1.3　MOS トランジスタの容量

MOS トランジスタの場合，**サブスレッショルド領域**というやや特殊な領域での動作を除く通常の動作では，キャリアの拡散による電流は流れず，ゲート容量およびソース・ボディ間やドレイン・ボディ間の接合容量のみを考慮すればよい．ただ，**飽和領域**，**リニア領域**，**遮断領域**などの動作モードにより容量が変化するので，その際は注意が必要である．MOS トランジスタの容量を図 6.3 に模式的に示す．ここで，

C_1：ゲート・ソース間のオーバラップ容量
C_2：ゲート容量
C_3：ゲート・ドレイン間のオーバラップ容量
C_5：ゲートの配線容量
C_j：ソースおよびドレインとボディ間の接合容量

である．**オーバラップ容量**とは，信頼性確保のために設けたソースおよびドレインの浅い接合(LD)とゲート間の容量である．

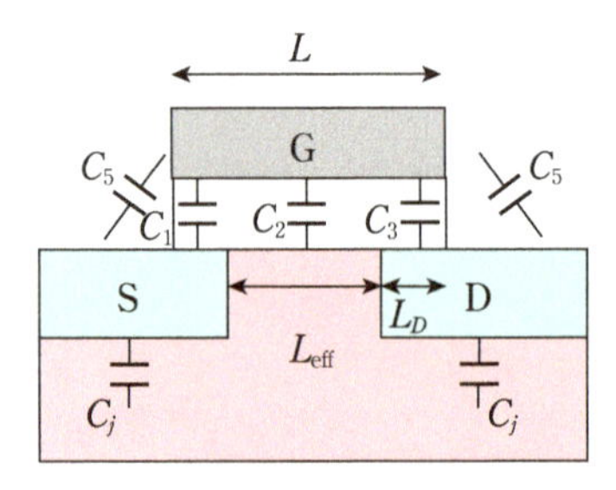

図 6.3　MOS トランジスタの容量
MOS トランジスタで最も支配的な容量はゲート容量 C_2 であり，容量値はゲート面積に比例する．

これらの容量は，以下のように表される．

$$C_1 = C_3 = L_D W_{\mathrm{eff}} C_{ox} \tag{6.9}$$

$$C_2 = L_{\mathrm{eff}} W_{\mathrm{eff}} C_{ox} \tag{6.10}$$

$$C_{ox} = \frac{\varepsilon_{ox}\varepsilon_0}{T_{ox}} \tag{6.11}$$

ここで，L_D はソースおよびドレインの浅い接合の長さを表し，通常，最小チャネル長の 10～15 % 程度である．T_{ox} はゲート酸化膜の厚さで，例えば $T_{ox} = 9$ nm (0.35μm CMOS の代表的な値)のときは，

$$C_{ox} = \frac{4 \times 8.85 \times 10^{-14}}{90 \times 10^{-8}} = 3.9 \times 10^{-7}\ \mathrm{F/cm^2} = 3.9\ \mathrm{fF/\mu m^2}$$

となる．L_{eff} は実効チャネル長，W_{eff} は実効チャネル幅，ε_0 は真空の誘電率 (8.85×10^{-14} F/cm)，ε_{ox} はシリコン酸化膜の比誘電率(3.9)である．

接合容量 C_j はトランジスタの分離方法として溝を掘って酸化物で埋めたシャロートレンチ分離を用いた場合，以下で近似できる．

$$C_j\,(\mathrm{fF}) = 0.05 \times W_{\mathrm{eff}}\,(\mu\mathrm{m}) + 1 \times S_j \tag{6.12}$$

ここで，S_j は接合の底面の面積($\mu\mathrm{m}^2$)である．

MOS の端子間容量は動作モードにより大幅に変化する．この様子を図 6.4 に示す．まず，アナログ電子回路で最も用いられる飽和領域に着目する．

1）飽和領域

飽和領域ではソース側にチャネルが形成されており，ドレイン側ではチャネル領域は形成されていない．そのため，ゲート・ソース間容量 C_{GS}，ゲート・ドレイン間容量 C_{GD}，ゲート・ボディ間容量 C_{GB} は，

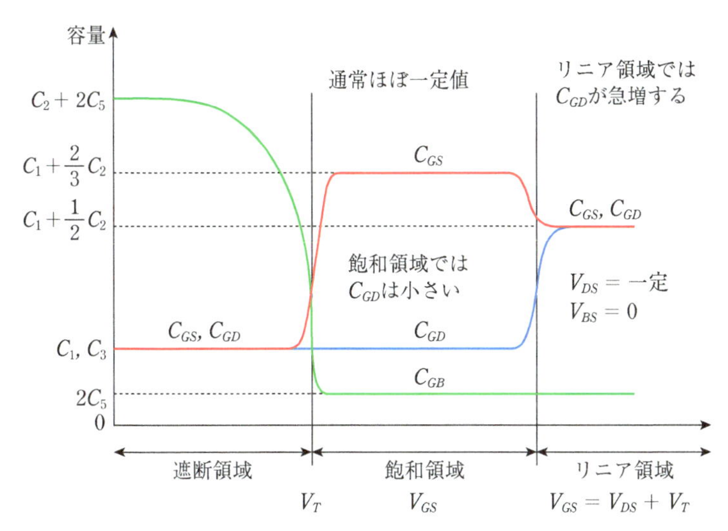

図 6.4　MOS トランジスタ動作モードによる各容量の変化

$$
\begin{aligned}
C_{GS} &= C_1 + \frac{2}{3}C_2 \\
C_{GD} &= C_3 \\
C_{GB} &= 2C_5
\end{aligned}
\tag{6.13}
$$

で表され，ゲート容量のほとんどがソース側につくようになり，ゲート・ドレイン間容量はオーバラップ容量のみになる．

2)　リニア領域

リニア領域ではドレイン側にもチャネルが伸びているため，ゲート・ソース間容量 C_{GS} およびゲート・ドレイン間容量 C_{GD} は，ゲート容量がソース側にもドレイン側にもほぼ均等に分配されるので，

$$
\begin{aligned}
C_{GS} &= C_{GD} = C_1 + \frac{1}{2}C_2 \\
C_{GB} &= 2C_5
\end{aligned}
\tag{6.14}
$$

となる．

3)　遮断領域

遮断領域ではチャネルが形成されておらず，ゲート容量はボディにつく．したがって，

$$C_{GS} = C_1$$
$$C_{GD} = C_3 \tag{6.15}$$
$$C_{GB} = C_2 + 2C_5$$

となり，ゲート容量は最大となる．

6.1.4 MOSトランジスタの高周波等価回路

MOSトランジスタの高周波等価回路は，バックゲートがあり，4端子となるので若干複雑になる．図6.5にMOSトランジスタの高周波等価回路を示す．

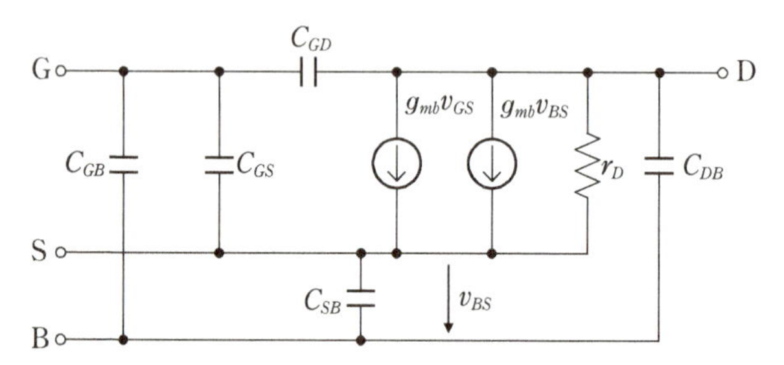

図6.5　MOSトランジスタの高周波等価回路

❖6.2 ミラー効果

図6.6のように，増幅器の入出力間に容量Cがあると，容量が大きく見える現象があり，これを**ミラー効果**と呼んでいる．

図6.6において増幅器の入力電流をゼロと仮定すると，

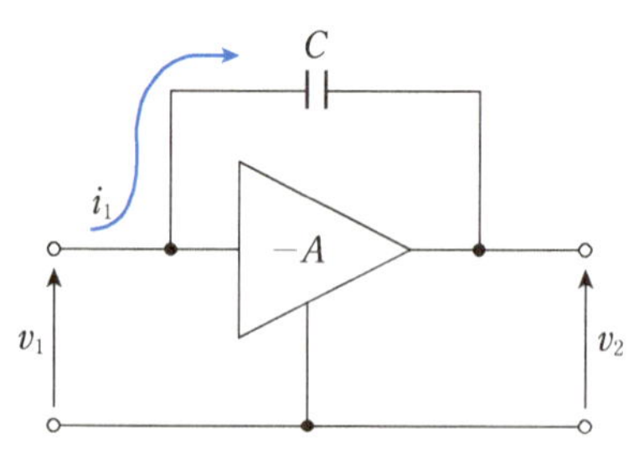

図6.6　ミラー効果

この回路では容量Cの入力端側での電圧変化は少ないが，出力端側では増幅器の増幅作用により電圧変化が大きくなる．このため容量を流れる交流電流が大きくなるので，見かけ上入力端に大きな容量がついているように見える．

$$i_1 = sC(v_1 - v_2) \tag{6.16}$$

となる．一方，

$$v_2 = -Av_1 \tag{6.17}$$

であるので，

$$i_1 = sC(v_1 - v_2) = sC(1 + A)v_1 \tag{6.18}$$

である．したがって，入力容量 v_1 が $(1 + A)$ 倍されたように見える．このため，増幅器の利得が大きいと，容量 C は小さくても実効的に大きな容量になることがあり，注意が必要である．

❖6.3　基本増幅回路の周波数特性

図 6.7（左）に示す容量で結合した基本増幅回路の**周波数特性**を考えてみよう．

図 6.7 は電源電圧 V_{DD} を抵抗 R_1，R_2 で分圧してトランジスタのバイアス電圧を与えた回路に容量 C_1 を介して交流信号を伝えて信号 v_1 を入力している．容量 C_2 は負荷部分の容量である．V_{DD} は交流信号に対しては変化しないため交流的には接地であるので，小信号等価回路は図 6.7（右）のようになる．ここで，R_{12} は抵抗 R_1 と R_2 の並列接続された抵抗を，R_L' は負荷抵抗 R_L とトランジスタのドレイン・ソース抵抗 r_D の並列接続された抵抗を表すこととする．

はじめに電圧 v_{GS} は，

$$v_{GS} = \frac{R_{12}}{R_{12} + \dfrac{1}{sC_1}} v_1 = \frac{1}{1 + \dfrac{1}{sR_{12}C_1}} v_1 = \frac{sR_{12}C_1}{1 + sR_{12}C_1} v_1 = \frac{\dfrac{s}{\omega_{pL}}}{1 + \dfrac{s}{\omega_{pL}}} v_1 \tag{6.19}$$

と表すことができる．ここで，$\omega_{pL} = \dfrac{1}{R_{12}C_1}$ は低域遮断特性を示す入力側の**ポール角周波数**である．

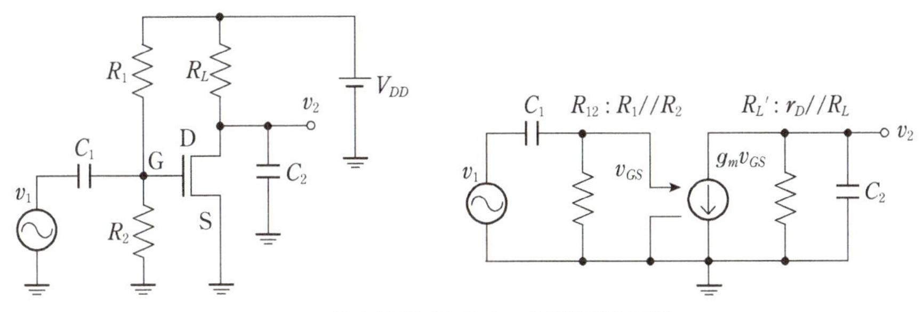

図 6.7　基本増幅回路とその小信号等価回路

次に電圧 v_2 は

$$v_2 = -\frac{1}{\dfrac{1}{R_L'} + sC_2} g_m v_{GS} = -\frac{g_m R_L'}{1 + sR_L'C_2} v_{GS} = -\frac{g_m R_L'}{1 + \dfrac{s}{\omega_{pH}}} v_{GS} \tag{6.20}$$

と表すことができる．ここで，$\omega_{pH} = \dfrac{1}{R_L'C_2}$ は高域遮断特性を示す出力側のポール角周波数である．式 (6.20) に式 (6.19) を代入すると，

$$v_2 = -\frac{g_m R_L'}{1 + \dfrac{s}{\omega_{pH}}} v_{GS} = -g_m R_L' \frac{\dfrac{s}{\omega_{pL}}}{\left(1 + \dfrac{s}{\omega_{pL}}\right)\left(1 + \dfrac{s}{\omega_{pH}}\right)} v_1 \tag{6.21}$$

となり，式(6.21)が回路全体の周波数特性を表している．

入力側が RC 微分回路であり，直流や低い周波数を通さない**低域遮断回路**になっている．出力側は RC 積分回路であり，高い周波数を減衰させる**高域遮断回路**となっている．この小信号等価回路は，これらを連接したものになっている．

6.3.1　低域遮断回路

図 6.8 に低域遮断回路を示す．伝達関数 $H(s) \equiv \dfrac{v_o}{v_i}$ は，

$$H(s) = \frac{\dfrac{s}{\omega_{pL}}}{1 + \dfrac{s}{\omega_{pL}}} \tag{6.22}$$

となる．ここで，ω_{pL} はポール角周波数で

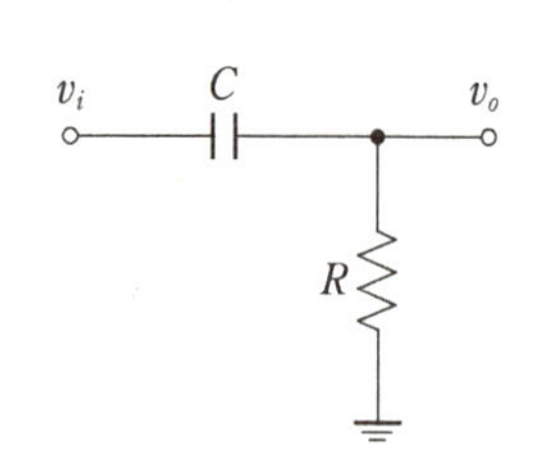

図 6.8　低域遮断回路

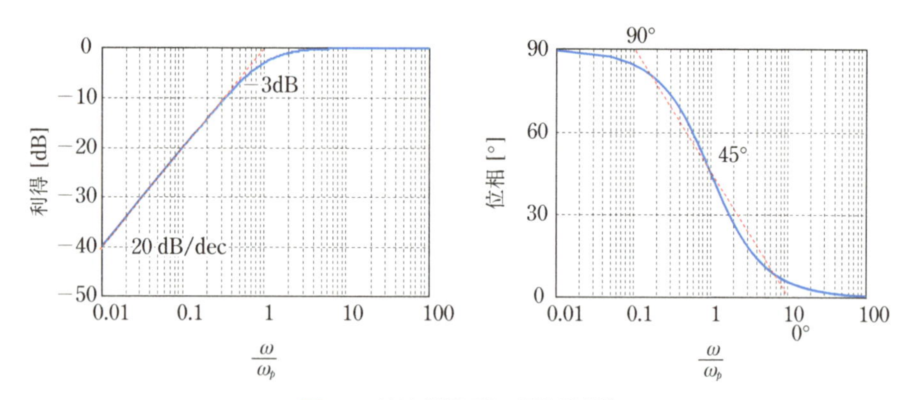

図 6.9　低域遮断回路の周波数特性

$$\omega_{pL} = \frac{1}{RC} \tag{6.23}$$

である．式 (6.22) の伝達関数は分子に s があり，ゼロ角周波数は0である．

図6.9に低域遮断回路の周波数特性を示す．利得はポール角周波数までは角周波数が1桁上昇すると10倍になる．位相はおよそ0.1 ω_p から10 ω_p の間で90°から0°まで変化する．この回路は直流信号を遮断し，ポール角周波数以上の周波数の信号を通過させる働きをするため，低域遮断回路と呼ばれる．

6.3.2 高域遮断回路

図6.10に高域遮断回路を示す．伝達関数 $H(s) \equiv \frac{v_o}{v_i}$ は，

$$H(s) = \frac{1}{1 + \frac{s}{\omega_{pH}}} \tag{6.24}$$

となる．ここで，ω_{pH} はポール角周波数で

$$\omega_{pH} = \frac{1}{RC} \tag{6.25}$$

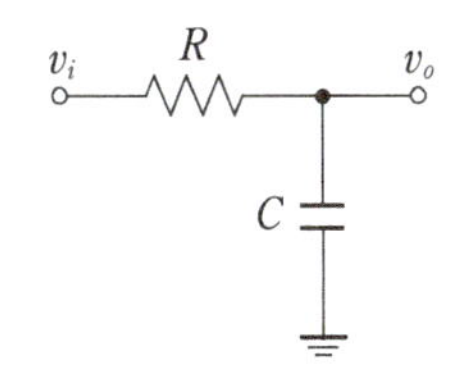

図6.10　高域遮断回路

で，基本的に低域遮断回路と同様になるが，高域遮断回路にはゼロがない．

図6.11に高域遮断回路の周波数特性を示す．直流信号や低域信号は通過させるが，ポール角周波数以上の角周波数では減衰するような周波数特性になる．利得はポール角周波数より高い角周波数では角周波数が1桁上昇すると1/10倍になる．位相はおよそ0.1 ω_p から10 ω_p の間で0°から−90°まで変化する．図6.12に図6.7(右)の回路全体の周波数特性を示す．

高域特性においては「利得帯域幅積」という概念が使用されることが多いので，以

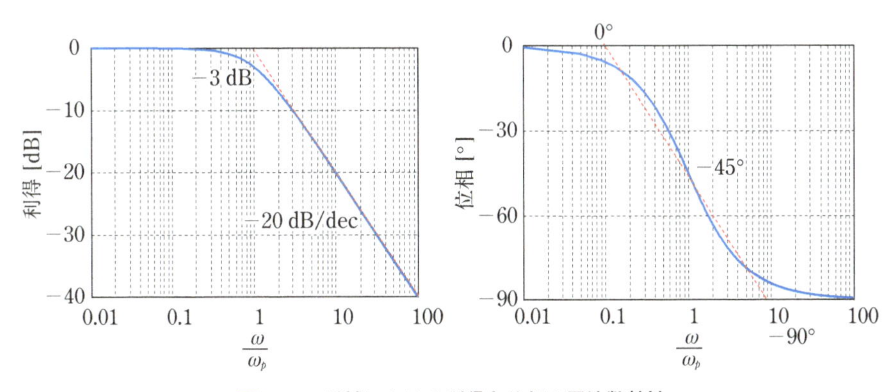

図6.11　低域における利得と位相の周波数特性

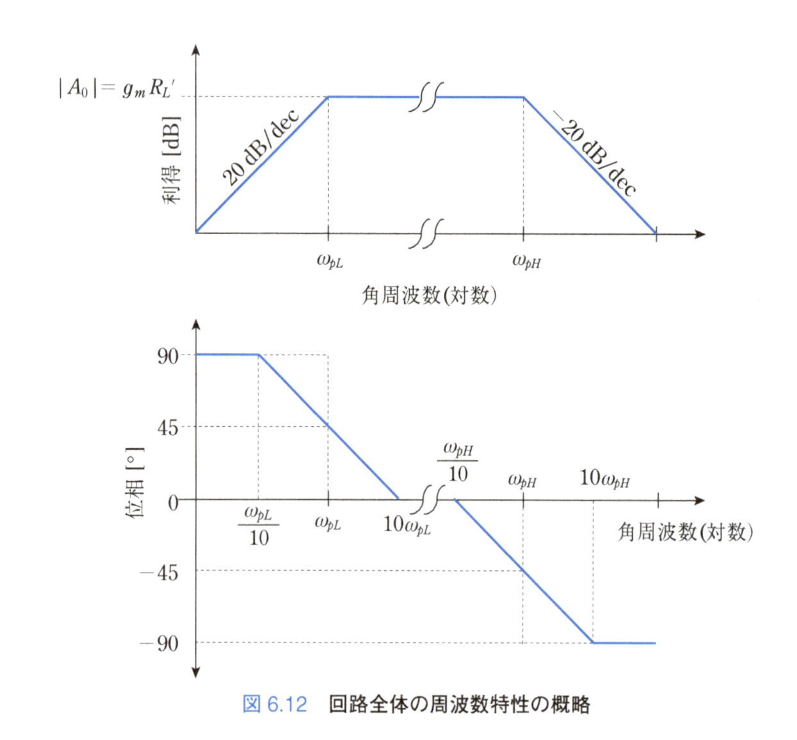

図 6.12　回路全体の周波数特性の概略

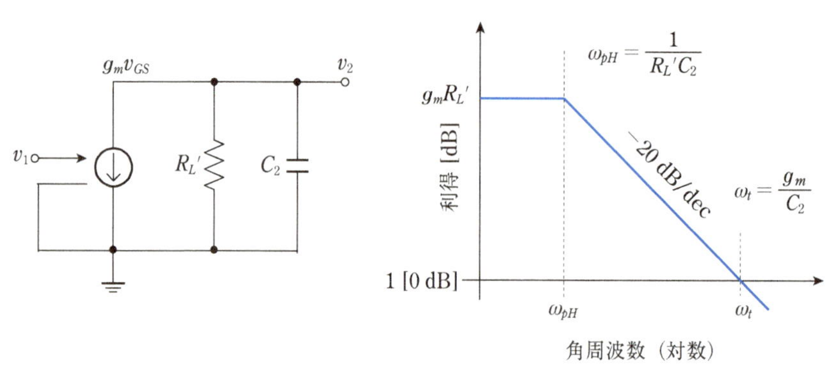

図 6.13　高域特性を決定する回路とその周波数特性

下で説明する．図6.7の回路において，高域特性を決定する回路とその周波数特性を図6.13に示す．

利得が1になる角周波数ω_tは容量C_2の**アドミタンス**の絶対値が相互コンダクタンスg_mに等しい周波数で与えられる．ポール角周波数ω_{pH}よりも高い周波数では容量C_2のアドミタンスが負荷抵抗のそれよりも大きく，負荷回路のアドミタンスは容量C_2で決まるためである．

式 (6.20) より電圧利得 $A(s)$ は

$$A\,(s)=\frac{v_2}{v_1}=-\frac{g_m R_L'}{1+\dfrac{s}{\omega_{pH}}} \tag{6.26a}$$

$$\omega_{pH}=\frac{1}{R_L'C} \tag{6.26b}$$

となる．したがって，利得は角周波数がこのポール角周波数より高いときは -20 dB/dec で減衰していく．この周波数帯域では式 (6.26a) は次式で近似できる．

$$|A\,(s)|=\frac{g_m R_L'}{\left|\dfrac{s}{\omega_{pH}}\right|}=\frac{g_m}{C_2}\cdot\frac{1}{\omega} \tag{6.27}$$

ここで，利得が1，つまり 0 dB になる角周波数 ω_t は，

$$\omega_t=\frac{g_m}{C_2} \tag{6.28}$$

で与えられ，負荷抵抗ではなく，相互コンダクタンス g_m と負荷容量 C_2 で決定される．この周波数は容量 C_2 のアドミタンスの絶対値が相互コンダクタンス g_m と等しくなる角周波数である．この(角)周波数を**単位利得**(**ユニティゲイン**)(角)**周波数**と呼ぶ．この周波数はポールを与える周波数と直流利得の積にもなるので，**利得帯域幅積**(GBW)と呼ばれ，次式で与えられる．

$$\mathrm{GBW}=\frac{\omega_t}{2\pi}=\frac{g_m}{2\pi C_2} \tag{6.29}$$

この利得帯域幅積は，増幅回路の周波数特性の性能の高さを示す指標としてよく用いられる．

演習問題

6.1 図の回路で以下の問いに答えよ．

$R_{11}=R_{12}=49$ kΩ，$R_{21}=R_{22}=11$ kΩ，$R_{E1}=R_{E2}=1$ kΩ，$R_{L1}=R_{L2}=5$ kΩ，$R_{S1}=10$ kΩ，$V_{CC}=12$ V，$V_{BE1}=V_{BE2}=0.7$ V，$\beta_1=\beta_2=100$，$r_b=0$，常温(300 K)である．ただし，信号に対して各容量のインピーダンスは十分に小さいものとする．

(1) コレクタ電流 I_{C1}，I_{C2} を求めよ(ただし，計算においてはベース電流はゼロとしてよい)．

(2) スイッチ S_1 より右側の増幅器の交流等価回路を描け(ただし，簡単化のためベー

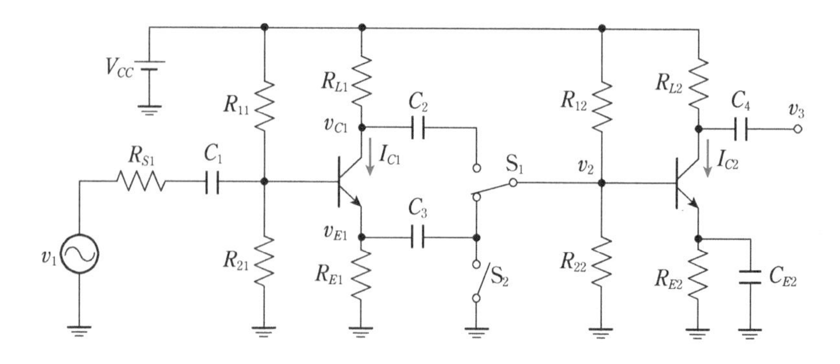

ス抵抗をゼロとする）.

(3) スイッチ S_1 から右を見た2段目の増幅器の入力インピーダンスを求めよ.

(4) スイッチ S_1 を容量 C_2 側に倒し，スイッチ S_2 を短絡させた．以下の問いに答えよ.

(a) 1，2段目の増幅器を含めた交流等価回路を描け.

(b) バイアス抵抗 R_{11}，R_{21} を含めた初段の増幅器の入力インピーダンス Z_i を求めよ.

(c) 信号源 V_1 から初段の増幅器のベース端までの信号電圧伝達率 G_{S1} を求めよ.

(d) 電圧利得 $A_{v1} = \dfrac{v_2}{v_1}$ を求めよ（(3) および (4c) の結果を用いよ）.

(e) スイッチ S_1 をすべて開放にして容量 C_2 の右端は開放されているものとする．この状態で電圧利得 $A_{v1} = \dfrac{v_{C1}}{v_1}$ を求めよ.

(f) 再度スイッチ S_1 を容量 C_2 側に倒した．電圧利得 $A_{vt} = \dfrac{v_3}{v_1}$ を求めよ.

(5) スイッチ S_1 を容量 C_3 側に倒し，スイッチ S_2 を開放させた．以下の問いに答えよ.

(a) 2段目の増幅器を含めた交流等価回路を描け.

(b) バイアス抵抗 R_{11}，R_{21} を含めた初段の増幅器の入力インピーダンス Z_i を求めよ.

(c) 信号源から初段の増幅器のベース端までの信号電圧伝達率 G_{S1} を求めよ.

(d) 電圧利得 $A_{v1} = \dfrac{v_2}{v_1}$ を求めよ.

(e) スイッチ S_1 をすべて開放にして容量 C_3 の右端は開放されているものとする.

この状態で電圧利得$A_{v1} = \dfrac{v_{E1}}{v_1}$を求めよ．

(f) 再度スイッチS_1を容量C_3側に倒し，スイッチS_2を開放させた．電圧利得$A_{vt} = \dfrac{v_3}{v_1}$を求めよ．

6.2 図(a)の回路について以下の問いに答えよ．ただしバイポーラトランジスタの等価回路とパラメータは図(b)を用いよ．
$R_1 = 43\,\text{k}\Omega$，$R_2 = 17\,\text{k}\Omega$，$R_L = 3\,\text{k}\Omega$，$R_E = 1\,\text{k}\Omega$，$V_{BE} = 0.7\text{V}$，$V_{CC} = 6\text{V}$，$C_1 = C_2 = 0.1\,\mu\text{F}$である．ただし，$C_E$の信号に対するインピーダンスは十分に小さいものとする．

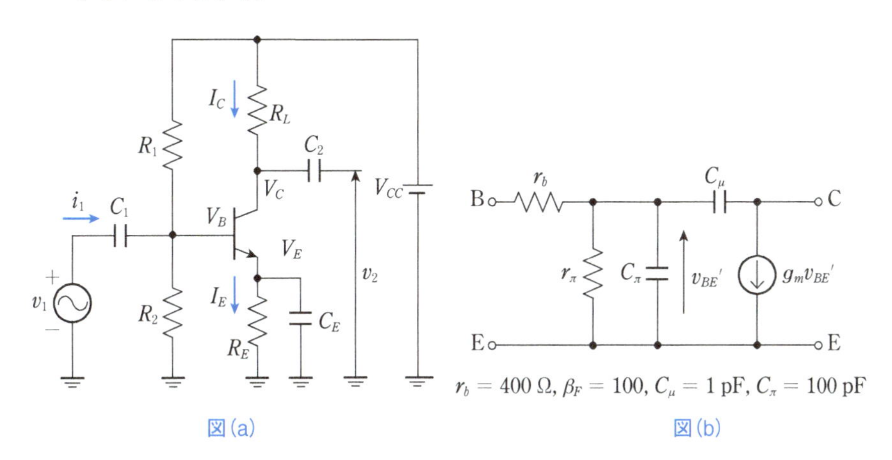

図(a)　　図(b)

(1) 直流バイアスV_B，V_E，I_E，I_C，V_Cを求めよ．

(2) 信号に対する等価回路を描け．

(3) 中域利得A_0を求めよ(容量C_1，C_2のインピーダンスをゼロ，C_π，C_μのインピーダンスを無限大と仮定せよ)．

(4) 低域遮断周波数f_{cl}を求めよ．

(5) 高域遮断周波数f_{ch}を求めよ．

(6) ボード線図を用いて利得と位相の周波数特性の概略を描け．

第7章 デバイスの特性変動，バラツキ，雑音，歪み

半導体デバイスは，製造プロセス，温度などで特性が変動する．また，個体間でも特性にバラツキがある．アナログ電子回路では，デバイスの特性変動やバラツキの影響を強く受け，性能が著しく劣化することがある．また，デバイスには，デバイス特性の非線形性による歪みやランダムプロセスに由来する雑音が発生し，必要な信号だけでなく不要な信号成分が生じ，性能が劣化する．これら非理想特性は現象が複雑であり，簡単に説明することは難しい．しかし，アナログ電子回路開発の歴史は，これら特性変動やバラツキ，歪みや雑音にいかに打ち勝つかの歴史でもあり，これら非理想特性を知らなければ，今後述べる差動回路や負帰還回路技術，演算増幅器の価値も分かりにくいであろう．本章では，これら特性変動やバラツキ，歪みや雑音の性質について説明する．

7.1 デバイスの温度特性

デバイスパラメータは，温度により変化するのが一般的である．代表的なデバイスパラメータには，抵抗値，バイポーラトランジスタのベース・エミッタ間電圧 V_{BE} と電流増幅率 h_{FE}，MOS トランジスタのしきい値電圧 V_T と移動度 μ がある．

7.1.1 抵抗値

抵抗値の温度特性は，

$$\frac{\Delta R}{R} \approx 0.3\sim0.15\,\%/℃ \tag{7.1}$$

である．したがって，温度範囲を −25 ℃から 125 ℃までとすると，抵抗値は45%程度変化する．ただし，式 (7.1) は拡散抵抗の場合であり，集積回路でよく用いられるポリシリコンの場合，温度係数および極性はイオン注入量により大幅に変化する．

7.1.2 バイポーラトランジスタのベース・エミッタ間電圧と電流増幅率

バイポーラトランジスタの**ベース・エミッタ間電圧** V_{BE} の温度特性は，

$$\Delta V_{BE} \approx -1.8\,\mathrm{mV}/℃ \tag{7.2}$$

である．したがって，温度範囲を −25 ℃から 125 ℃までとすると，ベース・エミッタ間電圧 V_{BE} は270 mV 程度変化する．温度が低いと V_{BE} は高くなり，温度が高いと V_{BE}

は低くなる．

バイポーラトランジスタの**電流増幅率** h_{FE} の温度特性は，

$$\frac{\Delta h_{FE}}{h_{FE}} \approx 0.5\,\%/℃ \tag{7.3}$$

である．したがって，温度範囲を−25 ℃から125 ℃までとすると，電流増幅率 h_{FE} は75 %程度変化する．温度が低いと h_{FE} は低くなり，温度が高いと h_{FE} は高くなる．

7.1.3 MOSトランジスタのしきい値電圧と移動度

MOSトランジスタの**しきい値電圧** V_T の温度特性は，

$$\Delta V_T \approx -2.4\,\mathrm{mV}/℃ \tag{7.4}$$

である．したがって，温度範囲を−25 ℃から125 ℃までとすると，しきい値電圧 V_T は360 mV程度変化する．バイポーラトランジスタのベース・エミッタ電圧 V_{BE} と同様に，温度が低いと V_T は高くなり，温度が高いと V_T は低くなる．

MOSトランジスタの**移動度** μ の温度特性は，

$$\frac{\Delta \mu}{\mu} \approx -0.6\,\%/℃ \tag{7.5}$$

である．したがって，温度範囲を−25 ℃から125 ℃までとすると，移動度 μ は90%程度変化する．

以上に示したように，デバイスの主要パラメータは温度により大幅に変化する．したがって，アナログ電子回路を設計する際には，これらデバイスの温度変化の影響を受けにくくすることが求められる．ただし，上記に示した値は代表的なものであり，実際にはプロセスの各種パラメータの影響を受けることに注意が必要である．

✣7.2 デバイスのバラツキ（絶対値精度と相対値精度）

現代のアナログ電子回路はほとんどが集積回路技術を用いて設計される．集積回路技術を用いてトランジスタや抵抗，容量などのデバイスが形成される場合，そのデバイスの特性は一定の中心値と標準偏差を有するが，隣接するデバイス間ではその特性差を極めて小さくすることができる．

バイポーラトランジスタ対およびMOSトランジスタ対を図7.1に示す．バイポーラトランジスタの同一コレクタ電流に対するベース・エミッタ間電圧 V_{BE} や電流増幅率 h_{FE} は一定の分布を持つことが知られている．

その特性分布を式 (7.6) に示す正規密度関数に基づくものとしたとき，その様子を図7.2に示す．ここでは，中心値 m は5，標準偏差 σ は0.5としている．このように，

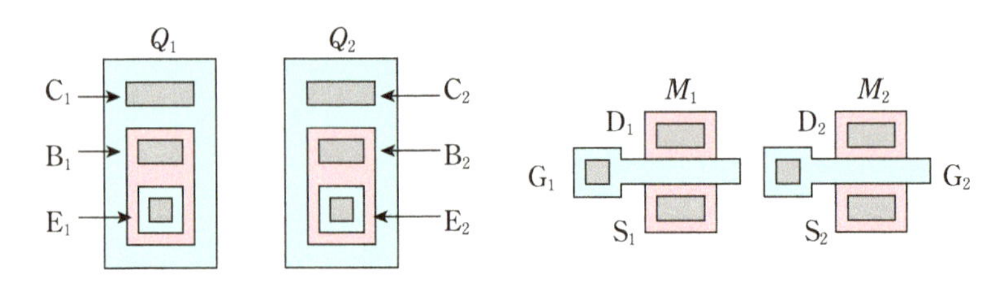

(a) バイポーラトランジスタ対　　(b) MOSトランジスタ対

図 7.1　バイポーラトランジスタ対および MOS トランジスタ対

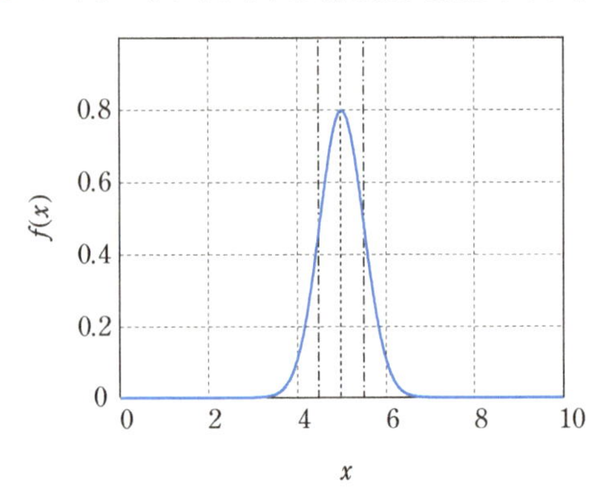

図 7.2　特性の分布（正規密度関数）

デバイスの特性はある中心値を中心としてばらつく．

$$f(x) = \frac{1}{\sqrt{2\pi}\,\sigma} e^{-\left(\frac{x-m}{\sqrt{2}\,\sigma}\right)^2} \tag{7.6}$$

ところで，回路設計においては，このようなデバイス特性の**バラツキ**を**絶対値精度**と**相対値精度**に分けて取り扱う．

絶対値精度では集積回路を製造するロット内もしくはウェハー内でのトランジスタの値の分布を取り扱い，相対値精度では図7.1に示したように隣接するトランジスタ間のデバイス特性の差分を取り扱う．これは9章で述べる差動回路技術の進歩により，デバイス特性の絶対値の影響を緩和し，相対値が回路特性を決定できるようになったからである．

代表的な集積デバイス特性の絶対値精度および相対値精度を表7.1に示す．ただし，これは一例であり，値そのものは製造プロセスにより大きく変化する．表7.1に示したように，絶対値精度におけるバラツキに比べ，相対値精度におけるバラツキはかなり小さくできる．

表 7.1　集積デバイス特性の絶対値精度と相対値精度

デバイス	抵抗	バイポーラトランジスタ		MOS トランジスタ	
記号	R	V_{BE}	h_{FE}	V_T	μ
絶対値精度	±10～30 %	±10 mV	±50～100 %	±100 mV	±10～30 %
相対値精度	±0.1～1 %	±0.2 mV～1 mV	±3～10 %	±1 mV～30 mV	±0.1～1 %

例えば，バイポーラトランジスタのベース・エミッタ間電圧 V_{BE} を考えよう．ベース・エミッタ間電圧 V_{BE} は式 (5.3) より，

$$V_{BE} = \frac{kT}{q} \ln\left(\frac{I_C}{I_s}\right)$$

である．また，比例係数 I_s は式 (4.6) より，

$$I_s = \frac{qA\overline{D_n}n_i^2}{Q_B}$$

と与えられるので，エミッタ接合面積 A およびベース中の単位面積あたりの不純物原子の総数 Q_B が製造プロセスにおいて変化すると，ベース・エミッタ間電圧 V_{BE} も変化する．

これに対し相対値精度では，デバイス特性の差分を取り扱うので，

$$\begin{aligned} \Delta V_{BE} &= V_{BE1} - V_{BE2} = \frac{kT}{q}\ln\left(\frac{I_c}{I_{s1}}\right) - \frac{kT}{q}\ln\left(\frac{I_c}{I_{s2}}\right) = \frac{kT}{q}\ln\left(\frac{I_{s2}}{I_{s1}}\right) \\ &= \frac{kT}{q}\ln\left(\frac{A_2}{A_1}\frac{Q_{B1}}{Q_{B2}}\right) \end{aligned} \tag{7.7}$$

である．このように，V_{BE} の相対値精度はエミッタ接合面積 A およびベース中の不純物原子の総数 Q_B の相対値で決定される．式 (7.7) をさらに展開し，

$$A_1 = A + \frac{\Delta A}{2}, \quad A_2 = A - \frac{\Delta A}{2}, \quad Q_{B1} = Q_B + \frac{\Delta Q_B}{2}, \quad Q_{B2} = Q_B - \frac{\Delta Q_B}{2}$$

と近似すると，

$$\begin{aligned} \Delta V_{BE} &= \frac{kT}{q}\ln\left(\frac{A_2}{A_1}\frac{Q_{B1}}{Q_{B2}}\right) \approx \frac{kT}{q}\left[\ln\left(1 - \frac{\Delta A}{A}\right) + \ln\left(1 + \frac{\Delta Q_B}{Q_B}\right)\right] \\ &\approx \frac{kT}{q}\left(-\frac{\Delta A}{A} + \frac{\Delta Q_B}{Q_B}\right) \end{aligned} \tag{7.8}$$

が得られる．したがって，図 7.1 に示したような隣接したトランジスタ間での相対値精度上のバラツキ（**ミスマッチバラツキ**ともいう）は，極めて小さくすることが可能である．

❖7.3 雑音

電気信号において，入力信号とは独立したランダムな信号成分を**雑音**もしくは**ノイズ**という．雑音にはいくつかの種類がある．ここでは，熱雑音，フリッカー雑音（$1/f$ 雑音），ショット雑音について説明する．

このような雑音が生じると，信号と雑音の比率である**信号対雑音比**（Signal to Noise Ratio，SNR）が劣化し，信号の鮮明度が悪くなるほか，アナログ・ディジタル混載回路系においてはエラーが多くなり，ビット誤り率が上昇する．

7.3.1 熱雑音

図7.3に示すように，**熱雑音**は抵抗 R により電気エネルギーが熱エネルギーに変換される際に発生し，その1 Hzあたりの大きさである**雑音スペクトラム密度**は以下で与えられる．

$$\overline{v_n^{\,2}}/\mathrm{Hz} = 4kTR \tag{7.9a}$$

$$\overline{i_n^{\,2}}/\mathrm{Hz} = 4kT\frac{1}{R} = 4kTG \tag{7.9b}$$

ここで，k はボルツマン定数，T は導体の温度，コンダクタンス $G = 1/R$ である．

図7.4(a)に雑音スペクトラムを示す．熱雑音では雑音スペクトラム密度は周波数によらず一定の値を示す．また，この回路系から取り出しうる**雑音電力密度**は以下で与えられる．

$$P_n/\mathrm{Hz} = kT \tag{7.10}$$

つまり，一見，抵抗が大きい方が，雑音が大きく思われるかもしれないが，電力で見ると，雑音の大きさは抵抗によらず温度で決まる．

時間変化はランダムに起こるが，その分布はガウス分布となり，その分散である雑音電圧や雑音電流は式 (7.11) に示すように，雑音スペクトラム密度に周波数帯域 f_b を

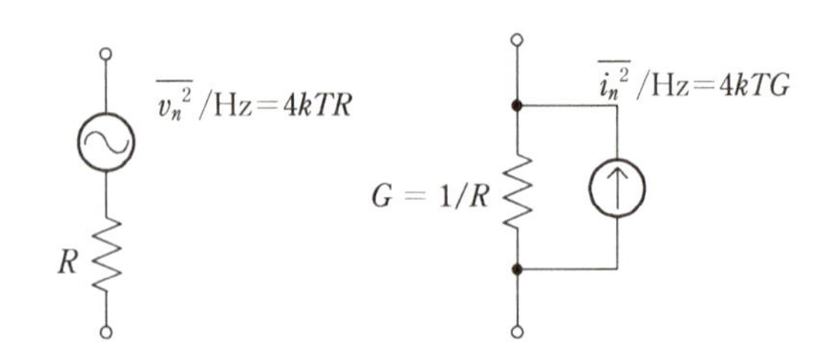

図7.3 熱雑音の発生とその大きさ

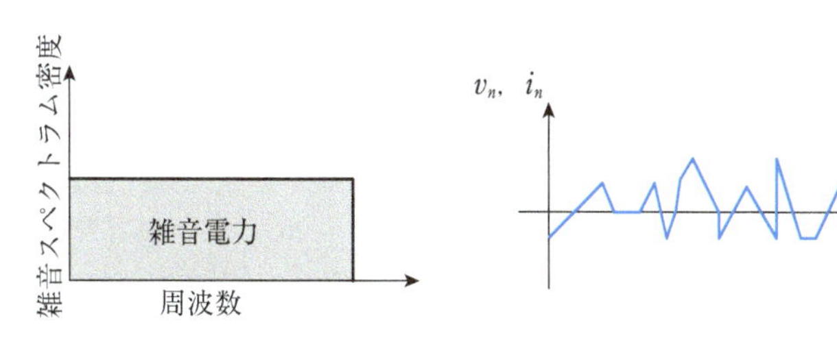

(a) 雑音スペクトラム　　(b) 時間変化

図 7.4　**雑音の周波数特性と時間変化**

熱雑音の雑音スペクトラム密度は抵抗やコンダクタンスで決まり，雑音電力は熱雑音のスペクトラム密度に雑音が発生している回路の周波数帯域である雑音帯域をかけたもので決まる．雑音電圧や雑音電流の大きさは電圧や電流の分布の分散で決まる．

かけたものになる．

$$v_n^{\ 2} = 4kTRf_b \tag{7.11a}$$

$$i_n^{\ 2} = 4kTGf_b \tag{7.11b}$$

ところで，MOS トランジスタにおいては，その雑音源は図 7.5 に示す**チャネル抵抗**によるものである．チャネルに加わる電圧と電流の関係から，その抵抗は $1/g_m$ になる．MOS トランジスタの熱雑音の等価回路を図 7.6 に示す．

電流性の雑音スペクトラム密度は，

$$\overline{i_n^{\ 2}}/\mathrm{Hz} = 4kT\gamma g_m \tag{7.12a}$$

$$i_D^{\ 2} = g_m^{\ 2} v_{GS}^{\ 2} \tag{7.12b}$$

を用いて，入力電圧に換算すると，

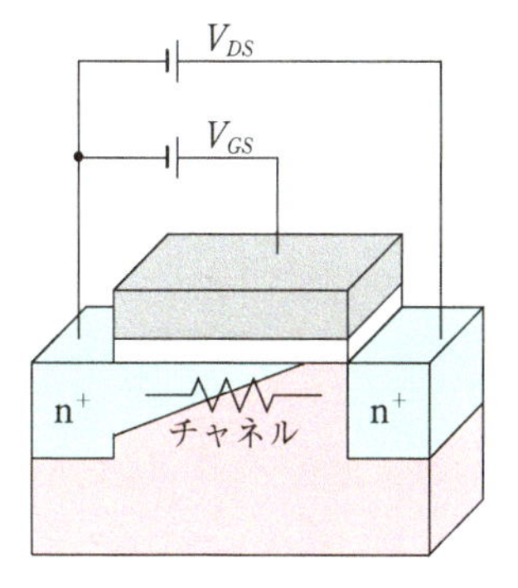

図 7.5　MOS トランジスタのチャネル抵抗

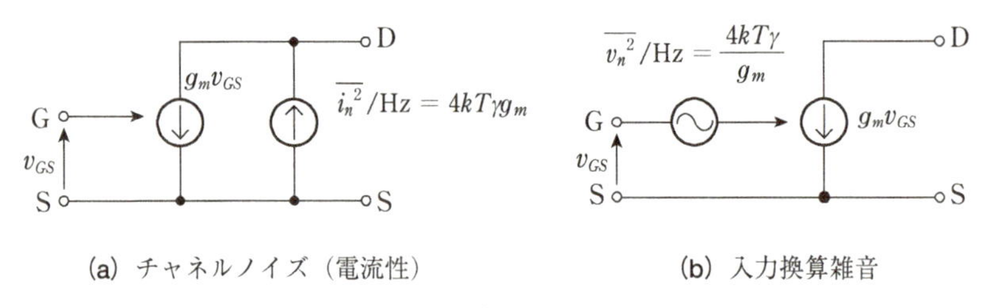

図 7.6　MOS トランジスタの熱雑音の等価回路

電流性の雑音スペクトラム密度が相互コンダクタンス g_m に比例するのは $V_{DS}=0$ のときのチャネルのコンダクタンスが相互コンダクタンス g_m に等しいからである．

$$v_n^{\,2} = \frac{i_i^2}{g_m^{\,2}} \tag{7.13}$$

であるので，入力換算での**電圧性の雑音スペクトラム密度**は，

$$\overline{v_n^{\,2}}/\mathrm{Hz} = \frac{4kT\gamma}{g_m} \tag{7.14}$$

と表される．ここで，γ は**雑音係数**と呼ばれるもので，長チャネルデバイスでは2/3，短チャネルデバイスで2程度の値をとる．

したがって，**電流性雑音**を低減するには相互コンダクタンス g_m を小さく，**電圧性雑音**を低減するには相互コンダクタンス g_m を大きくする必要がある．また，雑音電力は雑音帯域に比例するので，雑音を小さくするには帯域を広げすぎないよう，最小限にすることが必要である．

7.3.2　フリッカー雑音（1/*f* 雑音）

MOS トランジスタにおいては，電流がシリコンと酸化膜との界面を流れるため，キャリアが表面準位にトラップされることにより生じるといわれている**フリッカー雑音**もしくは**1/*f* 雑音**が存在する．図 7.7 にフリッカー雑音の周波数特性を示すが，フリッカー雑音は低周波になるほど大きくなる．

フリッカー雑音の雑音スペクトラム密度は，

$$\overline{v_{nf}^{\,2}}/\mathrm{Hz} = \frac{K_f}{LWC_{ox}f} \tag{7.15}$$

で表される．ここで，K_f は**フリッカーノイズ係数**といい，製造プロセスに大きく依存するが，通常 $10^{-25}\,\mathrm{V^2F} \sim 10^{-24}\,\mathrm{V^2F}$ 程度の値をとる．

ところで，フリッカー雑音の雑音スペクトラム密度の大きさには周波数依存性があるため，熱雑音とは異なり単純に雑音帯域をかけるわけにはいかず，式 (7.16) で計算する．

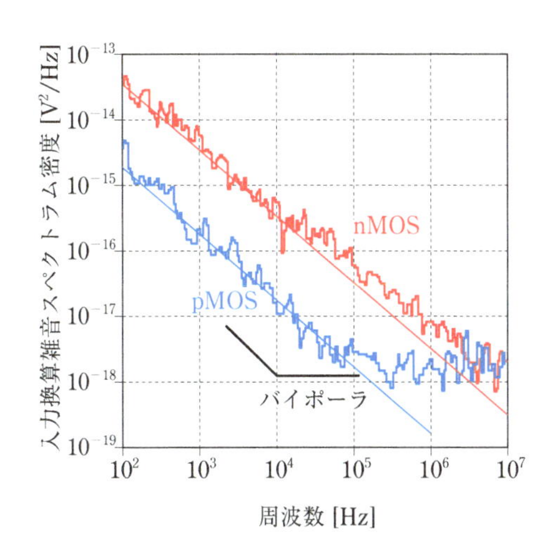

図 7.7 **フリッカー雑音の周波数特性**
一般に同一ゲート面積では，pMOS の方が nMOS よりもフリッカー雑音が小さい．

$$\overline{v_{nf}^{\ 2}} = \frac{K_f}{LWC_{ox}}\int_{f_L}^{f_H}\frac{df}{f} = \frac{K_f}{LWC_{ox}}\ln\left(\frac{f_H}{f_L}\right) \tag{7.16}$$

ここで，f_H, f_L は対象とする信号帯域の高周波側周波数と低周波側周波数である．f_H はフリッカー雑音が熱雑音と等しいスペクトラム強度になる周波数で，**コーナー周波数**といわれる．f_L は必要な低周波側周波数であるが，通常 10 Hz 程度にとることが多い．

フリッカー雑音はバイポーラトランジスタにも若干見られるが，MOS トランジスタに比べれば約 1/10～1/100 程度で小さい．したがって，フリッカー雑音はバイポーラトランジスタでは問題にならないことが多いが，MOS トランジスタをアナログ電子回路に用いるときには低周波の雑音が大きく，耳障りな雑音を生じたり，発振器の周波数変動を引き起こしたりすることがある．

7.3.3 ショット雑音

ショット雑音は pn 接合ダイオードやバイポーラトランジスタを流れる電流のように，キャリアがあるポテンシャルを越えて流れるときに発生し，電流性の雑音スペクトラム密度は以下のように表される．ここで，q は電子の電荷(1.6×10^{-19} C)，I は電流(A)である．この現象は，バイポーラトランジスタにおいては，ベース電流やコレクタ電流でも生じる．

$$\overline{i_n^{\ 2}}/\mathrm{Hz} = 2qI \tag{7.17}$$

7.3.4 *kT*/*C* 雑音

標本化回路のように容量とスイッチで構成される回路の雑音電圧が温度 T にボルツマン定数 k（1.38×10^{-23} J/K）をかけたものと容量 C で割ったもので表されることから，そのような雑音を ***kT*/*C* 雑音**と呼ぶ．このような性質は標本化回路に限ったことではなく，一般の電子回路でも成り立つ性質である．

これまで述べたように，雑音スペクトラム密度は抵抗と温度で決まるが，回路で観察される雑音電圧や雑音電流の大きさそのものは雑音スペクトラム密度に周波数帯域をかけたものになる．抵抗と容量を用いた回路（図 7.8）では，その出力雑音の分散は，

$$\overline{v_{no}^{\ 2}} = \overline{v_n^{\ 2}} \int_0^{\infty} H(f)^2 df \tag{7.18}$$

から得られる．ここで，$H(f)$ は雑音源から出力端までの伝達関数である．図7.8の回路は1次のローパスフィルタであるので，伝達関数は

$$H(f) = \frac{1}{1 + j\dfrac{f}{f_p}} \tag{7.19}$$

である．ここで，$f_p = \dfrac{1}{2\pi RC}$ である．したがって，式 (7.18) は

$$\begin{aligned}\overline{v_{no}^{\ 2}} &= \overline{v_n^{\ 2}} \int_0^{\infty} H(f)^2 df = \overline{v_n^{\ 2}} \int_0^{\infty} \frac{1}{1 + \left(\dfrac{f}{f_p}\right)^2} df = \overline{v_n^{\ 2}} \cdot \frac{\pi}{2} \cdot f_p \\ &= 4kTR \cdot \frac{\pi}{2} \cdot \frac{1}{2\pi RC} = \frac{kT}{C}\end{aligned} \tag{7.20}$$

となり，雑音電圧の2乗平均は抵抗ではなく温度と容量で決まる．式 (7.20) の導出にあたっては，以下の定積分の公式を用いた．

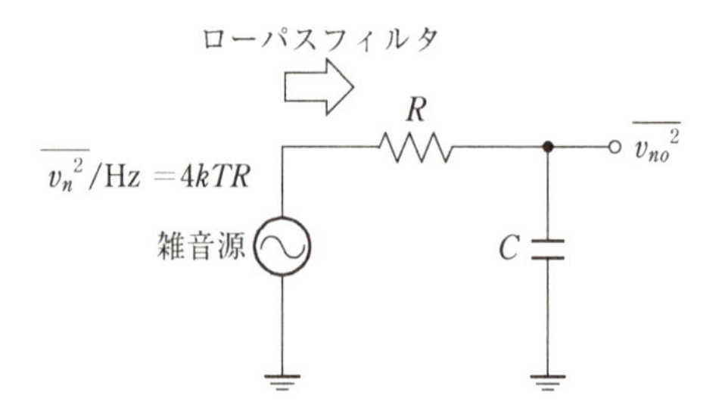

図 7.8　抵抗と容量を用いた回路

$$\int_0^\infty \frac{1}{b^2+\left(\frac{x}{a}\right)^2}dx = \frac{\pi}{2}\cdot\frac{a}{b} \tag{7.21}$$

式 (7.20) より，雑音を低減するには，雑音帯域を狭くするために容量 C を大きくする必要があることが分かる．

ところで，式 (7.20) を以下のように書き換えてみる．

$$\frac{1}{2}C{v_n}^2 = \frac{1}{2}kT \tag{7.22}$$

式 (7.22) の左辺は電気エネルギーを，右辺は熱エネルギーを表しており，雑音は電気エネルギーが熱エネルギーに変換されるときに発生することを示している．

∵7.4　歪み

電子デバイスの電圧-電流特性は，程度の差はあれ本質的に非線形であり，**歪み**を生じる．

いま，アナログ電子回路のバイアス点 x_o において，電圧が Δx だけ変化したときのトランジスタの非線形な電圧-電流特性をテイラー級数で表すと，

$$f(x_o+\Delta x) \approx f(x_o) + \alpha_1\Delta x + \alpha_2(\Delta x)^2 + \alpha_3(\Delta x)^3 + \cdots \tag{7.23}$$

となる．ここで，α_i は係数である．このような特性を持つアナログ電子回路に正弦波 $(A\cos\omega t)$ を入力すると，その出力変化 y は，

$$\begin{aligned} y &= \alpha_1 A\cos\omega t + \alpha_2(A\cos\omega t)^2 + \alpha_3(A\cos\omega t)^3 + \cdots \\ &= \alpha_1 A\cos\omega t + \frac{\alpha_2 A^2}{2}(1+\cos 2\omega t) + \frac{\alpha_3 A^3}{4}(3\cos\omega t + \cos 3\omega t) + \cdots \\ &= \frac{\alpha_2 A^2}{2} + \left(\alpha_1 A + \frac{3\alpha_3 A^3}{4}\right)\cos\omega t + \frac{\alpha_2 A^2}{2}\cos 2\omega t + \frac{\alpha_3 A^3}{4}\cos 3\omega t + \cdots \end{aligned} \tag{7.24}$$

となる．したがって，非線形な回路では出力信号は入力信号周波数の成分だけでなく，直流成分，2 倍の周波数成分，3 倍の周波数成分などの多くに周波数成分を生じる．回路設計では，これらの歪みを抑圧することが必要となる．

07

演習問題

7.1 MOSトランジスタのしきい値電圧のミスマッチ(相対値精度) ΔV_T [mV] はおおよそ以下のように近似できる．ここで，T_{ox} [nm] はゲート酸化膜の厚さ，L [μm]，W [μm] はそれぞれチャネル長，チャネル幅である．以下の問いに答えよ．

$$\Delta V_T \approx \frac{T_{ox}}{\sqrt{L \times W}}$$

(1) 一対のトランジスタを用いて，そのミスマッチを標準偏差で4 mVにしたい．$T_{ox} = 4$ nm，$L = 0.2$ μm とするとき，チャネル幅 W は何 μm になるか．

(2) ミスマッチを標準偏差で2 mVにすると，同一のチャネル長の場合，チャネル幅 W は何 μm になるか．

7.2 ソース接地回路を構成するMOSトランジスタを流れる電流が100 μA，有効ゲート電圧が $V_{\mathrm{eff}} = 0.2$ V とする．トランジスタは飽和領域にあり，チャネル長変調効果を無視するとき，以下の問いに答えよ．

(1) MOSトランジスタの g_m を求めよ．

(2) このトランジスタの入力換算での電圧性の雑音スペクトラム密度 ($\overline{v_n{}^2}$/Hz) を求めよ．ただし，$T = 300$ K，$k = 1.38 \times 10^{-23}$ J/K，雑音係数 $\gamma = 2/3$ とする．

(3) ノイズレベル $\overline{v_n{}^2}$ は電圧性の雑音スペクトラム密度にノイズ帯域をかけたもので表される．ノイズ帯域を100 MHz とするときにノイズレベル $\overline{v_n{}^2}$ を求めよ．

(4) ノイズ電圧の実効値 $\overline{v_n}$ (rms) はノイズレベル $\overline{v_n{}^2}$ の平方根をとると得られる．ノイズ電圧の実効値を求めよ．

7.3 いま，アナログ電子回路に正弦波($A\cos\omega t$)を入力すると，その出力変化 y は，

$$\begin{aligned}
y &= \alpha_1 A\cos\omega t + \alpha_2 (A\cos\omega t)^2 + \alpha_3 (A\cos\omega t)^3 + \cdots \\
&= \alpha_1 A\cos\omega t + \frac{\alpha_2 A^2}{2}(1 + \cos 2\omega t) + \frac{\alpha_3 A^3}{4}(3\cos\omega t + \cos 3\omega t) + \cdots \\
&= \frac{\alpha_2 A^2}{2} + \left(\alpha_1 A + \frac{3\alpha_3 A^3}{4}\right)\cos\omega t + \frac{\alpha_2 A^2}{2}\cos 2\omega t + \frac{\alpha_3 A^3}{4}\cos 3\omega t + \cdots
\end{aligned}$$

で表されるものとする．以下の問いに答えよ．

(1) $\alpha_1 = 1$，$\alpha_3 = -0.01$ とするときに，3次高調波成分による出力振幅が基本波と同じ強さになる信号振幅 A を求めよ．ただし，$\alpha_1 A + \dfrac{3\alpha_3 A^3}{4} \approx \alpha_1 A$ と近似できるものとする．

(2) 振幅 A が0.1のときに，基本波による出力と3次高調波成分による出力の比率を求めよ．

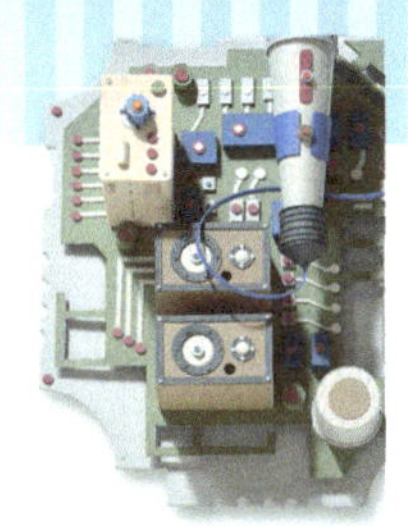

第8章 カレントミラー回路とバイアス回路

カレントミラー回路は，一方の端子を流れる電流に比例した電流を他端の端子から取り出すことができる．トランジスタの一定電流でのバイアスや，高利得増幅回路の負荷回路に用いられる．また，バイアス回路は，電源電圧の影響を受けることなく一定電流を流すことができる．これらは，次章で述べる差動増幅回路とともに集積回路を実現する重要な回路である．

8.1 カレントミラー回路

8.1.1 基本カレントミラー回路

図8.1に示すように，カレントミラー回路は，一対のMOSトランジスタ(M_1，M_2)のソースを接地し，互いのゲートを接続する．一方のトランジスタM_1のドレインをゲートと接続し，2端子素子のMOSダイオードとする．このMOSダイオードに参照電流I_{ref}を印加すると，この電流と等しいドレイン電流が流れるゲート・ソース間電圧V_{GS}が発生し，この電圧はトランジスタM_2のゲート・ソース間電圧にもなる．同一のゲート・ソース間電圧ではドレイン電流はチャネル幅Wをチャネル長Lで割ったW/L比に比例する．よって，一対のMOSトランジスタのW/L比が等しいとすると，他方のトランジスタM_2を流れる電流I_oは，ほぼ参照電流I_{ref}に等しくなる．この回

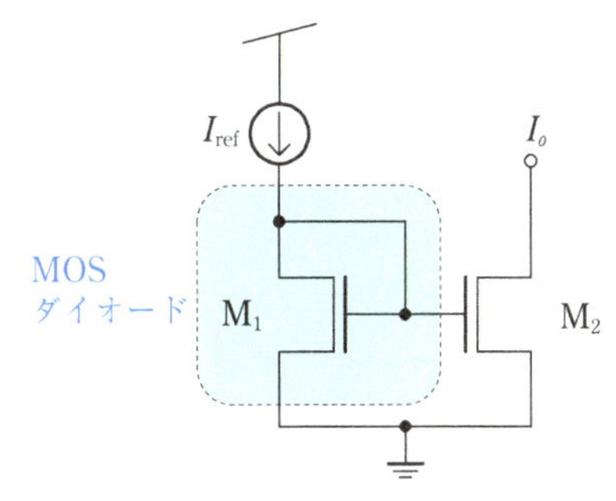

図8.1 カレントミラー回路

MOSダイオードに参照電流I_{ref}が流れているということは，ドレイン電流I_DがI_{ref}になるようにゲート・ソース間電圧V_{GS}が発生しているということである．MOSトランジスタの飽和領域での電流I_Dは，ほぼゲート・ソース間電圧V_{GS}で決定されるので，トランジスタM_2の電流I_oはI_{ref}に比例する．

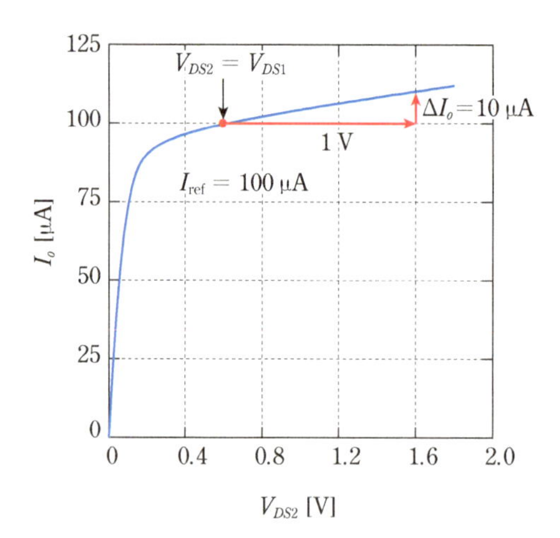

図 8.2 **カレントミラー回路の電圧–電流特性**
トランジスタ M_2 の出力電流 I_o はドレイン・ソース間電圧 V_{DS2} が 0.6 V 程度で I_{ref} と一致する．この電圧はトランジスタ M_1 のドレイン・ソース間電圧 V_{DS} と等しい．また，チャネル長変調効果によりドレイン電圧・ソース間 V_{DS2} が上がると，出力電流 I_o は増加する．

路はミラーのように電流を再生できることから，**カレントミラー回路**と呼ばれる．

W/L 比が等しい MOS トランジスタを用いたカレントミラー回路に，$I_{ref}=100\ \mu$A を流したときのトランジスタ M_2 のドレイン・ソース間電圧 V_{DS2} と出力電流 I_o の関係を図 8.2 に示す．

バイポーラトランジスタにおいても同様の構成で，トランジスタ Q_1，Q_2 の I_s が等しいとき，トランジスタ Q_1，Q_2 を流れる電流はほぼ等しくなる．

MOS トランジスタの電圧–電流特性は，式 (4.41) より，

$$I_D = \frac{1}{2}\mu C_{ox}\frac{W}{L}(V_{GS}-V_T)^2\left(1+\frac{V_{DS}}{V_A}\right) \tag{8.1}$$

であるので，MOS ダイオード接続されているトランジスタ M_1 の電圧–電流特性は $V_{DS}=V_{GS}$ より，

$$I_{D1} = \frac{1}{2}\mu C_{ox}\frac{W_1}{L}(V_{GS}-V_T)^2\left(1+\frac{V_{GS}}{V_A}\right) \tag{8.2}$$

となる．トランジスタ M_2 の電圧–電流特性はゲート・ソース間電圧 V_{GS} が共通なので，

$$I_{D2} = \frac{1}{2}\mu C_{ox}\frac{W_2}{L}(V_{GS}-V_T)^2\left(1+\frac{V_{DS2}}{V_A}\right) \tag{8.3}$$

となるので，式 (8.2) と式 (8.3) より，

$$I_{D2} = I_{D1} \cdot \frac{W_2}{W_1} \cdot \frac{\left(1 + \frac{V_{DS2}}{V_A}\right)}{\left(1 + \frac{V_{GS}}{V_A}\right)} \tag{8.4}$$

となる．以上においては，2つのトランジスタのチャネル長Lは等しいとした．これはチャネル長Lが異なると，しきい値電圧，モビリティー，アーリー電圧などのほとんどすべてのパラメータが異なるからである．カレントミラー回路や差動増幅回路では一対のトランジスタのチャネル長Lに異なったものを用いると，電流値は不正確になるので注意が必要である．

式 (8.4) より$V_{DS2} = V_{GS}$のとき，I_o/I_{ref}で与えられる**ミラー比**はチャネル幅比W_2/W_1で決まり，$W_2 = W_1$のときはまったく同じ電流になる．これは，この状態では2つのトランジスタの電気的状態はまったく同じであることからも理解できる．

図8.2に示したように，$V_{DS2} > V_{GS}$の状態では，出力電流I_oはMOSダイオード側を流れる参照電流よりも多く，例えば図8.2ではV_{DS2}が0.6 Vから1.6 Vに変化すると電流I_oは10 μA増加する．また，$V_{DS2} < V_{GS}$の状態では，出力電流I_oは参照電流よりも少ない．もちろんリニア領域に入ると流れる電流は大幅に減少する．ドレイン・ソース間電圧にかかわらず一定の電流がほしい場合は，アーリー電圧V_Aを上げる必要がある．V_Aを上げるためには，チャネル長Lを長くすることや，V_{DS2}を大きくすることが効果的である．

08

8.1.2 カスコード・カレントミラー回路

カレントミラー回路においては，端子電圧が変化しても，流れる電流は変化しないことが求められることが多い．例えば，高い利得の増幅器や高い直線性のD/A変換器などを実現するためである．このような場合に用いられるのが，図8.3に示す**カスコード・カレントミラー回路**である．カスコード回路はソース接地のトランジスタM_2のドレインとゲート接地のトランジスタM_4のソースを接続し，トランジスタM_4のドレインから出力電流I_oを取り出すものである．

トランジスタM_2を流れるドレイン電流がトランジスタM_4を流れるだけであるが，トランジスタM_4のドレインから見た出力抵抗r_oは非常に高くなり，端子電圧が変化しても流れる電流はあまり変化しないようにすることができる．

図8.3(b)の小信号等価回路を用いて，出力抵抗r_oを導出しよう．トランジスタM_2のゲート・ソース間電圧は変化しないので，ドレイン抵抗r_{D2}のみを考慮すればよい．トランジスタM_4のソース電圧はボディに対して変化するので，バックゲートコンダクタンスg_{mb}を考慮する必要がある．小信号等価回路より，

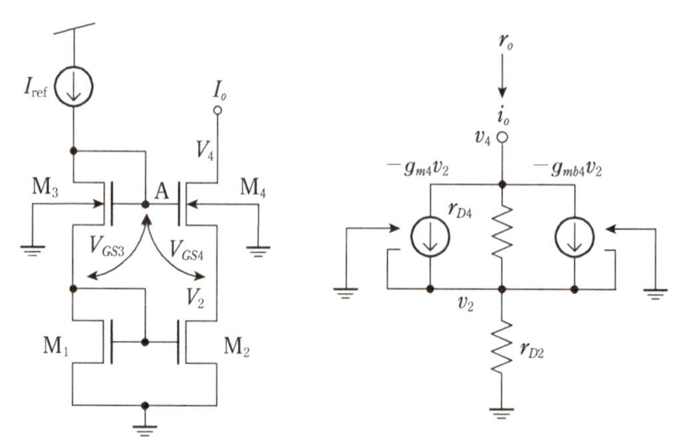

(a) カスコード・カレントミラー回路　　(b) 小信号等価回路

図 8.3　**カスコード・カレントミラー回路とその小信号等価回路**

トランジスタ M_2 がソース接地回路で，その電流がゲート接地回路を構成するトランジスタ M_4 を流れる．このようにすると，トランジスタ M_4 のドレイン電圧が変化しても，ゲート・ソース間電圧 V_{GS4} はほとんど変化しない．したがって，出力電流 I_o を決めるトランジスタ M_2 のドレイン電圧もほとんど変化しないため，出力端の電圧が変化しても出力電流 I_o はほとんど変化しないようになる．

$$i_o = g_{D4}(v_4 - v_2) - (g_{m4} + g_{mb4})v_2 = g_{D2}v_2 \tag{8.5}$$

となり，式 (8.5) より v_2 を消去すると，出力抵抗 r_o は，

$$r_o \equiv \frac{v_4}{i_o} = \frac{g_{m4} + g_{mb4} + g_{D2} + g_{D4}}{g_{D2} \cdot g_{D4}} \tag{8.6}$$

と求められる．$g_m + g_{mb} = ng_m$，$g_m \gg g_D$ の関係から式 (8.6) を簡略化すると，

$$r_o \approx \frac{ng_{m4}}{g_{D2} \cdot g_{D4}} = ng_{m4} r_{D4} \cdot r_{D2} \tag{8.7}$$

となる．図 8.3 に示した**カスコード構成**（素子を縦積みした構造）をとらない場合の出力抵抗は r_{D2} であるので，カスコード構成により出力抵抗は $ng_{m4}r_{D4}$ 倍されたことになる．$g_{m4}r_{D4}$ は**トランジスタの固有利得**と呼ばれ，通常 10〜数 10 の値をとる．よって，カスコード構成により出力抵抗は数 10 倍に高まる．

図 8.3 に示したカスコード・カレントミラー回路は点 A から見て $V_{GS3} = V_{GS4}$ であるので，トランジスタ M_1 の V_{DS} とトランジスタ M_2 の V_{DS} は等しく，出力抵抗 r_o が高いだけでなく，出力電流 I_o は参照電流 I_{ref} とかなりの精度で一致する．

図 8.4 にカスコード・カレントミラー回路の出力端電圧 V_4 を変化させたときの出力電流 I_o およびトランジスタ M_2 のドレイン電圧 V_2 を示す．トランジスタが飽和領域になれば，出力電流 I_o は参照電流 I_{ref} とほぼ等しくなり，出力端電圧が変化しても，出

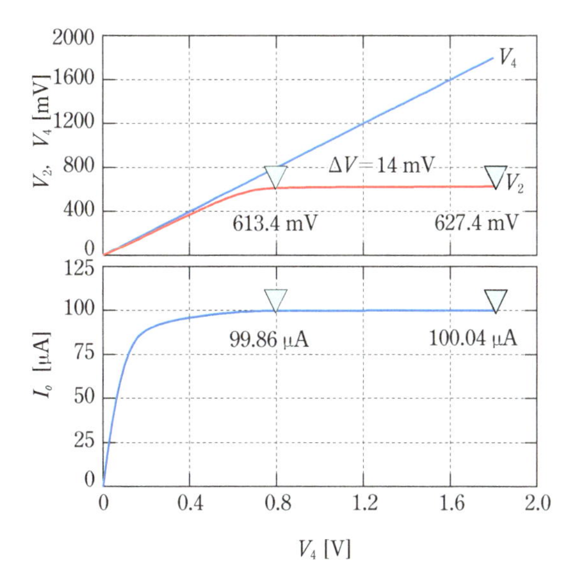

図 8.4　**カスコード・カレントミラー回路の電圧-電流特性**
出力端電圧 V_4 が変化してもトランジスタ M_2 のドレイン電圧 V_2 はほとんど変化しない．したがって出力電流 I_o も変化しない．

力電流 I_o はほとんど変化しなくなる．これは，トランジスタ M_2 のドレイン電圧 V_2 がほとんど変化しないことからも理解できる．

しかし，この回路の欠点は動作電圧が高いことである．入力側および出力側の最低動作電圧は，バックゲート効果によるしきい値電圧 V_T の増加を無視できるものとすると，MOS トランジスタの飽和条件より，

$$\begin{aligned}&\text{入力側}:2V_{GS} = 2\,(V_{\text{eff}} + V_T)\\&\text{出力側}:V_{GS} + V_{\text{eff}} = 2V_{\text{eff}} + V_T\end{aligned} \tag{8.8}$$

と求められる．例えば $V_{\text{eff}} = 0.2$ V，$V_T = 0.5$ V とすると，入力側で 1.4 V，出力側で 0.9 V となり，動作電圧が高くなり低電圧回路には向かない．

図 8.5 に示す低電圧カスコード・カレントミラー回路はこの点を改良したものである．ただし，アーリー電圧 V_A の設定に気をつける必要がある．すべてのトランジスタが飽和領域で動作する必要があることから，

$$\begin{aligned}&M_1:V_A > V_{GS3} + V_{\text{eff1}} = V_{T3} + V_{\text{eff3}} + V_{\text{eff1}}\\&M_3:V_A < V_{T3} + V_{T1} + V_{\text{eff1}}\end{aligned} \tag{8.9}$$

となる．したがって，

$$V_{T3} + V_{\text{eff3}} + V_{\text{eff1}} < V_A < V_{T3} + V_{T1} + V_{\text{eff1}} \tag{8.10}$$

が成り立つように V_A を設定すればよい．

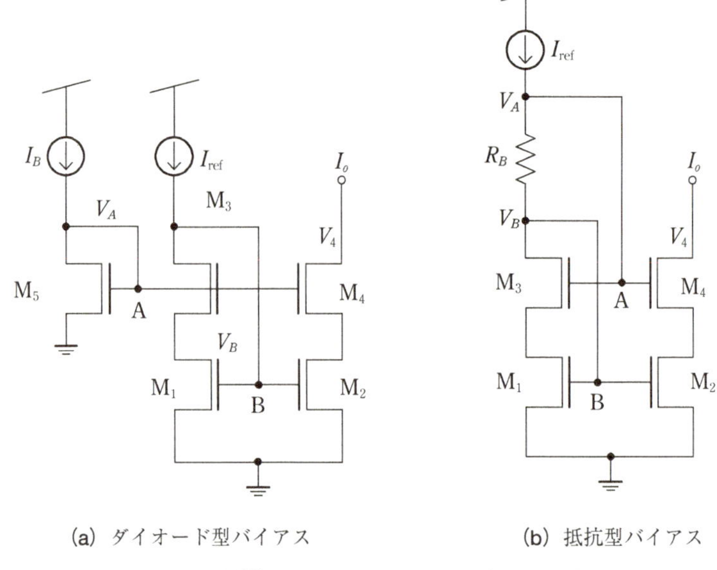

(a) ダイオード型バイアス　　(b) 抵抗型バイアス

図 8.5　低電圧カスコード・カレントミラー回路

電圧 V_A を式 (8.10) が成り立つ最低電圧に設定すると，入力側および出力側の最低動作電圧は，

$$\begin{aligned}&\text{入力側：} V_{GS} = V_{\text{eff}} + V_T \\ &\text{出力側：} 2V_{\text{eff}}\end{aligned} \tag{8.11}$$

となる．先ほどと同じ条件では，入力側は0.7 V，出力側は0.4 V となる．したがって低電圧動作が可能であり，最近はこの回路がよく用いられている．

バイアス電圧 V_A の実現方法には，図8.5(a)**ダイオード型バイアス**と図8.5(b)**抵抗型バイアス**がある．

ダイオード型バイアスではMOSダイオードの電圧式より，バイアス電圧は

$$V_A = V_T + 2V_{\text{eff}} + \Delta V \tag{8.12}$$

となる．ここで，ΔV は調整電圧で0.1～0.2 V程度が適当である．このような電圧になるMOSトランジスタのパラメータを求めてみよう．式 (5.16) より，MOSトランジスタの有効ゲート電圧は

$$V_{\text{eff}} = \sqrt{\frac{2I_D}{\mu C_{ox}} \frac{L}{W}} \tag{8.13}$$

であり，調整電圧 ΔV をゼロと仮定すると，

$$V_{GS5} = V_{GS3} + V_{\mathrm{eff1}}$$

となり，したがって，

$$V_{\mathrm{eff5}} + V_{T5} = V_{\mathrm{eff3}} + V_{T3} + V_{\mathrm{eff1}}$$

となる．そこで，$V_{T5} = V_{T3}$ と仮定すると，

$$V_{\mathrm{eff5}} = V_{\mathrm{eff3}} + V_{\mathrm{eff1}}$$

となる．式 (8.13) よりチャネル長 L が同一なので，

$$\sqrt{\frac{I_B}{W_5}} = \sqrt{\frac{I_{\mathrm{ref}}}{W_1}} + \sqrt{\frac{I_{\mathrm{ref}}}{W_3}} \tag{8.14}$$

となり，$W_1 = W_3$ と仮定すると，

$$W_5 = \frac{1}{4}\frac{I_B}{I_{\mathrm{ref}}}W_1 \tag{8.15}$$

と求められる．もし，ΔV を大きくしたときは W_5 をさらに縮小すればよい．

抵抗型バイアスは抵抗による電圧降下を用いたもので，抵抗 R_B は

$$R_B = \frac{V_{\mathrm{eff}} + \Delta V}{I_{\mathrm{ref}}} \tag{8.16}$$

と求められる．図 8.6 に低電圧カスコード・カレントミラーの電圧-電流特性を示す．図 8.4 に示した通常のカレントミラーに比べ，より低い電圧から定電流性が得られていることが分かる．

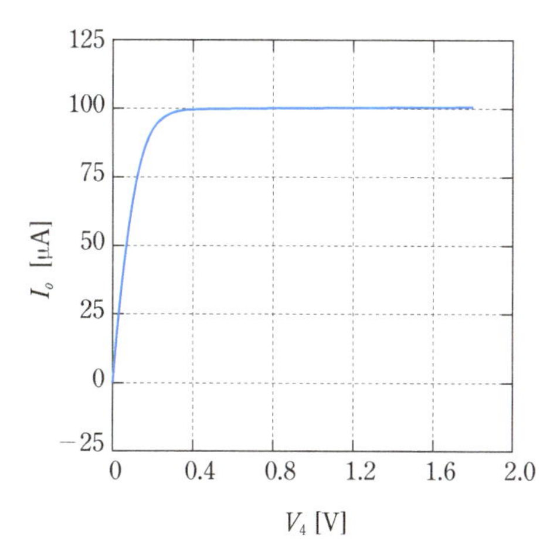

図 8.6　低電圧カスコード・カレントミラー回路の電圧-電流特性

❖8.2 電圧不感型バイアス電流回路

大半のアナログ電子回路は一定電流でバイアスされる必要があるので，一定電流を作り出す回路が必要である．このとき，電源電圧によらず一定電流を作り出すことが望ましい．

電圧不感型バイアス電流回路を図8.7に示す．この回路は電源電圧 V_{DD} によらず一定の電流を発生させることができる．nMOSのソースに抵抗を挿入する場合とpMOSのソースに抵抗を挿入する場合がある．この回路はしきい値電圧のミスマッチに敏感で，バックゲートとソースを接続してバックゲート効果を抑制する必要がある．nMOSではバックゲートとソースを接続することが困難な場合が多いので，pMOSのソースに抵抗を挿入する回路(図8.7(b))が多く使用されている．図8.7(b)はnMOSとpMOSのカレントミラーを組み合わせた回路であるが，トランジスタ M_2 のチャネル幅はトランジスタ M_1 のそれよりも K 倍大きく，ソースに抵抗 R_s が挿入されている．

電圧不感型バイアス電流回路において，カレントミラーの定電流性が良好だと仮定すると，参照電流 I_{ref} と電流 I_b は一致する．したがって，バックゲート効果を無視すると，

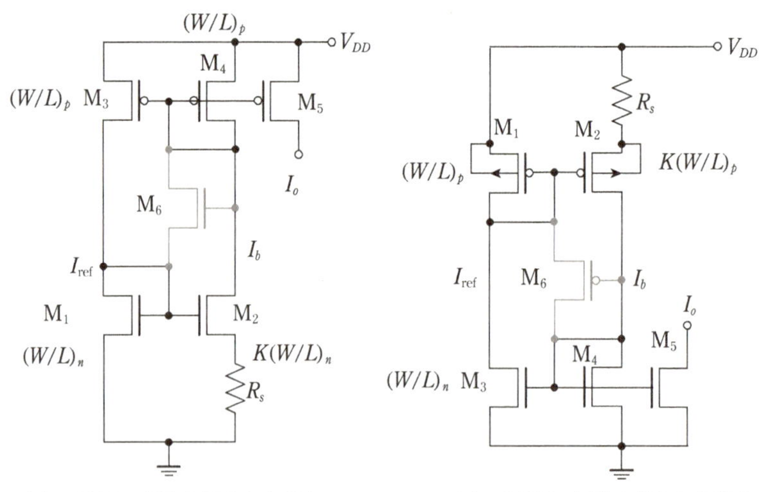

図8.7　**電圧不感型バイアス電流回路**

nMOSのカレントミラーの出力電流がpMOSのカレントミラーの入力電流になり，pMOSのカレントミラーの出力電流がnMOSのカレントミラーの入力電流になる．堂々巡りの回路である．電流は $I_{\text{ref}}=I_b$ となるところで安定状態になるが，どちらの電流もゼロも安定状態であり，電流が流れないこともある．そのため，電圧不感型バイアス電流回路には起動回路が必要になる．

$$|V_{GS1}| = |V_{GS2}| + I_b R_s \tag{8.17}$$

が成り立つ．したがって，式 (5.16) より式 (8.17) は，

$$\sqrt{\frac{2I_b}{\mu C_{ox}} \frac{L}{W}} + |V_{T1}| = \sqrt{\frac{2I_b}{\mu C_{ox}} \frac{L}{KW}} + |V_{T2}| + I_b R_s \tag{8.18}$$

となり，$V_{T1} = V_{T2}$ と仮定すると，電流 I_b は，

$$I_b = \frac{2}{\mu C_{ox}} \frac{L}{W} \frac{1}{R_s^2} \left(1 - \frac{1}{\sqrt{K}}\right)^2 \tag{8.19}$$

と求められる．式 (8.19) は電源電圧を含まないため，電源電圧の変動に対し不感であることが分かる．

電圧不感型バイアス電流回路は簡便なため，バイアス回路としてよく用いられるが，設計にあたってはいくつかの注意が必要である．

まずは，**起動回路が不可欠なことである**．この回路は先ほど算出した電流 I_b で安定するが，電流が流れない $I_b = 0$ の場合も安定であり，この回路が起動しないことがある．そこで，トランジスタ M_6 のような起動回路を挿入する．回路に電流が流れない場合はトランジスタ M_6 のゲート・ソース間電圧およびドレイン・ソース間電圧が大きくなるので電流が流れ，この電流はダイオード接続されたトランジスタ M_4，M_1 に流れ，回路が起動する．起動後は，トランジスタ M_6 のゲート・ソース間に $V_{DD} - 3V_{GS}$ の電圧しかかからなくなるため，電流は減少するが，有限の電流が流れるので，全体の電流に影響を与えないようなわずかな電流に設定する．

ところで，電圧不感型バイアス電流回路で発生した電流は MOS トランジスタにおいて温度依存の小さい相互コンダクタンスの実現に効果がある．電圧不感型バイアス電流回路で発生した電流によりバイアスされた MOS トランジスタを図 8.8 に示す．図 8.8 ではトランジスタ 1 個の回路を示しており，差動増幅回路のバイアス電流源として用いられることが多い．このトランジスタの相互コンダクタンス g_m は，

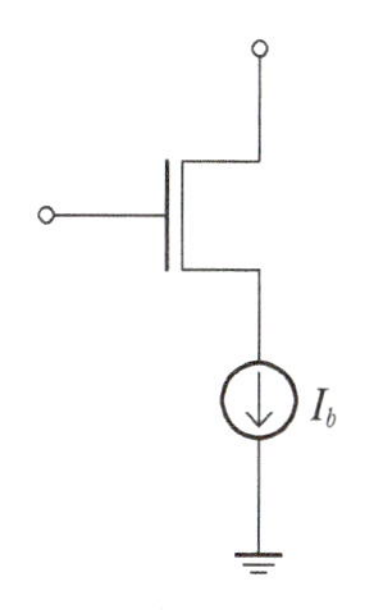

図 8.8　温度不感相互コンダクタンス

$$g_m = \sqrt{2\mu C_{ox}\left(\frac{W}{L}\right)I_b} \tag{8.20}$$

である．したがって，もし I_b が温度によらず一定の場合は，移動度 μ は温度が上昇すると減少するので，相互コンダクタンス g_m は温度が上昇すると減少する．式 (8.19) を式 (8.20) に代入すると，

$$g_m = \sqrt{2\mu C_{ox}\left(\frac{W}{L}\right)\frac{2}{\mu C_{ox}}\left(\frac{L}{W}\right)\frac{1}{R_s^2}\left(1-\frac{1}{\sqrt{K}}\right)^2} = \frac{2}{R_s}\left(1-\frac{1}{\sqrt{K}}\right) \tag{8.21}$$

となる．式 (8.21) より，抵抗に温度係数の小さいものを選べば，温度依存の小さい相互コンダクタンスが実現できることが分かる．

❖8.3 バンドギャップリファレンス回路

回路の安定な動作のためには，温度によらず一定の電圧を発生する参照電圧が必要なことがある．このために開発されたのが，**バンドギャップリファレンス回路**である．出力電圧 V_o がシリコンのバンドギャップ電圧にほぼ等しいため，このように呼ばれている．演算増幅器を用いたバンドギャップリファレンス回路を図 8.9 に示す．この回路においてバイポーラトランジスタ Q_1，Q_2 はダイオードとして用いられている．

図 8.9 において，電圧 V_{R3} はダイオード Q_1，Q_2 の電位差であるので，

$$V_{R3} = V_{BE1} - V_{BE2} = U_T \ln\frac{I_1}{I_{s1}} - U_T \ln\frac{I_2}{I_{s2}} = U_T \ln\left(\frac{I_{s2}}{I_{s1}}\cdot\frac{I_1}{I_2}\right) \tag{8.22}$$

となる．演算増幅器を用いた回路では，演算増幅器の入力端間の電圧はゼロになるよ

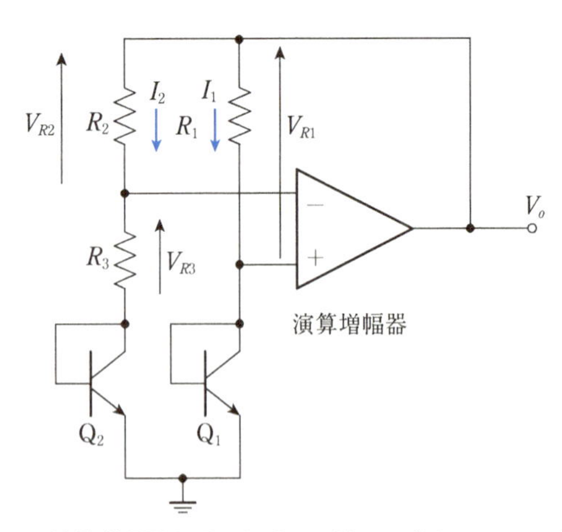

図 8.9　**演算増幅器を用いたバンドギャップリファレンス回路**
ダイオード電圧 V_{BE} の温度依存性を絶対温度に比例する電圧を発生させる回路（PTAT 回路）でキャンセルさせることで温度依存の極めて小さい電圧を発生させることができる．

うに動作するので，

$$V_{R2} = V_{R1}$$

$$\therefore R_2 I_2 = R_1 I_1$$

$$\therefore \frac{I_1}{I_2} = \frac{R_2}{R_1} \tag{8.23}$$

これを式 (8.22) に代入すると，

$$V_{R3} = U_T \ln\left(\frac{I_{s2}}{I_{s1}} \cdot \frac{R_2}{R_1}\right) \tag{8.24}$$

となる．抵抗 R_2 と R_3 に流れる電流は同一であるので，

$$V_{R2} = \frac{R_2}{R_3} V_{R3} \tag{8.25}$$

である．したがって，出力電圧 V_o は

$$V_o = V_{BE2} + V_{R3} + V_{R2} = V_{BE2} + \left(1 + \frac{R_2}{R_3}\right) U_T \ln\left(\frac{I_{s2}}{I_{s1}} \frac{R_2}{R_1}\right) = V_{BE2} + MU_T \tag{8.26}$$

と表される．ここで

$$M = \left(1 + \frac{R_2}{R_3}\right) \ln\left(\frac{I_{s2}}{I_{s1}} \frac{R_2}{R_1}\right) \tag{8.27}$$

である．ダイオード電圧 V_{BE} の温度変化は−2.0 mV/℃程度であり，熱電圧 U_T の温度変化は

$$\frac{dU_T}{dT} = \frac{k}{q} \approx 0.09\,\mathrm{mV/℃} \tag{8.28}$$

であるので，利得 M を 20 程度に選べば，図 8.10 に示すように V_{BE} の温度変化と MU_T の温度変化がキャンセルし，温度に対してほぼ不感な出力電圧を得ることができる．この出力電圧は 1.25 V 程度で，シリコンのバンドギャップ電圧にほぼ等しい．

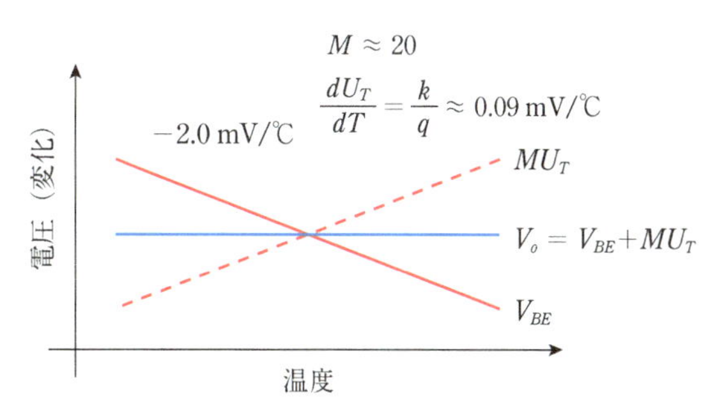

図 8.10　温度変化のキャンセル

演習問題

8.1 図の回路について，次の問いに答えよ．ただし，各トランジスタの $\mu C_{ox} = 200\ \mu\text{A/V}^2$，$V_T = 0.5\ \text{V}$，$W/L = 25$，$V_A = 5\ \text{V}$ とせよ．

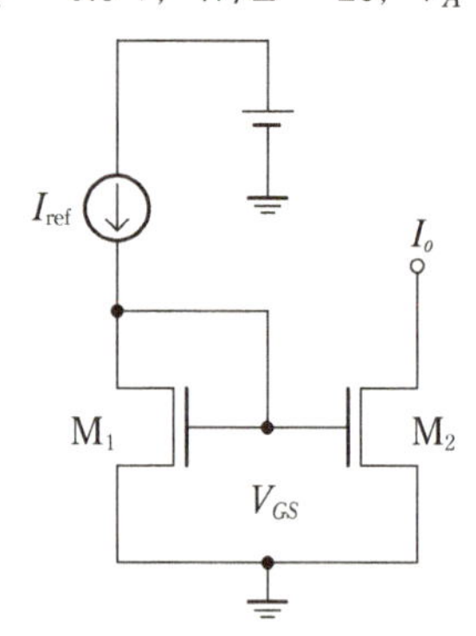

(1) $I_{\text{ref}} = 100\ \mu\text{A}$ のとき，V_{GS} を求めよ．ただし計算の都合上，チャネル長変調効果を示す $\left(1+\dfrac{V_{DS}}{V_A}\right)$ 項は $\left(1+\dfrac{V_T}{V_A}\right)$ で近似せよ．

(2) トランジスタ M_2 のドレイン電圧が $1\ \text{V}$ のときの電流 I_o を求めよ．また，このときのトランジスタ M_2 のドレイン抵抗 r_D（動的な抵抗である）を求めよ．

(3) トランジスタ M_2 のドレイン電圧が $0.1\ \text{V}$ のときの電流 I_o を求めよ．また，このときのトランジスタ M_2 のドレイン抵抗 r_D（動的な抵抗である）を求めよ（トランジスタ M_2 はリニア領域にあることに注意し，アーリー電圧 V_A の効果は無視せよ）．

(4) トランジスタ M_1 のドレイン端子から見た回路の動的抵抗を求めよ．

8.2 図の回路について，次の問いに答えよ．参照電流 I_{ref} は $100\ \mu\text{A}$，各 nMOS トランジスタは，$V_T = 0.45\ \text{V}$，$L = 0.4\ \mu\text{m}$，$V_{DS} = 0.3\ \text{V}$ のとき，$V_A = 4\ \text{V}$，バックゲート効果は $\Delta V_T = -0.2 V_{BS}$（ソース電圧がボディ電圧に対して正の電圧をとるとき，しきい値電圧は増加する）とし，動作電流 I_D [A] と W/L 比は以下の関係にあるものとする．

$$\frac{W}{L} = \frac{I_D \cdot 10^6}{129 \cdot {V_{\text{eff}}}^2 \cdot \left(1+\dfrac{V_{DS}}{V_A}\right)}$$

また，すべてのトランジスタのチャネル幅 W は等しく，V_{DS} を $0.3\ \text{V}$ と仮定し，有効ゲート電圧（実効ゲート電圧）V_{eff} を $0.2\ \text{V}$ とする．

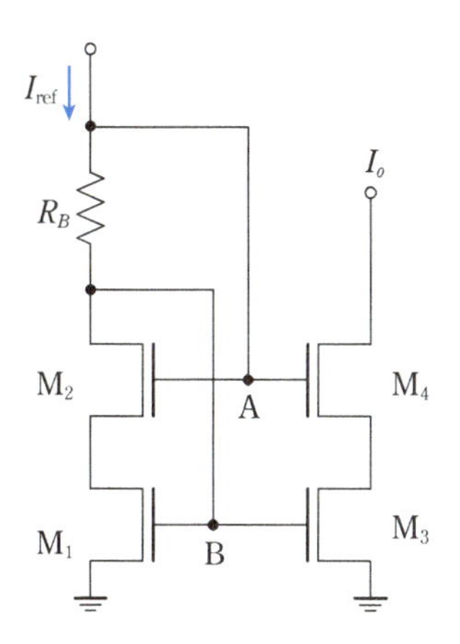

(1) このときのトランジスタのチャネル幅 W を求めよ．

(2) 点 A の電圧 V_A と点 B の電圧 V_B を求めよ．このときトランジスタ M_2，M_4 に対してはバックゲート効果を考慮せよ．

(3) 上記のような状態になる抵抗 R_B を求めよ．

(4) トランジスタ M_4 のドレイン電圧（接地からの）V_{D4} が何 V 以上であれば，定電流性が保たれるか答えよ．

(5) 点 B の動的抵抗値はおおよそいくらか．このとき，抵抗 R_B の効果は無視してよい．

(6) バイアス状態での I_o 端子での出力抵抗 r_o を求めよ．ただし，出力抵抗 r_o は以下で与えられるものとする．ここで，$n = 1.3$ とせよ．

$$r_o = r_D\,(M_2) \cdot n \cdot g_m\,(M_4) \cdot r_D\,(M_4)$$

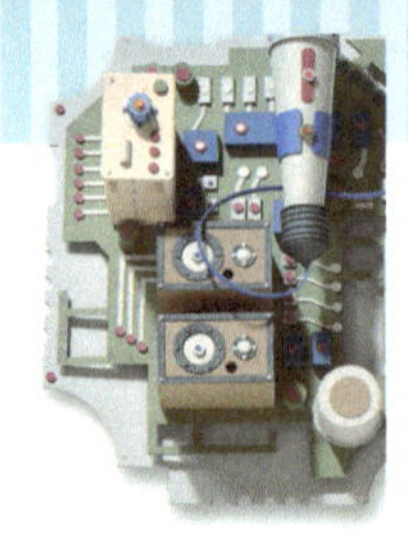

第9章 差動増幅回路

これまでに示した増幅回路は，容量結合を用いて交流信号をバイアス点と結合し，バイアス電圧近傍の電圧を変化させることで増幅作用を得ていた．差動増幅回路は，交流信号のみならず直流信号までをも安定に増幅させることができる回路である．差動増幅回路を用いることで，温度変化などの動作環境変化や電源ノイズなどの外乱に対しても，耐性のあるアナログ電子回路を実現できる．

9.1 差動増幅回路

図9.1にMOSトランジスタを用いた**差動増幅回路**を示す．

差動入力電圧($\Delta V_i = V_{i1} - V_{i2}$)に対するMOSトランジスタ$M_1$，$M_2$のドレイン電流$I_{D1}$，$I_{D2}$および出力電圧$V_{o1}$，$V_{o2}$を求めてみよう．MOSトランジスタ$M_1$，$M_2$のゲート電圧を$V_{i1}$，$V_{i2}$，バイアス電流を$I_0$，ソース電圧を$V_0$とすると，MOSトランジスタの飽和領域の電圧-電流式より次式が成り立つ．

$$
\begin{aligned}
I_{D1} &= \frac{1}{2}\mu C_{ox}\frac{W}{L}(V_{i1} - V_0 - V_T)^2 \\
I_{D2} &= \frac{1}{2}\mu C_{ox}\frac{W}{L}(V_{i2} - V_0 - V_T)^2
\end{aligned}
\tag{9.1}
$$

ただし，簡単のためドレイン電圧の影響を無視し，ボディはソースに接続されておりバックゲート効果はないものとする．さらに，2つのMOSトランジスタのチャネ

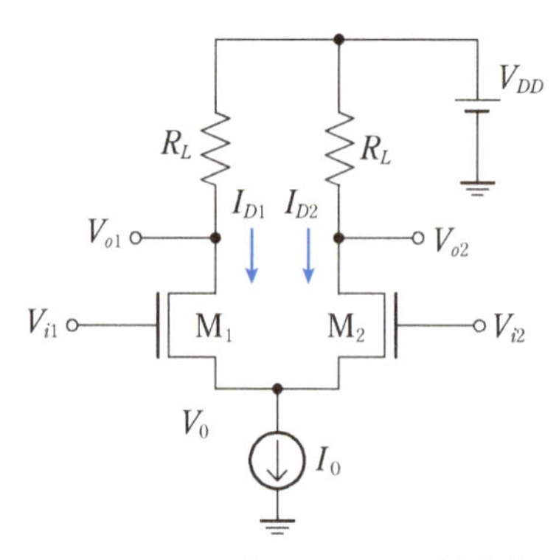

図9.1 MOSトランジスタを用いた差動増幅回路

ル長 L，チャネル幅 W，しきい値電圧 V_T は等しいものとする．

また，

$$I_0 = I_{D1} + I_{D2} \tag{9.2}$$

であるので，ゲート電圧は，

$$V_{i1} - V_0 = V_T + \sqrt{\frac{2I_{D1}}{\mu C_{ox} \dfrac{W}{L}}} \tag{9.3a}$$

$$V_{i2} - V_0 = V_T + \sqrt{\frac{2I_{D2}}{\mu C_{ox} \dfrac{W}{L}}} \tag{9.3b}$$

となる．ここで，差動入力電圧 ΔV_i を定義し，ドレイン電流の関数として求めると，

$$\Delta V_i = V_{i1} - V_{i2} = \sqrt{\frac{2}{\mu C_{ox} \dfrac{W}{L}}} \left(\sqrt{I_{D1}} - \sqrt{I_{D2}}\right) \tag{9.4}$$

となる．したがって，式 (9.4) と式 (9.2) よりドレイン電流は

$$I_{D1} = \frac{I_0}{2}\left(1 + \frac{\Delta V_i}{V_{\text{eff}}}\sqrt{1 - \frac{1}{4}\left(\frac{\Delta V_i}{V_{\text{eff}}}\right)^2}\right) \tag{9.5a}$$

$$I_{D2} = \frac{I_0}{2}\left(1 - \frac{\Delta V_i}{V_{\text{eff}}}\sqrt{1 - \frac{1}{4}\left(\frac{\Delta V_i}{V_{\text{eff}}}\right)^2}\right) \tag{9.5b}$$

と求められる．ここで，V_{eff} は差動入力電圧がゼロの場合の MOS トランジスタ M_1，M_2 の有効ゲート電圧（$V_{GS} - V_T$）である．ドレイン電流 I_{D1}，I_{D2} はゼロから I_o までの値しかとらないので，式 (9.5) が有効な電圧範囲は

$$|\Delta V_i| < \sqrt{2}\, V_{\text{eff}} \tag{9.6}$$

である．

有効ゲート電圧を $V_{\text{eff}} = 0.2\,\text{V}$ と設定したときの差動入力電圧 ($\Delta V_i = V_{i1} - V_{i2}$) に対する MOS トランジスタ M_1，M_2 のドレイン電流 I_{D1}，I_{D2} を図 9.2 に示す．差動入力電圧が $\sqrt{2}\, V_{\text{eff}}$ のあたりで，電流が飽和することが分かる．

図 9.2 からも分かるように，差動増幅回路においては，$|\Delta V_i| \ll V_{\text{eff}}$ の電圧範囲で以下が成り立つ．

$$I_{D1} = \frac{I_0}{2} + \Delta I_D \tag{9.7a}$$

$$I_{D2} = \frac{I_0}{2} - \Delta I_D \tag{9.7b}$$

09

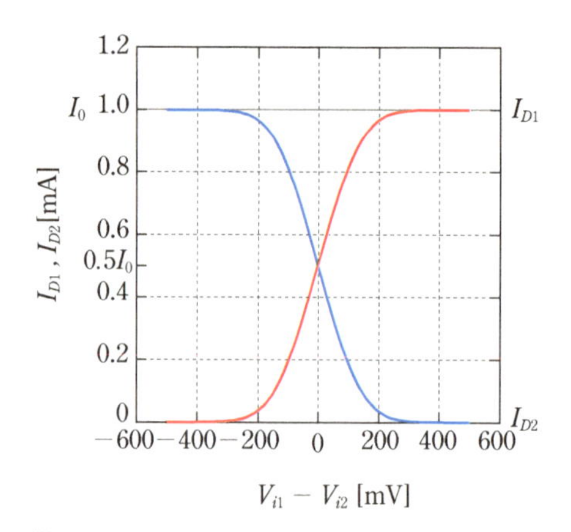

図 9.2　**入力電圧差に対する MOS トランジスタ M_1，M_2 のドレイン電流**

つまり，一方のトランジスタのドレイン電流が増加した ΔI_D だけ，他方のトランジスタのドレイン電流が ΔI_D 減少する．

また，差動入力電圧が ΔV_i であるということは，トランジスタ M_1 のゲート電圧が $\Delta V_i/2$ 増加し，トランジスタ M_2 のゲート電圧が $\Delta V_i/2$ 減少したと見なせるので，ソース電圧 V_0 は変化しない．したがって，図 9.3 に示すように，差動増幅回路の小信号等価回路は2つのソース接地回路で表される．各トランジスタのバイアス電流は $I_0/2$ である．各トランジスタのドレイン電流の変化 i_D は，**差動入力電圧**を v_{id} として

$$i_D = \pm g_m \frac{v_{id}}{2} = \pm \frac{2I_D}{V_{\mathrm{eff}}}\frac{v_{id}}{2} = \pm \frac{I_0}{V_{\mathrm{eff}}}\frac{v_{id}}{2} \tag{9.8}$$

であるので，差動入力信号に対する相互コンダクタンス g_{m_diff} は

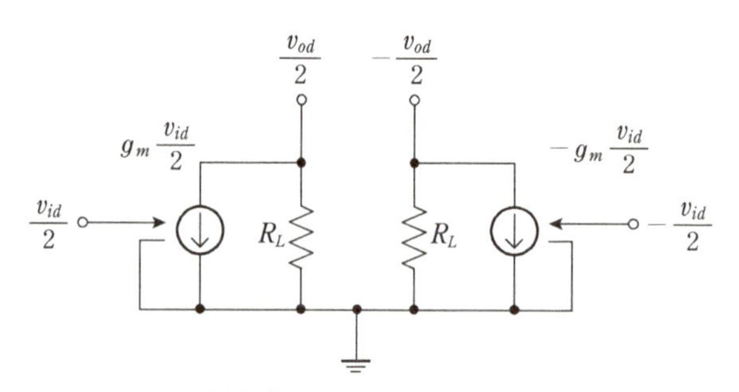

図 9.3　**差動増幅回路の小信号等価回路**

差動増幅回路のソースは電流源に接続されているが，小信号等価回路においてはソース電位が変化しないことから，接地と見なしても差し支えない．

$$g_{m\_\mathrm{diff}} \equiv \left. \frac{d\,(I_{D1} - I_{D2})}{d\,(\Delta V_i)} \right|_{V_1 = V_2} = \frac{2i_D}{v_{id}} = \frac{I_0}{V_{\mathrm{eff}}} \tag{9.9}$$

となる．したがって，**差動入力電圧** v_{id} に対する**差動出力電圧** v_{od} の利得である**差動利得** A_d は，

$$A_d \equiv \frac{v_{od}}{v_{id}} = -g_{m\_\mathrm{diff}} R_L = -\frac{I_0 R_L}{V_{\mathrm{eff}}} \tag{9.10}$$

と求められる．

ところで，図9.1に示した抵抗を負荷とした差動回路の利得には限度がある．トランジスタ M_1，M_2 に流れるドレイン電流がそれぞれ $I_0/2$ であるので，差動入力信号がゼロの平衡状態における出力電圧 V_{o1}，V_{o2} は

$$V_{o1} = V_{o2} = V_{DD} - \frac{I_0 R_L}{2} \tag{9.11}$$

と表される．そこで，この電源電圧 V_{DD} を基準として降下電圧を V_{DR} とすると，

$$V_{DR} = \frac{I_0 R_L}{2} \tag{9.12}$$

であるので，式 (9.10) より，差動利得 A_d は，

$$A_d = -\frac{I_0 R_L}{V_{\mathrm{eff}}} = -\frac{2V_{DR}}{V_{\mathrm{eff}}} \tag{9.13}$$

となり，差動利得 A_d は降下電圧 V_{DR} に比例する．したがって，降下電圧を増加させれば差動利得は増加する．信号振幅を考慮すると，降下電圧はせいぜい電源電圧 V_{DD} の半分程度であるので，最大差動利得 $A_{d\max}$ は，

$$A_{d\max} = \left| -\frac{V_{DD}}{V_{\mathrm{eff}}} \right| = \frac{V_{DD}}{V_{\mathrm{eff}}} \tag{9.14}$$

となり，電源電圧 V_{DD} と有効ゲート電圧 V_{eff} の比率で決定される．例えば，$V_{DD} = 2.0\,\mathrm{V}$，$V_{\mathrm{eff}} = 0.2\,\mathrm{V}$ のときは，差動利得は10倍となる．

$V_{DD} = 2.0\,\mathrm{V}$，$V_{\mathrm{eff}} = 0.2\,\mathrm{V}$，$I_0 = 200\,\mu\mathrm{A}$ とし，負荷抵抗 $R_L = 4\,\mathrm{k\Omega}$，$8\,\mathrm{k\Omega}$ のときの差動入力電圧に対する出力電圧 V_{o1}，V_{o2} の様子を図9.4に示す．負荷抵抗が大きいほど利得が高く出力電圧の変化も大きいが，降下電圧 V_{DR} も大きいことが分かる．

利得を高めるには，次節で述べる能動負荷を用いる必要があるが，その中間として，**差動抵抗負荷回路**を用いるもの（図9.5）がある．

この回路は，図9.1に示した差動増幅回路の負荷抵抗部分を変更し，ソースとゲートを共通に接続したpMOSトランジスタ M_3，M_4 を挿入し，負荷抵抗 R_L の共通接続点をpMOSトランジスタのゲートに接続したものである．

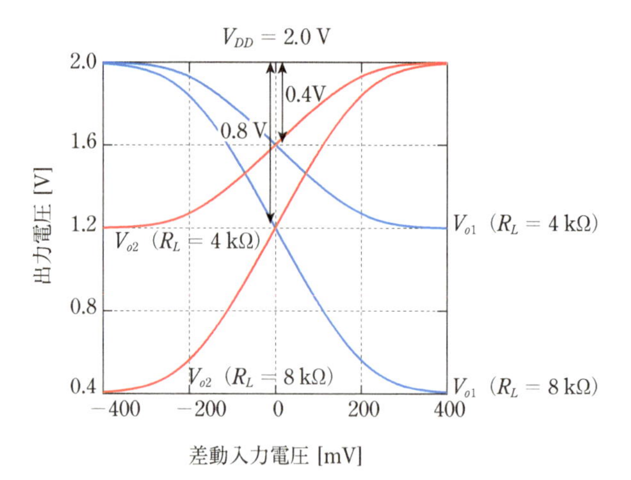

図 9.4　負荷抵抗を変えたときの差動入力電圧に対する出力電圧
負荷抵抗が大きくなると利得は高くなるが，降下電圧も大きくなり，2つの出力の平均電圧である中点電位が下がることが問題である．

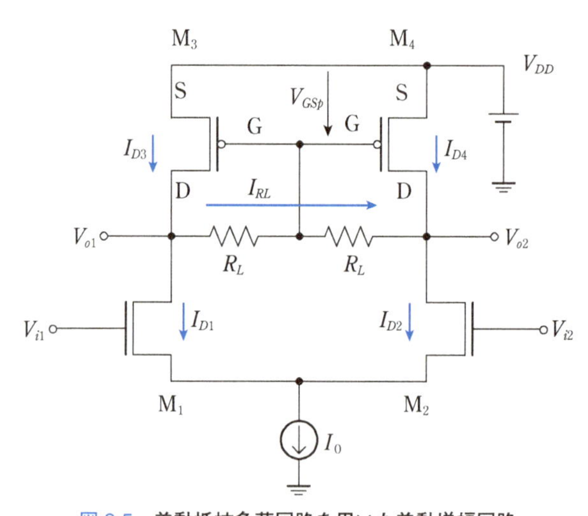

図 9.5　差動抵抗負荷回路を用いた差動増幅回路
差動抵抗負荷回路を用いると，負荷抵抗を大きくして利得を高くすることができるが，出力の中点電位は変化しない．このため使いやすい．

動作を説明する．まず，pMOS トランジスタ M_3，M_4 において，トランジスタが飽和領域で動作し，ドレイン電流はゲート・ソース間電圧で決定され，チャネル長 L，チャネル幅 W，しきい値電圧 V_T が同一であるとすると，以下が成り立つ．

$$I_{D3} = I_{D4}$$
$$I_{D3} + I_{D4} = I_0 \tag{9.15}$$

したがって，pMOS トランジスタ M_3，M_4 は以下の値を持つ電流源として動作する．

$$I_{D3} = I_{D4} = \frac{I_0}{2} \tag{9.16}$$

また，負荷抵抗を流れる電流 I_{RL} では，出力端ではキルヒホッフの第1法則から以下が成り立つ．

$$I_{D3} = I_{RL} + I_{D1}$$
$$I_{D4} = -I_{RL} + I_{D2} \tag{9.17}$$

よって，式 (9.16) と式 (9.17) より，

$$I_{RL} = \frac{I_{D2} - I_{D1}}{2} \tag{9.18}$$

となり，負荷抵抗を流れる電流 I_{RL} はトランジスタ M_1 と M_2 のドレイン電流の差になる．したがって，差動出力電圧（$V_{od} = V_{o1} - V_{o2}$）は，差動入力電圧（$V_{id} = V_{i1} - V_{i2}$）を用いて，

$$V_{od} = I_{RL} \cdot 2R_L = (I_{D2} - I_{D1})R_L = -g_{m\_\mathrm{diff}} R_L V_{id} \tag{9.19}$$

であるので，差動利得 A_d は，

$$A_d = \frac{V_{od}}{V_{id}} = -g_{m\_\mathrm{diff}} R_L \tag{9.20}$$

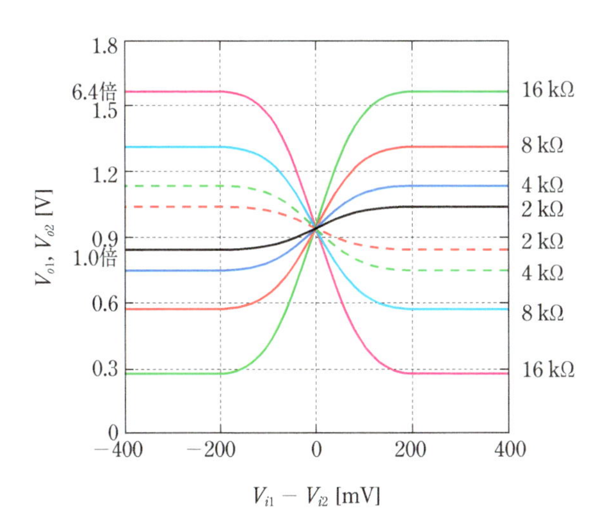

図 9.6　差動抵抗負荷回路の入出力電圧特性

となり，式 (9.10) に示した通常の抵抗負荷の結果と同一になる．

差動抵抗負荷回路では，負荷抵抗の中点電位を一対の pMOS トランジスタのゲートに与えることから，平衡状態における出力電圧は $V_{DD} - V_{GSp}$ と一定になり，負荷抵抗値には依存しない．このため負荷抵抗値を高くすることができ，差動利得を上げることができる．図 9.6 に図 9.5 の回路の入出力電圧特性を示す．負荷抵抗を上げることで利得が上昇するが，平衡状態の出力電圧は一定である．

❖9.2　差動信号と同相信号

これまでの解析においては入力電圧差（つまり**差動信号**）だけに着目してきた．しかし，実際の信号には同相成分（つまり**同相信号**）もあり，考慮する必要がある．

9.2.1　同相入力電圧と差動入力電圧

差動増幅回路では差動入力電圧と差動出力電圧の関係を評価することが多いが，実際には平均信号である**同相入力電圧**も考慮しないと正しい設計は困難である．

図 9.7 に示した差動増幅回路の入力信号を2つの信号の平均信号，つまり同相成分である同相入力電圧 V_{ic} と，2つの信号の差成分である差動入力電圧 V_{id} を次のように定義する．

$$\text{同相入力電圧：} V_{ic} \equiv \frac{V_{i1} + V_{i2}}{2} \tag{9.21}$$

$$\text{差動入力電圧：} V_{id} \equiv \frac{V_{i1} - V_{i2}}{2} \tag{9.22}$$

これにより，任意の2つの入力電圧 V_{i1}，V_{i2} は次のように同相入力成分と差動入力成分に分けることができる．

$$V_{i1} = V_{ic} + V_{id} \tag{9.23a}$$

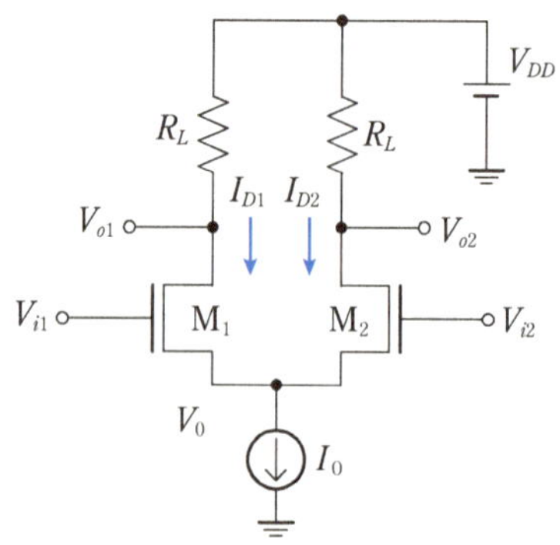

図 9.7　MOS トランジスタを用いた差動増幅回路

$$V_{i2} = V_{ic} - V_{id} \tag{9.23b}$$

9.2.2 差動利得と同相利得

図9.7の差動増幅回路において，電流源の出力抵抗 r_o を考慮した小信号等価回路を図9.8に示す．

図9.8を用いて，**差動利得**と**同相利得**を導出しよう．トランジスタ M_1，M_2 の共通ソース点電位 v_0 は，

$$v_0 = r_o\{g_m(v_{i1} - v_0) + g_m(v_{i2} - v_0)\} \tag{9.24}$$

であり，式 (9.24) を整理すると，

$$v_0 = \frac{r_o g_m}{1 + 2r_o g_m}(v_{i1} + v_{i2}) \tag{9.25}$$

となる．出力電圧 v_{o1}，v_{o2} は，

$$v_{o1} = -g_m(v_{i1} - v_0)R_L = -\frac{g_m R_L}{1 + 2r_o g_m}\{(1 + r_o g_m)v_{i1} - r_o g_m v_{i2}\} \tag{9.26}$$

$$v_{o2} = -g_m(v_{i2} - v_0)R_L = -\frac{g_m R_L}{1 + 2r_o g_m}\{(1 + r_o g_m)v_{i2} - r_o g_m v_{i1}\} \tag{9.27}$$

となる．したがって，差動出力電圧 $v_{o1} - v_{o2}$ は，

$$v_{o1} - v_{o2} = -g_m(v_{i1} - v_{i2})R_L \tag{9.28}$$

となり，差動利得 A_d は，

$$A_d = \frac{v_{o1} - v_{o2}}{v_{i1} - v_{i2}} = -g_m R_L \tag{9.29}$$

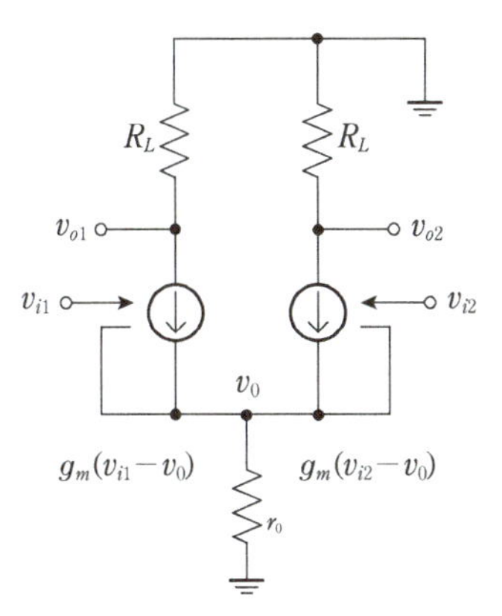

図9.8　差動増幅回路の電流源の出力抵抗 r_o を考慮した小信号等価回路

同相利得は2つの入力端をショートし，2つの出力端もショートし，入力電圧を変化させたときの出力電圧の変化から求める．

と求められる．

一方，同相出力電圧 $\dfrac{v_{o1}+v_{o2}}{2}$ は，式 (9.26) と式 (9.27) より

$$\frac{v_{o1}+v_{o2}}{2}=-\frac{g_m R_L}{2(1+2r_o g_m)}(v_{i1}+v_{i2}) \tag{9.30}$$

となり，同相利得 A_c は，

$$A_c \equiv \frac{v_{o1}+v_{o2}}{v_{i1}+v_{i2}}=-\frac{g_m R_L}{1+2r_o g_m}\approx -\frac{R_L}{2r_o} \tag{9.31}$$

と求められる．通常 $r_o \gg R_L$ にすることは容易なので，差動出力とすることで，同相信号成分は出力に現れないようにすることができる．このことは非常に重要で，入力信号に共通に重畳されたノイズを除去できるほか，温度により出力電圧が変化する温度ドリフトの影響など回路パラメータの変化を軽減することができる．

ところで，**差動増幅回路では差動利得が大きく，同相利得は小さいことが望ましい．** そこで，差動増幅回路のよさを表す尺度として，**同相除去比**（Common Mode Rejection Ratio，CMRR）が以下のように定義されている．

$$\mathrm{CMRR} \equiv \frac{A_d}{A_c} \tag{9.32}$$

式 (9.29) と式 (9.31) を用いると，

$$\mathrm{CMRR} \equiv \frac{A_d}{A_c}=1+2r_o g_m \approx 2r_o g_m \tag{9.33}$$

となり，電流源の出力抵抗 r_o が大きく，トランジスタ M_1，M_2 の相互コンダクタンス g_m が大きいほど良好な値を示す．

❖9.3 能動負荷を用いた高利得差動増幅回路

これまで説明してきた差動増幅回路においては，負荷として抵抗を用いてきた．抵抗負荷を用いた差動増幅回路の場合，負荷抵抗による電圧降下があるために，利得に限界があることはすでに述べた．しかし，増幅回路の利得は10000倍以上を必要とする場合もあり，抵抗負荷を用いた差動増幅回路では限界がある．そこで考えられたのが，図 9.9 に示す**能動負荷**を用いた**高利得差動増幅回路**である．

この回路は，入力回路は nMOS トランジスタ M_1，M_2 を用いた差動電圧電流変換回路であり，負荷が M_3，M_4 からなる pMOS トランジスタのカレントミラー回路で構成されている．バイアス状態における出力電圧を考えよう．

差動入力信号がゼロのときは，トランジスタ M_1，M_2 をバイアスしている電流 I_o が等分されて，$I_1=I_o/2$ がトランジスタ M_1 および M_3 に流れる．残りの電流 $I_2=I_o/2$

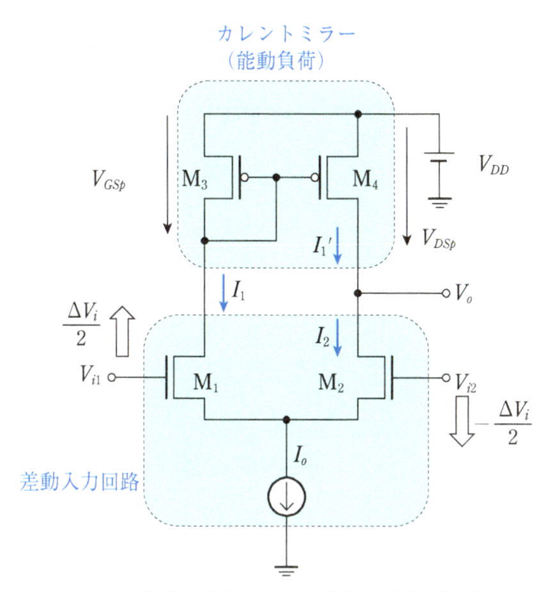

図 9.9　能動負荷を用いた高利得差動増幅回路

電流 I_1 が増えると，カレントミラーの作用で電流 I_1' も増え，電流 I_2 は減少するはずである．しかし，電流 I_1' は電流 I_2 でもある．どうなっているのだろう？

がトランジスタ M_2 を流れるが，カレントミラーの作用により M_4 を流れる電流 I_1' と電流 I_2 は等しくなければならない．このような電流関係になるのは，カレントミラー回路で説明したようにトランジスタ M_3 と M_4 のドレイン・ソース間電圧が等しい場合である．トランジスタ M_3 のドレイン・ソース間電圧はゲート・ソース間電圧 V_{GSp} であるので，トランジスタ M_4 のドレイン・ソース間電圧 V_{DSp} は，

$$V_{GSp} = V_{DSp} \tag{9.34}$$

となる．したがって，バイアス状態での出力電圧 V_o は，

$$V_o = V_{DD} - |V_{GSp}| \tag{9.35}$$

と求められる．

次に，利得を求めよう．差動入力信号が十分小さい場合は，トランジスタ M_1，M_2 の共通ソース電位は変化しないため，ソース接地回路と見なすことができる．

いま，トランジスタ M_1 のゲート電圧が $\dfrac{\Delta V_i}{2}$ だけ上昇し，トランジスタ M_2 のゲート電圧が $\dfrac{\Delta V_i}{2}$ だけ減少したとすると，MOS トランジスタの電圧変化・電流変化特性は，

$$\Delta I_D = g_m \Delta V_{GS} + g_D \Delta V_{DS} \tag{9.36}$$

と表される．トランジスタ M_1 の場合は，トランジスタ M_3 がダイオード特性を示すので，そのドレイン電圧がほとんど変化しない．よって，トランジスタ M_1 のドレイン電流の変化 ΔI_{D1} は，

$$\Delta I_{D1} \approx g_{mn} \frac{\Delta V_i}{2} \tag{9.37}$$

となる．トランジスタ M_4 のドレイン電流の変化 ΔI_{D4} は，ミラー比を1とすると，

$$\Delta I_{D4} \approx \Delta I_{D1} \approx g_{mn} \frac{\Delta V_i}{2} \tag{9.38}$$

と増加することが期待される．

一方，トランジスタ M_2 のドレイン電流の変化 ΔI_{D2} は

$$\Delta I_{D2} \approx -g_{mn} \frac{\Delta V_i}{2} \tag{9.39}$$

となり，ドレイン電流は減少すると思われる．しかし，トランジスタ M_4 のドレイン電流とトランジスタ M_2 のドレイン電流は等しいので，電流変化も等しいはずである．したがって，式 (9.38) と式 (9.39) は矛盾する．この矛盾は，トランジスタ M_2，M_4 のドレイン・ソース間電圧の変化，つまり出力電圧の変化を考えることで解消する．

ドレイン電圧の変化を考えると，式 (9.38) と式 (9.39) は，

$$\Delta I_{D4} \approx g_{mn} \frac{\Delta V_i}{2} - g_{Dp} \Delta V_o \tag{9.40}$$

$$\Delta I_{D2} = -g_{mn} \frac{\Delta V_i}{2} + g_{Dn} \Delta V_o \tag{9.41}$$

と修正される．この電流変化は等しいので，

$$\begin{aligned} &\Delta I_{D4} = \Delta I_{D2} \\ &g_{mn} \frac{\Delta V_i}{2} - g_{Dp} \Delta V_o = -g_{mn} \frac{\Delta V_i}{2} + g_{Dn} \Delta V_o \end{aligned} \tag{9.42}$$

となり，式 (9.42) を整理すると，出力電圧の変化は

$$\Delta V_o = \frac{g_{mn}}{g_{Dn} + g_{Dp}} \Delta V_i \tag{9.43}$$

となる．$g_{mn} \gg g_{Dn}$，g_{Dp} であるので，増幅された電圧が出力端に現れることが分かる．

$$g_m = \frac{2I_D}{V_{\mathrm{eff}}} \tag{9.44}$$

$$g_D = \frac{I_D}{V_A} \tag{9.45}$$

の関係を用いると，式 (9.43) は，

$$A_v = \frac{\Delta V_o}{\Delta V_i} \approx \frac{g_{mn}}{g_{Dn} + g_{Dp}} = \frac{2\dfrac{I_o}{2V_{\mathrm{eff}n}}}{\dfrac{I_o}{2V_{An}} + \dfrac{I_o}{2V_{Ap}}} = \frac{2}{V_{\mathrm{eff}n}\left(\dfrac{1}{V_{An}} + \dfrac{1}{V_{Ap}}\right)} \tag{9.46}$$

と表現することができる．$V_{An} = V_{Ap} = 10\,\mathrm{V}$，$V_{\mathrm{eff}n} = 0.2\,\mathrm{V}$ とすると，電圧利得 A_v は 50 となり，抵抗負荷に比べて大きな利得を得ることができる．

nMOS トランジスタ M_2 のゲート・ソース間電圧 V_{GSn} と pMOS トランジスタ M_4 のゲート・ソース間電圧 V_{GSp} を 4 mV ステップごとで変えたときの出力電圧 V_o とドレイン電流を図 9.10 に示す．電源電圧 V_{DD} は 2.0 V である．バイアス状態を 5 本の線の真ん中の線とすると，nMOS トランジスタ M_2 のドレイン電流と pMOS トランジスタ M_4 のドレイン電流は等しくなければならないので，2 つの線が交わる出力電圧は 1.0 V 程度となる．

V_{i1} が V_{i2} よりも高いときは，nMOS トランジスタ M_2 のゲート・ソース間電圧 V_{GSn} は減少し，pMOS トランジスタ M_4 のゲート・ソース間電圧 V_{GSp} は増加するので，出

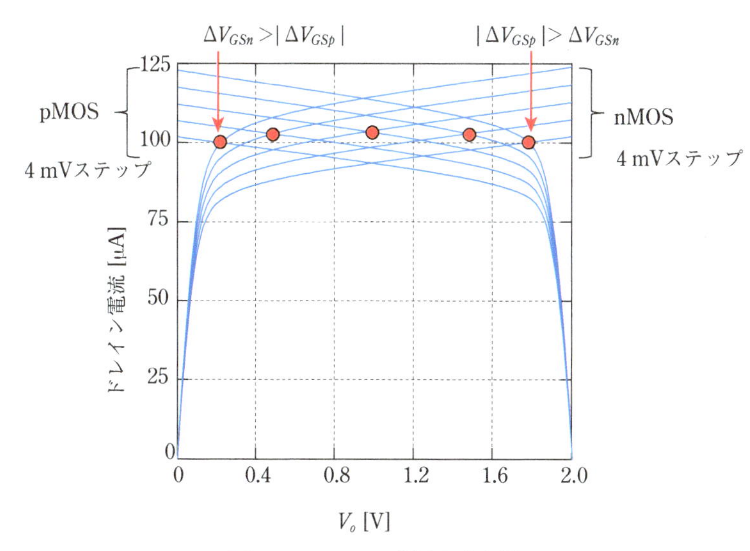

図 9.10　ドレイン電流と出力電圧

pMOS のドレイン・ソース間電圧 V_{DSp} が減ることで電流 I_1' を減らし，nMOS のドレイン・ソース間電圧 V_{DSn} を上げることで電流 I_2 を増やす．電流 I_1' は電流 I_2 と等しくなる．

力電圧 V_o は高い方に変化する．V_{i1} が V_{i2} よりも低いときは nMOS トランジスタ M_2 のゲート・ソース間電圧 V_{GSn} は増加し，pMOS トランジスタ M_4 のゲート・ソース間電圧 V_{GSp} は減少するので，出力電圧 V_o は低い方に変化する．この動作により，出力には大きな電圧変化が現れる．

演習問題

9.1 図の回路について以下の問いに答えよ．ただし，$V_{DD} = 3\,\mathrm{V}$，$R_L = 10\,\mathrm{k\Omega}$，トランジスタ M_1，M_2，M_5，M_6 のバイアス状態での $V_{\mathrm{eff}n} = 0.2\,\mathrm{V}$，$V_{Tn} = 0.5\,\mathrm{V}$
トランジスタ M_3，M_4 のバイアス状態での $|V_{\mathrm{eff}p}| = 0.4\,\mathrm{V}$，$|V_{Tp}| = 0.5\,\mathrm{V}$
トランジスタ M_6 のバイアス状態での $V_A = 5\,\mathrm{V}$，ドレイン電流は $I_o = 200\,\mathrm{\mu A}$，
トランジスタ $M_1 \sim M_4$ のドレイン抵抗は ∞ とする．

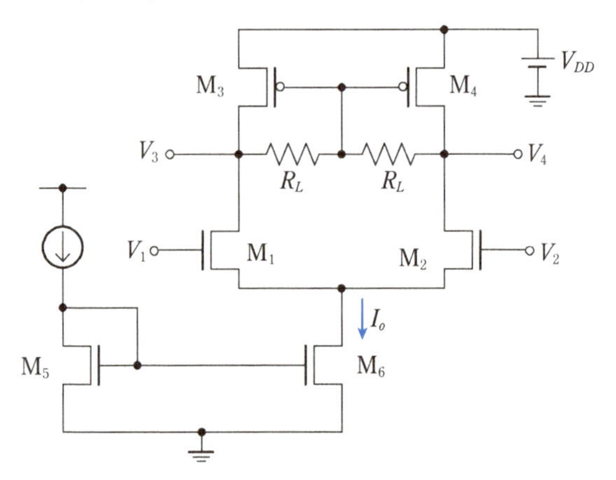

(1) $V_1 = V_2$ のときのバイアス状態における出力電圧 $V_3 = V_4$ を求めよ．

(2) 差動利得を求めよ．

(3) 同相利得を求めよ．

(4) 同相除去比(CMRR)を求めよ．

(5) 図 9.1 の抵抗負荷の差動増幅回路と比較して，この差動増幅回路にはどのような利点があるか．

9.2 図の回路について以下の問いに答えよ．ただし，トランジスタ $M_1 \sim M_6$ までのバイアス状態での $|V_{\mathrm{eff}}| = 0.2\,V$, $|V_{Tp}| = 0.5\,\mathrm{V}$，$V_{Tn} = 0.45\,\mathrm{V}$，$V_{An} = 5\,\mathrm{V}$，$|V_{Ap}| = 10\,\mathrm{V}$，$V_{DD} = 3\,\mathrm{V}$，$2I_{ss} = 200\,\mathrm{\mu A}$，トランジスタ M_1，M_2 のボディはソースに結ばれており，バックゲート効果は無視できるとする．

(1) $V_{i1} = V_{i2}$ で，すべてのトランジスタが飽和領域にあるときの電圧 V_{ob} と V_o を求めよ．

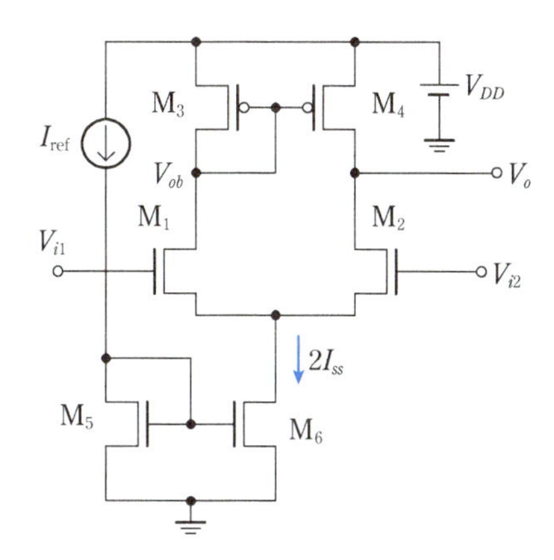

(2) バイアス状態での電圧利得 $G_V = \dfrac{V_o}{V_{i1} - V_{i2}}$ を求めよ（また計算の都合上 $g_D \approx \dfrac{I_D}{V_A}$ と近似してもよい）.

(3) 同相利得 A_c は $A_c = \dfrac{2\,\partial\,V_o}{\partial\,(V_{i1} + V_{i2})}$ で与えられるものとする．また，トランジスタ M_6 のドレインコンダクタンス g_{D6} はトランジスタ M_1，M_2 の g_m に対して，$g_{D6} \ll g_m$ の関係があると仮定する．同相利得 A_c を求めよ．

(4) M_1，M_2 のゲート電圧 V_{i1}，V_{i2} を $V_{ic} = V_{i1} = V_{i2}$ になるようにしながら，$V_{i1} = V_{i2} = 1.2\,\mathrm{V}$ から次第に電圧を下げたとき，電流 $2I_{ss}$ が急激に低化しはじめる入力コモン電圧 V_{ic} を求めよ．

第10章 負帰還回路技術

電子回路を構成するダイオード，バイポーラトランジスタ，MOS トランジスタなどの半導体素子は，温度などの動作環境変化により，そのパラメータが大きく変化する．また，半導体素子は非線形素子であるので，動作の過程で歪みや電流・電圧の揺らぎである雑音が発生する．したがって，実際の電子回路においては，安定な動作が困難になる場合が多い．

負帰還回路技術は，特性が不完全ではあるが高い利得を有する増幅器と，主として抵抗や容量などの比較的安定な受動素子から構成される減衰器を組み合わせることで，全体の特性をほぼ理想的にする技術である．負帰還回路技術を用いることにより，増幅度の安定化，雑音や歪みの抑制が図れるほか，入出力インピーダンスの制御なども行うことができる．しかし，発振や不安定性を引き起こす場合もあるので，注意が必要である．

10.1 正帰還と負帰還

図 10.1 に示すように，増幅器 A の出力を減衰器 F に通して得られた信号 Fv_2 と，入力信号の和もしくは差を，再び増幅器に入力する回路を**帰還回路**という．

このような帰還がある場合の電圧利得を求めよう．図 10.1 では，次式が成立する．

$$\begin{aligned} v_2 &= Av_i \\ v_i &= v_1 \pm Fv_2 \end{aligned} \tag{10.1}$$

したがって，v_i を消去して電圧利得 G を求めると，

$$G = \frac{v_2}{v_1} = \frac{A}{1 \mp AF} \tag{10.2}$$

となる．ただし，複号(±)は図 10.1 と同順である．図 10.1 で正号(+)をとる場合を

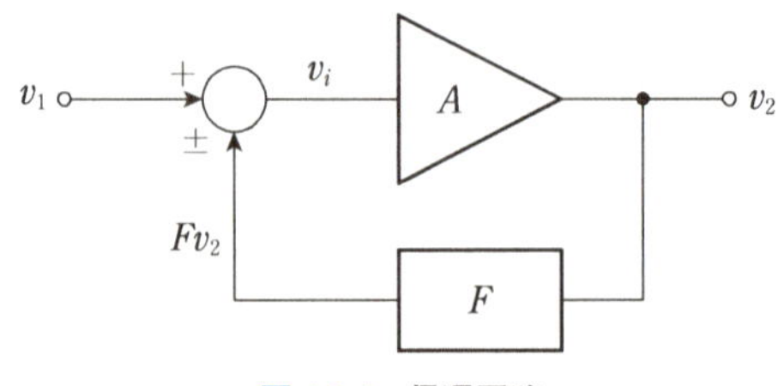

図 10.1　帰還回路

正帰還，負号(−)をとる場合を**負帰還**という．

正帰還は $AF \geq 1$ において回路が不安定となるため，発振器やラッチ以外にはあまり用いられず，通常の増幅回路では負帰還が用いられる．

負帰還の場合，

$$AF \gg 1 \tag{10.3}$$

とすると，式 (10.2) は，

$$G \approx \frac{A}{AF} = \frac{1}{F} \tag{10.4}$$

となり，増幅器とは無関係に減衰器の**減衰量**(**帰還係数**) F で電圧利得が決定される．したがって，抵抗や容量などの比較的安定な受動素子により減衰器を構成することで，高精度で安定な増幅を行うことができる．

10.2 負帰還の効果

負帰還回路技術を増幅器に導入すると，利得変動の抑制，周波数帯域の拡大，雑音や歪みの低減などを図ることができる．

10.2.1 利得変動の抑制

負帰還回路を構成する増幅器 A の利得は変動するので，全体の利得がこの変動の影響を受けないようにすることが望まれる．負帰還の効果を見るため，**素子感度** $S_A{}^G$ を以下のように定義する．

$$S_A{}^G \equiv \lim_{\Delta A \to 0} \frac{\dfrac{\Delta G}{G}}{\dfrac{\Delta A}{A}} = \frac{A}{G} \cdot \frac{dG}{dA} \tag{10.5}$$

式 (10.5) を式 (10.2) に当てはめると，

$$S_A{}^G = \frac{1}{1 + AF} \tag{10.6}$$

が得られる．通常 $AF \gg 1$ であるので，素子感度は極めて小さい値になる．このよう

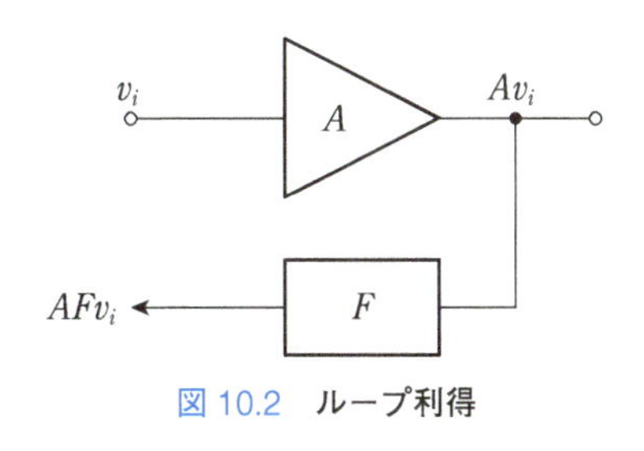

図 10.2 ループ利得

に利得変動の抑制は AF に依存している．

図 10.2 に示すように，AF は増幅器の入力から減衰器 F の出力までの負帰還回路を一巡する利得であり，これを**ループ利得**と呼ぶ．ループ利得は負帰還回路の諸特性を決定する非常に重要な指標である．

10.2.2 周波数帯域の拡大

負帰還回路を用いることにより，安定に増幅できる周波数帯域が拡大する．負帰還を用いない場合の増幅器の周波数特性と，負帰還を用いる場合の増幅器の周波数特性を図 10.3 に示す．負帰還を用いると，ループ利得 AF の分だけ利得は減少するが，利得が一定である周波数帯域はループ利得 AF 分だけ拡大することが分かる．

この効果は，式 (10.2) の負帰還における利得 A を 1 次の低域通過フィルタ型にすることで算出できる．つまり，

$$A \to A\,(s) = \frac{A_0}{1 + \dfrac{s}{\omega_c}} \tag{10.7}$$

に置き換える．ここで，A_0 は低域での利得，ω_c は増幅器 A の低域遮断角周波数である．したがって，系全体の利得 G は，

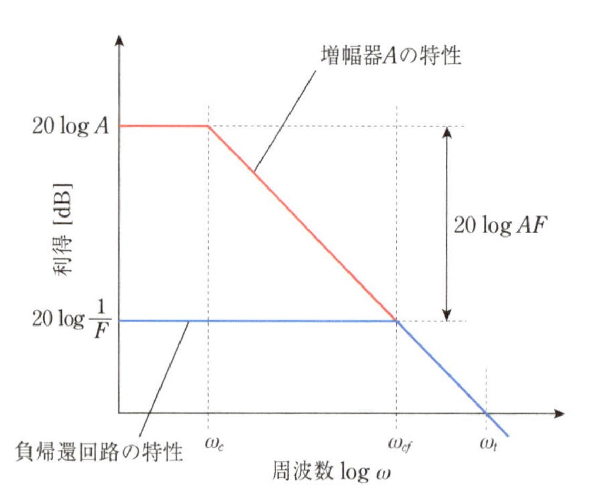

図 10.3　**負帰還と回路の周波数特性**

負帰還回路の利得は $1/F$ になるが，高い周波数帯域でのループ利得 AF は減っている．このため高い周波数の歪み特性は劣化しやすい．

$$G(s)=\frac{A(s)}{1+A(s)F}=\frac{1}{F}\frac{1}{1+\dfrac{1}{A(s)F}}=\frac{1}{F}\frac{1}{1+\dfrac{1}{A_0F}+\dfrac{s}{A_0F\omega_c}}$$

$$\approx\frac{1}{F}\frac{1}{1+\dfrac{s}{A_0F\omega_c}} \tag{10.8}$$

となり，利得 G の帯域はループ利得倍されて高帯域側に拡大する．

10.2.3 雑音や歪みの低減

第7章で述べたように，増幅器は必要な信号を増幅するだけでなく，歪みや雑音などの不要な信号を発生させる．負帰還回路には，負帰還ループ内で発生したこれらの不要な信号を抑制する働きがある．

図 10.4 にその様子を示す．なお，この効果を明確にするために増幅器 A を増幅器 A_1 と増幅器 A_2 の直列接続されたものとする．

図 10.4 において，歪みや雑音源を入力信号 v_{in} に直接加わる v_{n1}，増幅器 A_1 の出力信号に直接加わる v_{n2}，出力信号 v_{out} に直接加わる v_{n3} に分ける．このとき次式が成り立つ．

$$v_{out}=v_{n3}+A_2\{v_{n2}+A_1(v_{n1}+v_{in}-Fv_{out})\} \tag{10.9}$$

したがって，出力信号は，

$$v_{out}=\frac{A_1A_2}{1+A_1A_2F}(v_{in}+v_{n1})+\frac{A_2}{1+A_1A_2F}v_{n2}+\frac{1}{1+A_1A_2F}v_{n3}$$

となる．ここで，$A_1A_2F\gg1$ と仮定すると，

$$v_{out}\approx\frac{1}{F}\left(v_{in}+v_{n1}+\frac{1}{A_1}v_{n2}+\frac{1}{A_1A_2}v_{n3}\right) \tag{10.10}$$

が得られる．もともと負帰還により出力電圧 v_{out} は $\dfrac{v_{in}}{F}$ が期待できるので，残りの信

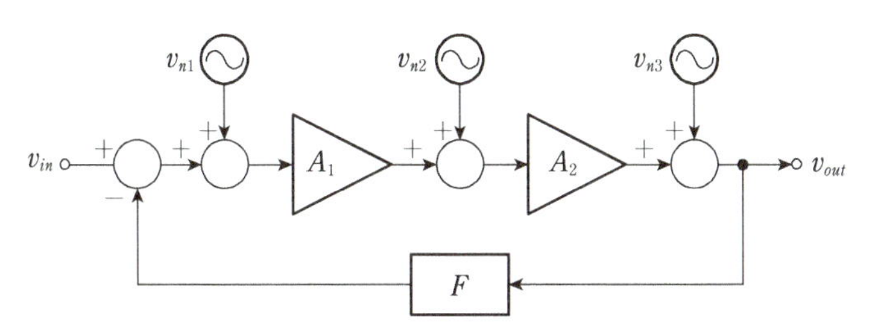

図 10.4　負帰還回路の歪みと雑音

号成分は不要な信号である．

式 (10.10) から分かるように，帰還回路の後段で発生する歪みや雑音は増幅器により十分に抑圧される．ただし，中間で発生する歪みや雑音は効果が弱くなり，入力部で発生する歪みや雑音に対してはまったく効かないことが分かる．このため負帰還を用いた多段増幅器においては初段の雑音や歪みが全体の特性を決めることが多く，設計にあたっては十分な注意が必要である．

❖10.3　負帰還の種類

負帰還のかけ方には，出力からの帰還信号の取り出し方(**直列**か**並列**)と，入力への帰還の仕方(**電圧**か**電流**)により 4 種類があり，それぞれ入力インピーダンス，出力インピーダンスが変化する．

4 種類の負帰還回路と入出力インピーダンス Z_{in}，Z_{out} を図 10.5 に示す．ただし，図 10.5 において，

(a)　**直列-直列帰還**では，A は電圧-電流変換係数(相互コンダクタンス)
(b)　**並列-直列帰還**では，A は電流増幅率
(c)　**直列-並列帰還**では，A は電圧増幅率
(d)　**並列-並列帰還**では，A は電流-電圧変換係数(トランスインピーダンス)

である．

(a)(b)では出力インピーダンス Z_{out} を $(1+AF)$ 倍し，(c)(d)では出力インピーダンス Z_{out} を $1/(1+AF)$ 倍にする効果を持つ．

ことばの定義がややこしいので，念のために帰還方法を以下のように整理する．

(a)　直列-直列帰還：出力電流の F 倍を電圧として入力に帰還する
(b)　並列-直列帰還：出力電流の F 倍を電流として入力に帰還する
(c)　直列-並列帰還：出力電圧の F 倍を電圧として入力に帰還する
(d)　並列-並列帰還：出力電圧の F 倍を電流として入力に帰還する

入出力インピーダンスの変化の様子を直列-並列帰還回路を例に説明する．図 10.6 に示す等価回路を用いて，入力インピーダンスを求めよう．入力側では次式が成立する．

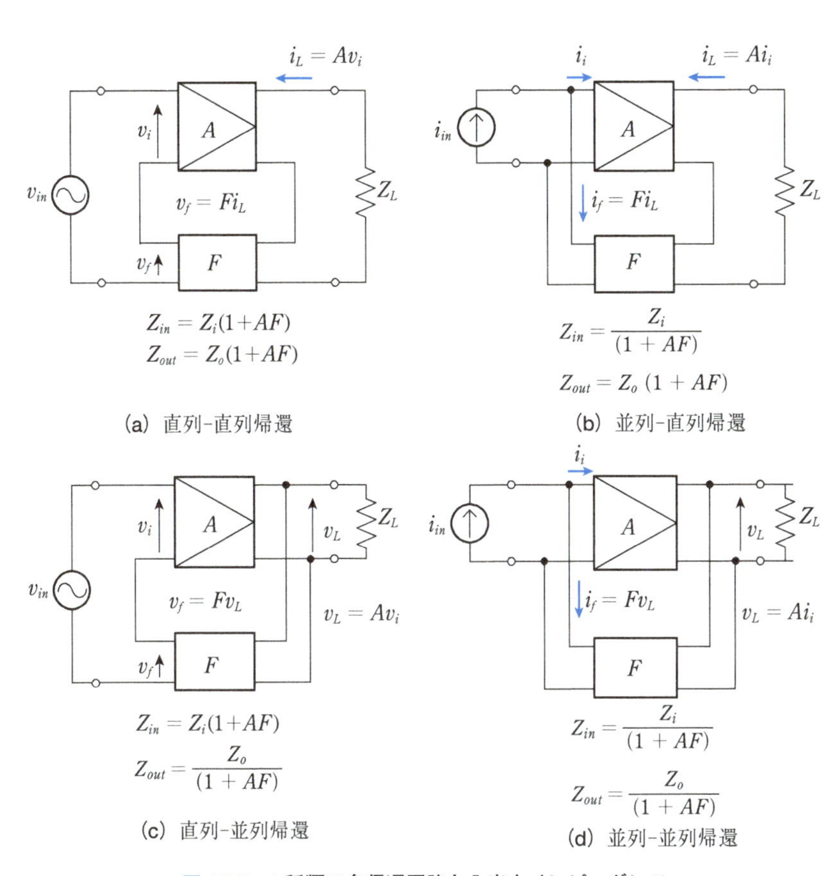

図 10.5　4 種類の負帰還回路と入出力インピーダンス

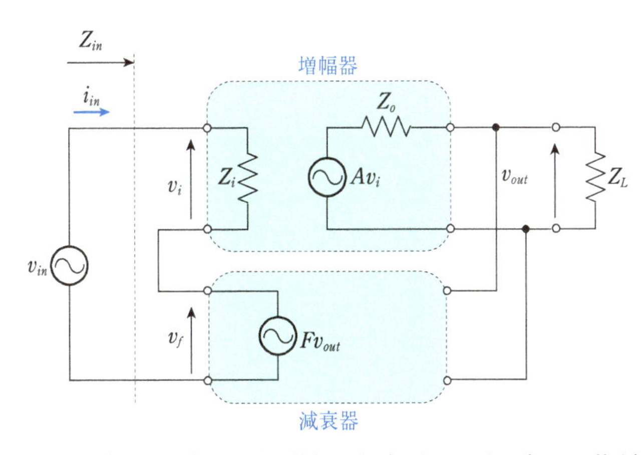

図 10.6　直列-並列帰還回路の等価回路（入力インピーダンスの算出）

$$v_{in} = v_i + Fv_{out}$$
$$v_i = i_{in} Z_i \tag{10.11}$$

また，出力側では次式が成立する．

$$v_{out} = \frac{Z_L}{Z_o + Z_L} A v_i \tag{10.12}$$

したがって，入力インピーダンスは，

$$Z_{in} = \frac{v_{in}}{i_{in}} = Z_i \left(1 + \frac{Z_L}{Z_o + Z_L} AF\right) \approx Z_i (1 + AF) \tag{10.13}$$

となる（ただし $Z_o \ll Z_L$ と仮定）．このように直列-並列帰還回路では，入力インピーダンスは (1 + ループ利得) 倍される．これは，信号源電圧が増加すると，負帰還により増幅器の入力端子間に印加される電圧の変化が抑制され，流れる電流が変化しにくくなり，インピーダンスが上昇するからである．

次に，図 10.7 に示す等価回路を用いて，出力インピーダンスを求めよう．

$$v_i = -Fv_{out}$$
$$v_{out} = Av_i + i_{out} Z_o \tag{10.14}$$

となるので，出力インピーダンスは，

$$Z_{out} = \frac{v_{out}}{i_{out}} = \frac{Z_o}{1 + AF} \tag{10.15}$$

となる．このように，直列-並列帰還回路では，出力インピーダンスは 1／(1 + ループ利得) 倍される．これは，出力の負荷インピーダンス Z_L が減少し，出力電圧が低下すると，入力に帰還される電圧が減少し，出力電圧の低下を食い止めようとするからである．

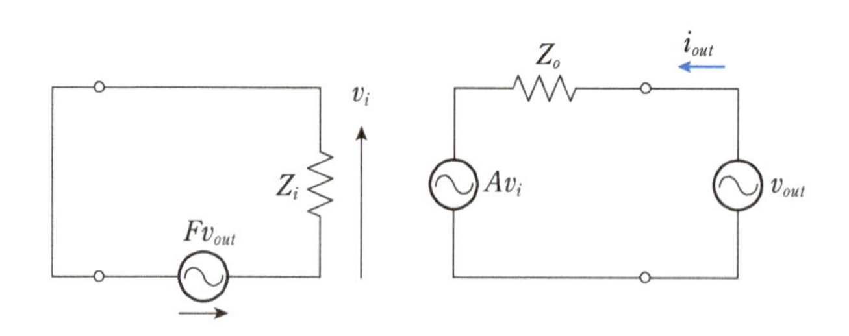

図 10.7　直列-並列帰還回路の等価回路（出力インピーダンスの算出）

❖10.4 帰還容量を有する増幅回路

6.2節において，帰還容量が存在すると，ミラー効果により入力容量が増大することを述べた．ただし，6.2節では利得は周波数特性を持たないと仮定した．ここでは，図10.8(a)に示すようにトランジスタのゲート・ドレイン間に帰還容量Cがあるソース接地増幅回路の場合を解析してみよう．

図10.8(b)に示す小信号等価回路において，ゲートおよびドレインにキルヒホッフの法則を適用すると，

$$\begin{aligned}&(v_1 - v_G)G_s + (v_2 - v_G)sC = 0\\&(v_2 - v_G)sC + g_m v_G + v_2 G_L = 0\end{aligned} \tag{10.16}$$

が得られ，これよりv_Gを消去すると，電圧利得$A_v(s)$は

$$A_v(s) = \frac{v_2}{v_1} = -g_m R_L \frac{1 - \dfrac{s}{\omega_z}}{1 + \dfrac{s}{\omega_p}} \tag{10.17}$$

となり，1つのポールと1つのゼロを有する特性となる．ここで，

$$\begin{aligned}&\omega_p = \frac{1}{C\{R_L + R_s(1 + g_m R_L)\}} = \frac{1}{C\{R_L + R_s(1 + A_{v0})\}}\\&\omega_z = \frac{g_m}{C}\end{aligned} \tag{10.18}$$

である．入力側の抵抗であるR_sと帰還容量Cで形成される時定数がミラー効果により$1 + A_{v0}$倍されている．ここで，A_{v0}は周波数がゼロのときの利得，つまりDC利得である．

角周波数がゼロ角周波数よりも高いときの利得は，

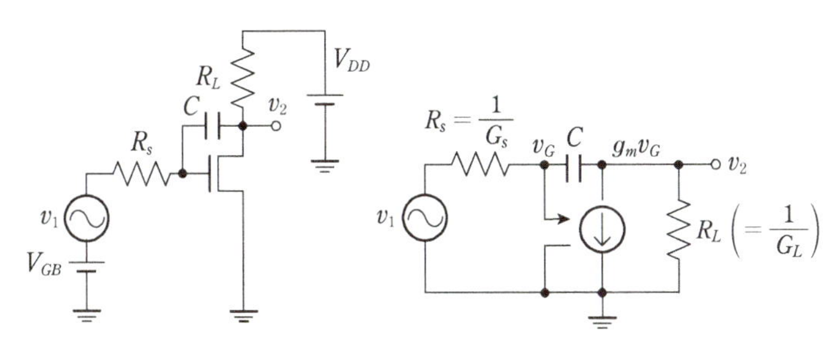

(a) ソース接地増幅回路　(b) 小信号等価回路

図10.8 帰還容量を有するソース接地増幅回路

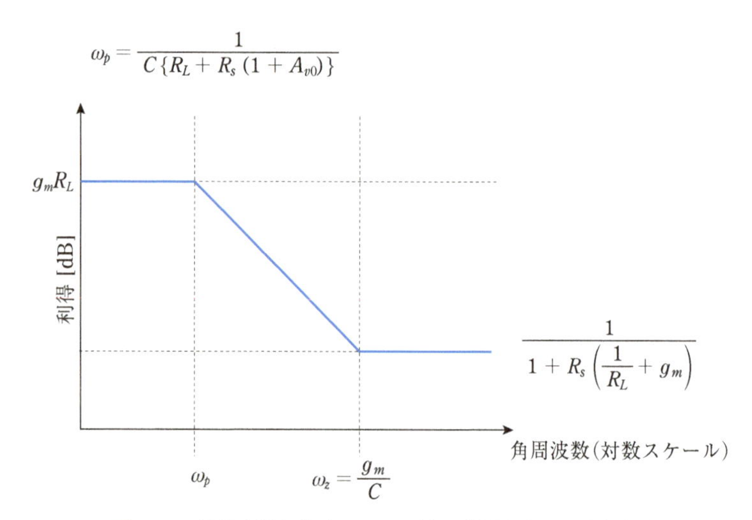

図 10.9　帰還容量を有するソース接地増幅回路の周波数特性

$$|A_v(\omega = \infty)| \equiv g_m R_L \left| \frac{\dfrac{s}{\omega_z}}{\dfrac{s}{\omega_p}} \right| = g_m R_L \frac{\omega_p}{\omega_z} = \frac{R_L}{R_L + R_s(1 + A_{vo})}$$

$$= \frac{1}{1 + \dfrac{R_s}{R_L}(1 + A_{vo})} = \frac{1}{1 + R_s\left(\dfrac{1}{R_L} + g_m\right)} \qquad (10.19)$$

となる．図 10.9 に示すように，周波数特性はポール角周波数が低く，ゼロ角周波数が高い特性となり，ゼロ角周波数より高い周波数では利得は1以下で，高い周波数でも一定の利得となる．

ゼロができるのは，周波数が高くなると出力端を流れる電流が MOS トランジスタの相互コンダクタンスによる電流から帰還容量 C を流れる電流に切り替わるためと考えられる．

ゼロ角周波数より高い周波数では，帰還容量のインピーダンスはゼロ，つまりショートしたものとしてよいので，式 (10.19) に示すように入力信号を抵抗で分圧した値となる．

❖10.5　負帰還回路の安定性

負帰還回路の利得は式 (10.2) に示したように，

$$G = \frac{A}{1 + AF}$$

で与えられる．しかし，増幅器 A や帰還係数 F が周波数特性を持ち，ループ利得 AF が $AF = -1$ になると発振してしまい，不安定になる．AF が負になるのは位相が 180° 変化しているということであり，負帰還回路が安定に動作するためには AF の位相が 180° になる周波数において $|AF| < 1$ である必要がある．

10.5.1　ナイキストの安定判別法

制御理論では負帰還回路の安定性に関して**ナイキストの安定判別法**が知られている．すなわち，「ループ利得の伝達関数 $AF(s)$（一巡伝達関数ともいう）が安定の場合，周

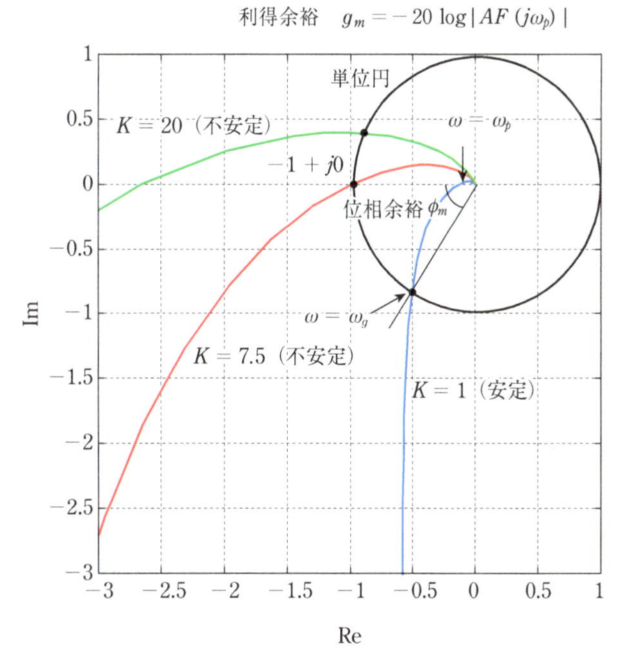

図 10.10　**ナイキスト軌跡**

ナイキスト軌跡が $-1 + j0$ の点をつねに左に見ながら進めば安定である．ナイキスト軌跡が単位円と交わった点の 180° からの位相差を位相余裕，位相が 180° をとったときの利得が 1 に対してどの程度低いかを利得余裕と呼ぶ．

波数をゼロから∞まで増加させるときにループ利得の伝達関数 $AF(s)$ がつねに $-1+j0$ を左に見ながら進むのであれば，負帰還回路は安定である」という定理である．

今，ループ利得の伝達関数 $AF(s)$ として以下の3次遅れの系を考えよう．$K=1$, 7.5, 20のときの**ナイキスト軌跡**を図10.10に示す．

$$AF(s)=\frac{2K}{s(1+0.2s)(1+0.1s)} \tag{10.20}$$

図10.10において，$K=1$ における軌跡はすべての周波数において，点 $-1+j0$ を左に見ているので安定である．$K=7.5$ では，点 $-1+j0$ を右手に見ながら，しかもその上を通過しているので不安定で，定常発振する．$K=20$ では，点 $1+j0$ 上を通過するわけではないが，点 $-1+j0$ を右手に見ながら進むので不安定であり，信号の歪みなどによる利得の低下で容易に発振状態に陥ることを意味している．

安定状態においても，軌跡が発振を引き起こす点 $-1+j0$ からどのくらい離れているかにより，セットリングなどの応答の安定性が変わる．定常発振はループ利得の絶対値が1で位相が180°のときに引き起こされるので，絶対値利得が1のときの周波数 ω_g における180°からの位相差を**位相余裕** ϕ_m と呼ぶ．

また，位相が180°をとったときの利得が1に対して何分の1になっているかを**利得余裕** g_m と呼び，次式で表される．一般的には位相余裕は60°以上，利得余裕は10 dB以上が応答の安定性の目安となる．

$$g_m=-20\log|AF(j\omega_p)| \tag{10.21}$$

10.5.2 誤差伝達関数を用いた安定性の確認

負帰還回路の効果や安定性の評価に関しては，**誤差伝達関数**を用いた方法が有効である．図10.11に示す負帰還回路を出力のノイズ（制御理論では外乱ともいう）を考慮して伝達関数を求めると，

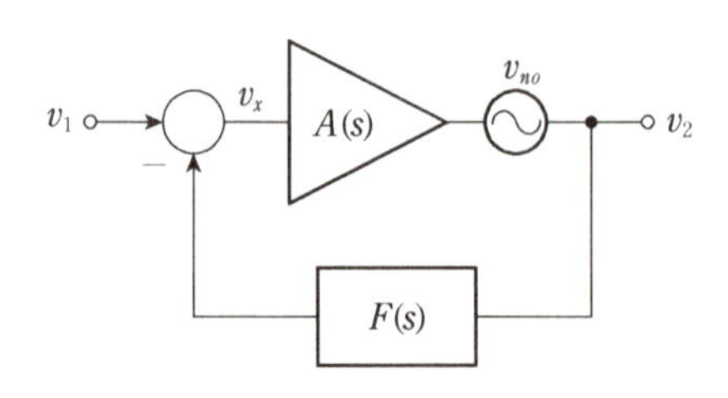

図10.11　負帰還回路

$$v_2 = v_{no} + v_x A(s)$$
$$v_x = v_1 - F(s) v_2 \tag{10.22}$$

これより，

$$v_2 = \frac{A(s)}{1 + A(s)F(s)} v_1 + \frac{1}{1 + A(s)F(s)} v_{no} \tag{10.23}$$

が得られる．式 (10.23) において第1項は入出力信号間の伝達関数を示し，第2項は出力ノイズに対する伝達関数を示している．

第1項はすでに述べたように $A(s)$ が十分大きければ $1/F(s)$ となる．通常 $F(s)$ は定数であり，負帰還回路の利得となる．第2項も $A(s)F(s)$ が十分大きければ出力ノイズが出力端に現れにくいことを意味している．第1項を**信号伝達関数**，第2項を**誤差伝達関数**（もしくは**ノイズ伝達関数**）と呼んでいる．この概念はフィルタ，ΔΣ 型 A/D 変換器，PLL などで重要な概念である．

ところで，増幅器の入力端電圧 v_x は，式 (10.22) において $v_{no} = 0$ とすることで以下のように得られる．

$$v_x = \frac{1}{1 + A(s)F(s)} v_1 \tag{10.24}$$

したがって，増幅器の入力端電圧 v_x を評価すれば誤差伝達関数が得られるほか，信号伝達関数の分母項が純粋に現れるので，安定性を評価することができる．

図 10.12 の誤差伝達関数の周波数特性は図 10.10 に示したものを基本として，シミュレーションの都合上，周波数を 10^6 倍にしている．

$K = 1$ では位相は 90° から 0° に変化し，周波数が低いときは十分な減衰が得られている．周波数が上がると利得は正となり，3 dB 程度のピークを持つ．位相余裕が 60° 程度ではピークの利得は 3 dB 程度であり，応答の安定性の目安となる．

$K = 7.5$ では定常発振を引き起こす．利得は急峻なピークを有し，位相はいったん正の方向に変化し，共振点で急激に変化して 0° に向かって収束する．

$K = 20$ では利得のピークはやや穏やかであるが，位相は正の方向に変化し，360° に達する．このような場合も回路は不安定であることに留意すべきである．図 10.10 と対比して理解を深めてほしい．

誤差伝達関数を用いた安定性の確認は負帰還回路設計の1つの方法である．次に述べるボード線図を用いた方法の方が利得余裕や位相余裕は容易に得られやすいが，ボード線図を用いた方法は負帰還のループを切断する必要があるため，実際の設計では動作検証を行いにくいという課題がある．したがって，設計はボード線図を用いて行い，検証は誤差伝達関数を用いた方法で行うことを推奨する．

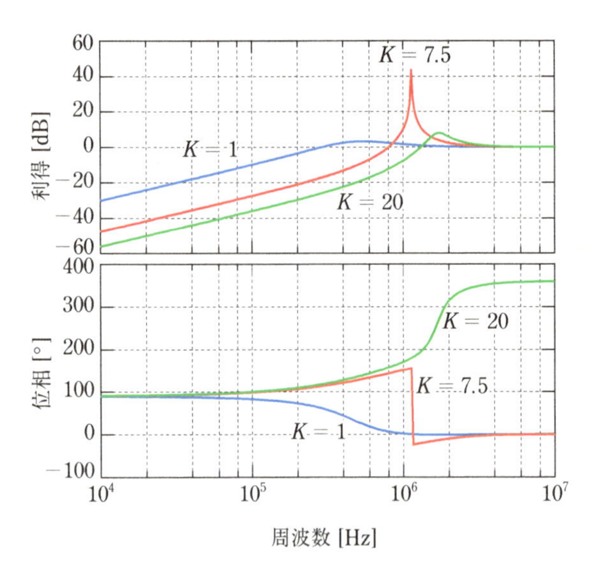

図 10.12　誤差伝達関数の周波数特性

誤差伝達関数を用いることで負帰還ループを切断しないで安定性を検証することができる.

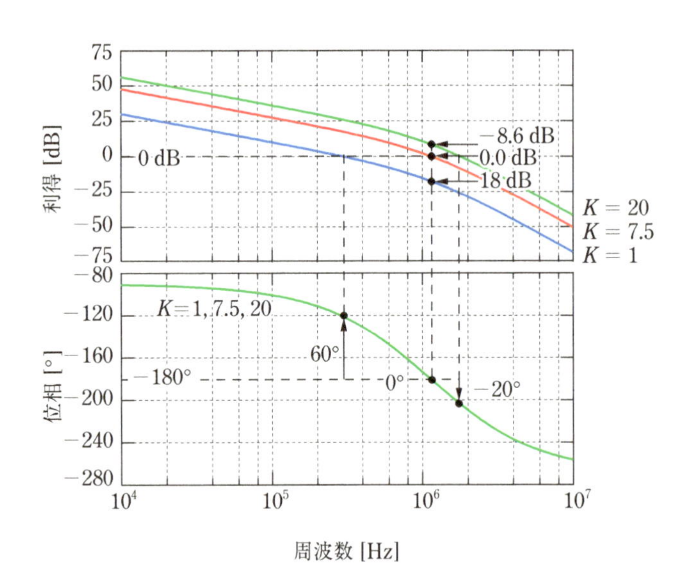

図 10.13　ループ利得の周波数特性

10.5.3 ボード線図を用いた負帰還回路の設計

ループ利得 $A(s)F(s)$ を直接用いて安定性を検討するにはボード線図が用いられる．図 10.13に式 (10.20) を基本として，周波数を 10^6 倍し $K=1$, 7.5, 20としたときのボード線図を示す．

$K=1$ では位相余裕が60°，利得余裕が18 dB，$K=7.5$ では位相余裕が0°，利得余裕が0.0 dB，$K=20$ では位相余裕が $-20°$，利得余裕が -8.6 dB である．つまり，この回路では安定性の確保のためにはDC利得を1程度まで下げる必要があることが分かる．

10.5.4 演算増幅器の位相補償方法

具体的な演算増幅器の位相補償方法について述べる．はじめに，ループ利得 $FA(s)$ を次式に示す3次遅れ系のポールを有する回路系で近似する．

$$A\ (s)\ F=\frac{A_0 F}{\left(1+\dfrac{s}{\omega_{p1}}\right)\left(1+\dfrac{s}{\omega_{p2}}\right)\left(1+\dfrac{s}{\omega_{p3}}\right)} \tag{10.25}$$

ここで，A_0F は十分低い周波数におけるループ利得である．

位相補償が不十分な回路の周波数特性とステップ応答を図 10.14に示す．DC利得

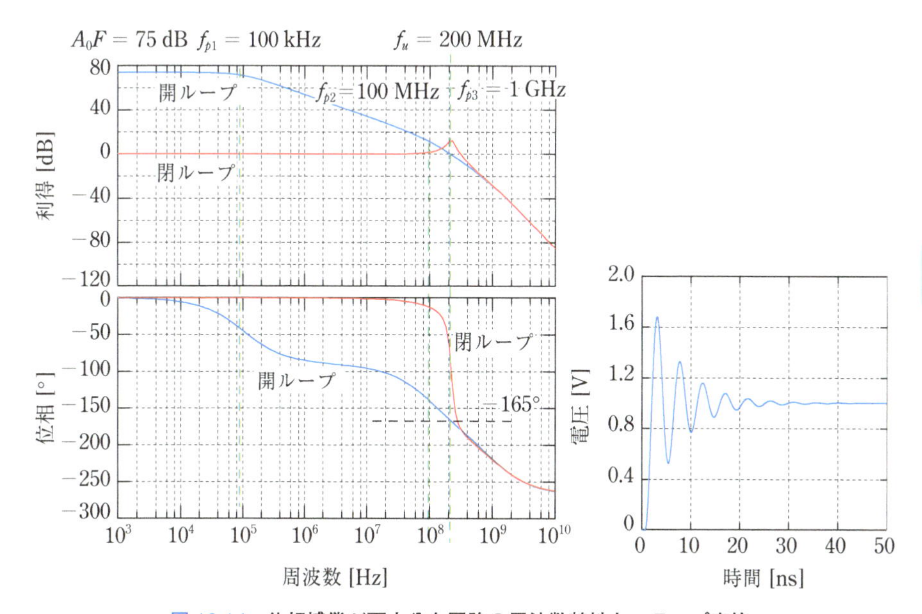

図 10.14 位相補償が不十分な回路の周波数特性とステップ応答

位相補償が不十分のときは閉ループの周波数特性にピークが現れステップ応答は振動する．

A_0Fは75 dB，第1ポール周波数f_{p1}は100 kHz，第2ポール周波数f_{p2}は100 MHz，第3ポール周波数f_{p3}は1 GHzである．この回路の利得が1になる周波数f_uは200 MHzであり，第2ポール周波数f_{p2}はf_uよりも低い．第3ポールの影響が軽微であるとすると，第2ポール周波数での位相は$-135°$程度である．このときの位相余裕は45°であるので，位相余裕はこれより低下する．図では位相余裕は15°程度であり不十分である．また利得余裕は6 dB程度である．このためステップ応答は図のように激しいリンギングを引き起こし，セットリング時間が著しく増大している．図10.14では閉ループのときの周波数特性を併せて示しているが，ループ利得が1近傍で利得にピークが出ており，急激な位相変化を引き起こしている．

次に，位相補償を行ったときの回路の周波数特性とステップ応答を図10.15に示す．DC利得A_0Fは75 dB，第1ポール周波数f_{p1}は10 kHzに引き下げている．第2，第3ポール周波数は同一である．この回路のf_uは50 MHzと低下し，第2ポール周波数f_{p2}はf_uよりも2倍程度高い．したがって，位相余裕は60°程度確保できる．また，利得余裕は25 dB程度である．このためステップ応答は図のようにオーバーシュートが少なくセットリング時間も短い．閉ループのときの利得特性は大きなピークが少なく穏やかである．通常の演算増幅器の位相補償はこのように第1ポール周波数を下げて，

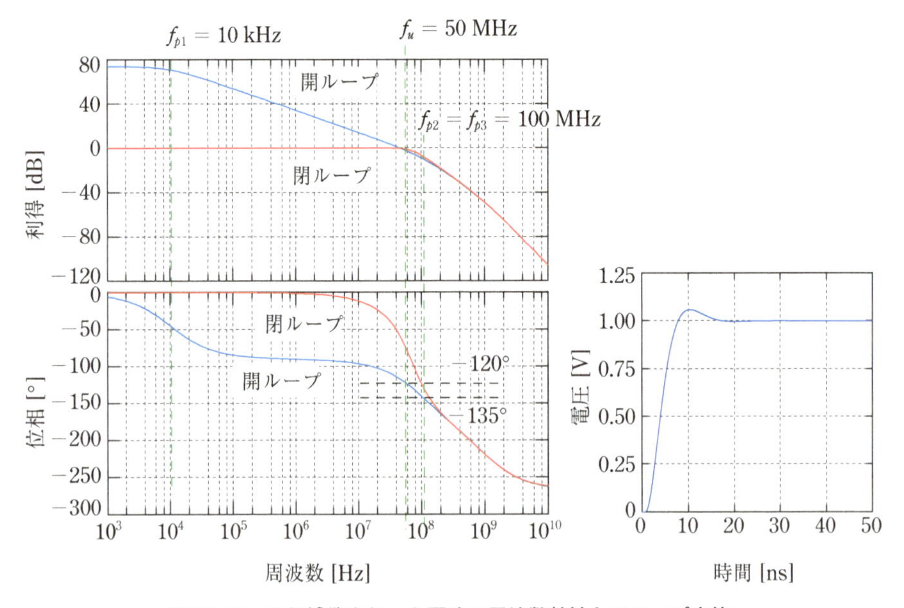

図10.15　位相補償を行った回路の周波数特性とステップ応答
位相補償が十分のときは閉ループの周波数特性にピークが現れずステップ応答は収束する．

第2ポール周波数近傍での利得を十分に下げることにより行われる．

この方法では，

$$f_u < \frac{f_{p2}}{2} \tag{10.26}$$

が位相補償の目安となる．このときに約60°の位相余裕が実現できる．

しかし，この方法では利得帯域幅積である f_u を下げるため応答特性は劣化する．そこで，より応答特性を向上させる位相補償方法として**フィードフォワード補償**もしくは**ゼロ点挿入による補償**が行われる．ループ利得は次のようになる．

$$A(s)F = \frac{A_0 F\left(1+\dfrac{s}{\omega_z}\right)}{\left(1+\dfrac{s}{\omega_{p1}}\right)\left(1+\dfrac{s}{\omega_{p2}}\right)\left(1+\dfrac{s}{\omega_{p3}}\right)} \tag{10.27}$$

ここで，ω_z はゼロ角周波数である．

いま，ゼロ周波数 f_z を第2ポール周波数 f_{p2} の2.5倍程度にとり，第1ポール周波数 f_{p1} を100 kHzにとったときの周波数特性とステップ応答を図10.16に示す．ゼロ点の挿入により第2ポール周波数近傍で位相変化が進まず $-125°$ 近傍に留まっている．この間に利得は低下するので十分な位相余裕を得ることができる．このため f_u は250 MHzと，第1ポールを下げて位相補償を行ったものに比べ5倍程度に向上している．また，

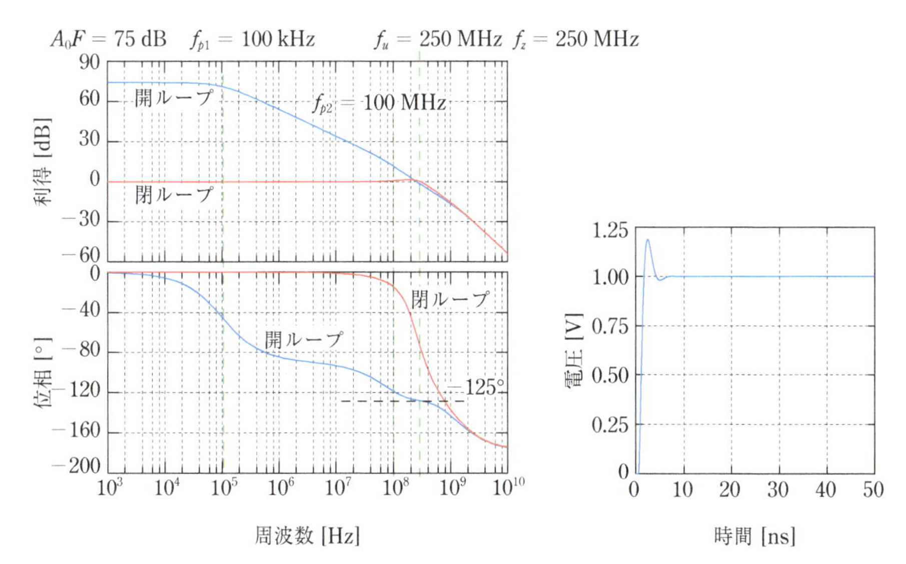

図10.16　ゼロ点挿入による位相補償を行った回路の周波数特性とステップ応答
ゼロ点挿入による位相補償を用いたときは応答が速く，ステップ応答はすぐに収束する．

位相余裕も55°程度確保できている．このためステップ応答も高速に応答し，セットリング時間も短くなっている．

演習問題

10.1 図(a)の負帰還回路で，次の問いに答えよ．ただし，Z_Lは図(b)のように負荷抵抗R_Lと寄生容量C_Sの並列接続とする．また，$R_f \gg R_L$，R_sという近似を用いよ．

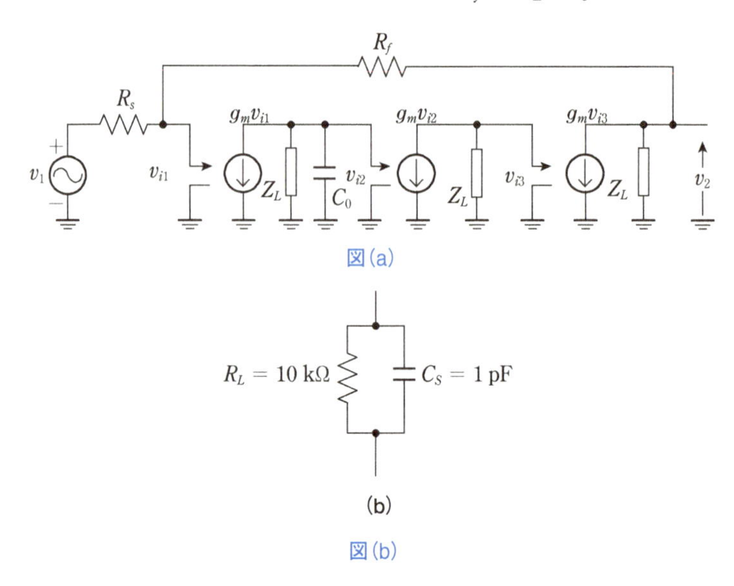

図(a)

(b)

図(b)

(1) $C_0 = 0$の場合，次の問いに答えよ．

(a) 電圧利得$G = \dfrac{v_2}{v_1}$をZ_Lを用いて求め(数値を入れず式で表すこと)，直流におけるGの値(数値)を求めよ．

(b) ループ利得の位相が$-180°$変化する周波数f_1を求めよ．ただし，逆相増幅回路の負号は除いた位相回転を考えるものとする．

ヒント：1段あたりの位相回転とその周波数を考えよ．

(c) (b)で求めた周波数におけるループ利得を求め，回路が不安定であることを示せ．

(2) $C_0 = 10\ \mathrm{nF}$の場合，ループ利得の位相が$-180°$変化する周波数f_2と，そのときのループ利得の値を求め，安定性を調べよ．

ヒント：f_2では，1段目の位相はほとんど$-90°$変化すると見なせる．

(3) $C_0 = 0$の場合と$C_0 = 10\ \mathrm{nF}$の場合について，$|AF|$の周波数特性の概略をボード線図で示せ．ただし，$R_s = 10\ \mathrm{k\Omega}$，$R_f = 1\ \mathrm{M\Omega}$，$R_L = 10\ \mathrm{k\Omega}$，$g_m = 10\ \mathrm{mS}$，

$C_S = 1\text{pF} = 10^{-12}\,\text{F}$ とする．

10.2 図に示した並列-並列帰還回路において，Z_i を増幅器の入力インピーダンス，Z_o を出力インピーダンス，A を電圧利得，F を出力電圧 v_o を電流 i_f に変換する相互コンダクタンス($i_f = Fv_o$)とする．このとき，この並列-並列帰還回路の入力インピーダンス Z_i，出力インピーダンス Z_o，入力信号電流 i_i から出力電圧 v_o に変換する等価インピーダンス Z_e を求めよ．

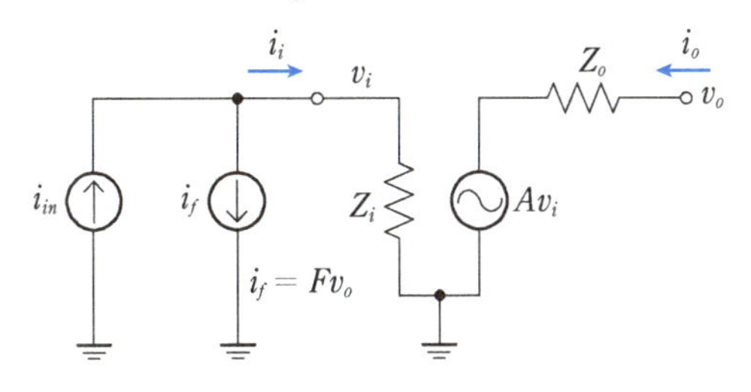

10

第11章 演算増幅器

演算増幅器は，直流信号の増幅が可能であり，利得が極めて高いという特徴を持つ増幅器であり，集積回路技術で実現される．負帰還回路技術を用いて，この演算増幅器を使用することにより，高精度で動作環境の変化に強い安定した増幅ができるほか，加算器，減算器，積分器などの回路が実現できる．よって，現在のアナログ電子回路の基本的な技術といえる．CMOS 演算増幅器については次章で述べることとし，本章では，演算増幅器をブラックボックスとして取り扱ったときの回路特性について説明する．

11.1 演算増幅器の基本特性

図 11.1 に示すように，**演算増幅器**は基本的には2つの入力端子と1つの出力端子を持ち，2つの入力端子に加えられた信号を増幅する回路である．入力端子①（+ 符号の端子）を**非反転（正相）入力端子**，入力端子②（− 符号の端子）を**反転（逆相）入力端子**と呼ぶ．

この回路に入力電圧 v_1，v_2 を加えると，出力電圧 v_o は，

$$v_o = A_d\,(v_1 - v_2) + A_c\left(\frac{v_1 + v_2}{2}\right) \tag{11.1}$$

となる．このとき，A_d は差動利得，A_c は同相利得である．また，A_c と A_d の比を同相除去比（CMRR）ということはすでに述べた．すなわち，以下のようになる．

$$\mathrm{CMRR} = \frac{A_d}{A_c} \tag{11.2}$$

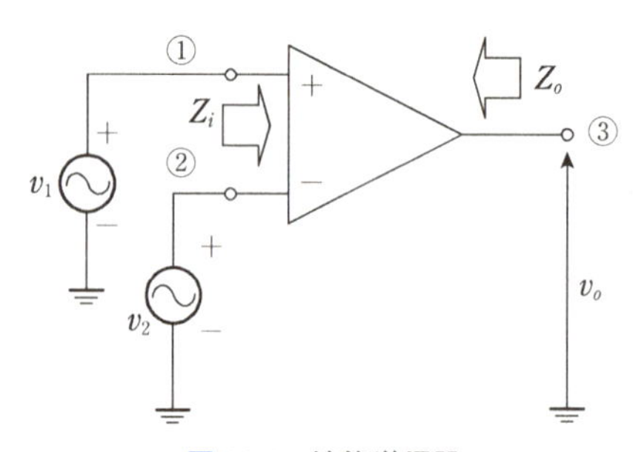

図 11.1　演算増幅器

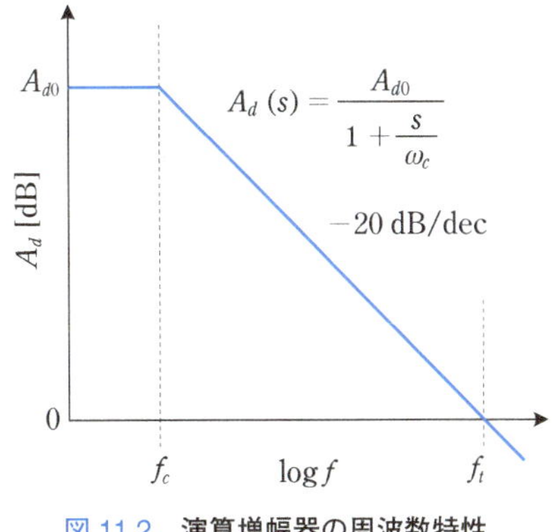

図 11.2　**演算増幅器の周波数特性**

また，図 11.2 に示すように，周波数特性については 1 次遅れ系のポールを有する回路で近似できることが多い．よって，周波数特性は，

$$A_d\,(s) = \frac{A_{d0}}{1+\dfrac{s}{\omega_c}} \tag{11.3}$$

と表される．ここで，A_{d0} は低域における差動利得，ω_c はポール角周波数である．このような 1 次遅れ系の周波数特性においては，

(周波数) × (その周波数での利得)　=　一定

という関係がある．この値を**利得帯域幅積**(**GB 積**)といい，利得帯域幅積が高いほど周波数特性が良好であると見なせる．**利得帯域幅積** f_t を求めよう．利得帯域幅積は，式 (11.3) において利得が 1 になる周波数であるので，ポール周波数を f_c とすると，

$$|\,A_d\,(j2\pi f_t)\,| \approx \frac{A_{d0}}{\dfrac{f_t}{f_c}} = 1 \tag{11.4}$$

より，

$$f_t = A_{d0} f_c \tag{11.5}$$

となる．つまり，利得帯域幅積 f_t は，ポール周波数 f_c と低域における差動利得 A_{d0} の積で表される．

✣11.2　演算増幅器の基本回路

演算増幅器の基本的な回路構成には，反転増幅回路と正転増幅回路の2種類がある．

11.2.1　反転増幅回路

演算増幅器は，単体では利得が非常に大きい(80 dB ～ 100 dB，1万倍～10万倍程度が多い)ので，単独使用では数百 μV 程度の入力電圧でも出力が飽和してしまう．しかし，負帰還用の増幅器としてはループ利得が高くとれるので，理想的な特性を得ることができる．最も基本的な使用法である**反転増幅回路**を図 11.3 に示す．

演算増幅器への入力電流がゼロと仮定して，電圧利得を求めよう．

$$\frac{v_1 - v_i}{R_1} + \frac{v_2 - v_i}{R_2} = 0$$

$$v_2 = -A_d v_i \tag{11.6}$$

が成り立つので，v_i を消去して，電圧利得 G は，

$$G = \frac{v_2}{v_1} = -\frac{R_2}{R_1}\frac{1}{1 + \dfrac{1}{A_d}\left(1 + \dfrac{R_2}{R_1}\right)} \tag{11.7}$$

と求められる．したがって，差動利得 A_d が十分大きい場合，式 (11.7) は，

$$G = \frac{v_2}{v_1} \approx -\frac{R_2}{R_1} \tag{11.8}$$

と近似でき，抵抗の比率のみで電圧利得が決定される．

式 (11.6) と式 (11.7) より，入力端子間電圧 v_i は，

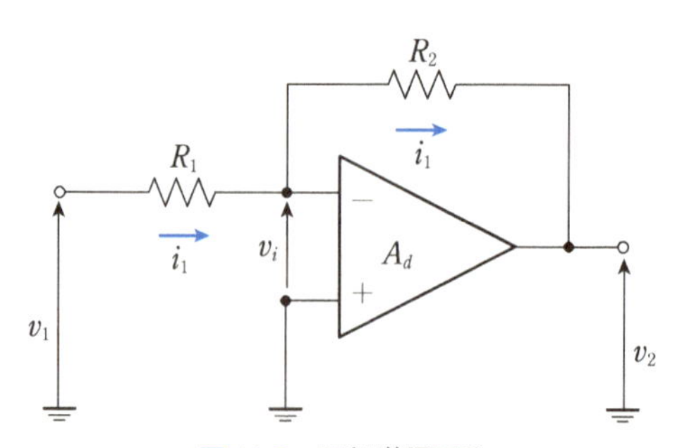

図 11.3　**反転増幅回路**

増幅器の差動利得 A_d が十分高いと，入力端子間電圧 v_i はほとんどゼロとなり，反転入力端子の電位は接地電位と見なせる．抵抗 R_1 を流れる電流 i_1 は v_1/R_1 で，この電流が抵抗 R_2 を流れるので $v_2 = -R_2 i_1 = -R_2 v_1/R_1$ となる．

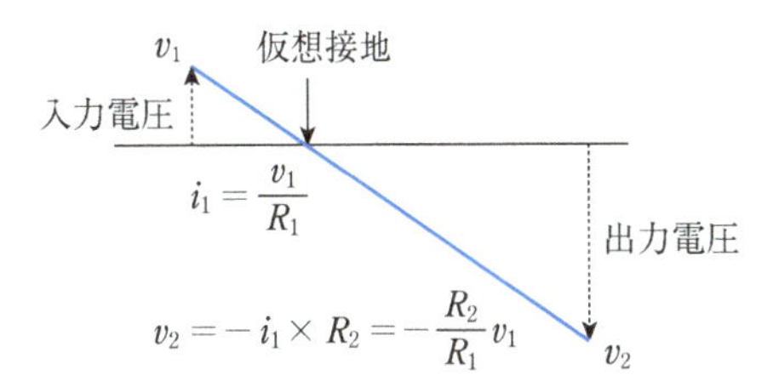

図 11.4　**反転増幅回路の電圧関係**

$$v_i = -\frac{v_2}{A_d} = \frac{R_2}{R_1} \frac{v_1}{A_d + 1 + \frac{R_2}{R_1}} \approx \frac{v_1}{A_d \frac{R_1}{R_2}} \tag{11.9}$$

となり，差動利得 A_d が十分に大きければ，v_1 はほぼゼロと見なすことができる．したがって，演算増幅器の反転入力端子の電位は接地電位にほぼ等しく，これを**仮想接地**という．抵抗 R_1 を流れる電流 i_1 は抵抗 R_2 を流れ，反転入力端子の電位が仮想接地になるので，電圧関係は図 11.4 で表すことができる．

したがって，入力電圧 v_1 に対する入力インピーダンス Z_i は，

$$Z_i = \frac{v_1}{i_1} = R_1 \tag{11.10}$$

となる．この回路が並列帰還であり，演算増幅器の差動利得が極めて大きいことを考慮すると，出力インピーダンスは通常ほぼゼロになる．

11.2.2　正転増幅回路

図 11.5 に示すのが**正転増幅回路**である．入力端子間電圧がゼロと仮定すると，

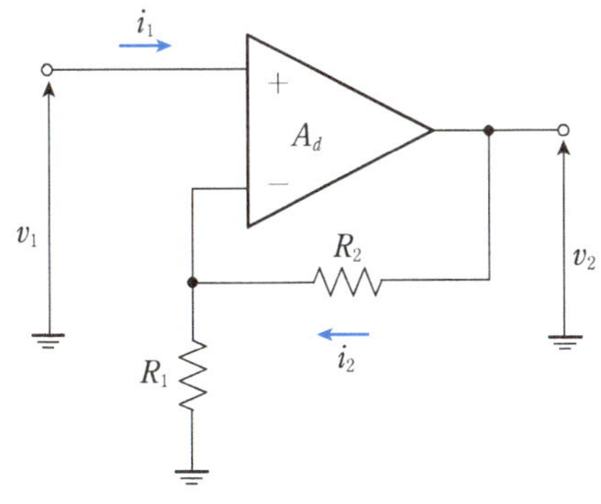

図 11.5　**正転増幅回路**

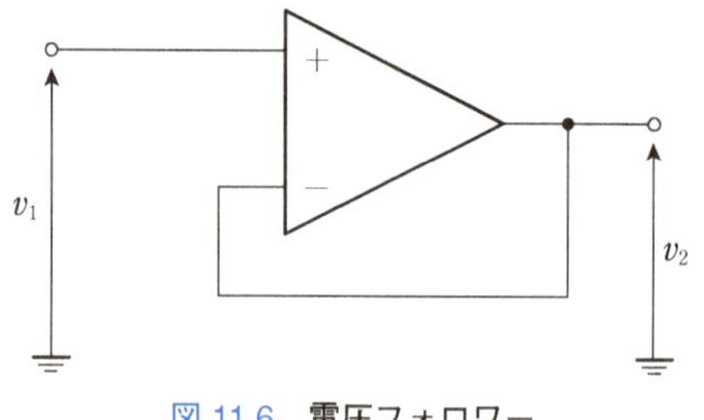

図 11.6　**電圧フォロワー**

$$
\begin{aligned}
i_2 &= \frac{v_2}{R_1 + R_2} \\
v_1 &= i_2 R_1
\end{aligned}
\tag{11.11}
$$

であるので，電圧利得 G は，

$$
G = \frac{v_2}{v_1} = 1 + \frac{R_2}{R_1}
\tag{11.12}
$$

と求められる．正転増幅回路において，入力電流 i_1 はほとんど流れないので，入力インピーダンスは極めて高くなる．また，この回路も並列帰還であるので，出力インピーダンスは通常ほぼゼロになる．

正転増幅回路の特別な場合として $R_1 = \infty$，$R_2 = 0$ とすれば，図 11.6 に示す**電圧フォロワー**を構成できる．電圧フォロワーは，入力インピーダンスが極めて高く，出力インピーダンスがほぼゼロ，利得が1である．このため，回路と回路を接続する際の電圧バッファーとして用いられる．

反転増幅回路では入力電流は流れるが，入力端子の電圧はほとんど変化がない．そのため，反転増幅回路では歪みが生じにくく，また低電圧動作を実現しやすいという利点がある．一方，正転増幅回路では入力電流は流れないので，入力インピーダンスが極めて高い．そのため，正転増幅回路ではインターフェースが取りやすいが，入力端子が入力信号レベルにより変動するので低電圧動作を実現しにくいという課題がある．

❖11.3　演算増幅器の線形演算回路への応用

演算増幅器を用いることで，各種の信号演算回路が実現できる．

11.3.1 加算回路

図 11.7 に**加算回路**を示す．電流の加算性を用いると，加算回路が実現できる．入力側の各抵抗を流れる電流は合流し，すべてが帰還抵抗 R_f を流れるので，出力電圧は，

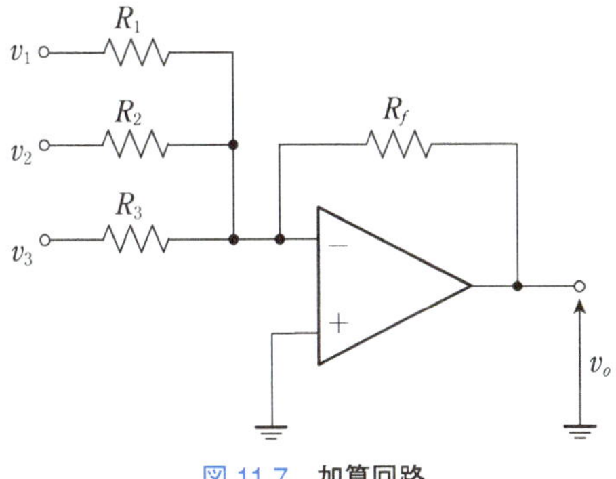

図 11.7　**加算回路**

$$v_o = -R_f\left(\frac{v_1}{R_1}+\frac{v_2}{R_2}+\frac{v_3}{R_3}\right) \tag{11.13}$$

となり，重み付き加算が得られる．

11.3.2　減算回路

図 11.8 に**減算回路**を示す．帰還により演算増幅器の入力端子間電圧はほぼゼロになるので，正転入力端子の電圧を v_b とすると，

$$\begin{aligned} v_b &= \frac{R_4}{R_3+R_4}v_2 \\ \frac{v_1-v_b}{R_1}&+\frac{v_o-v_b}{R_2}=0 \end{aligned} \tag{11.14}$$

が成り立つ．したがって出力電圧は，

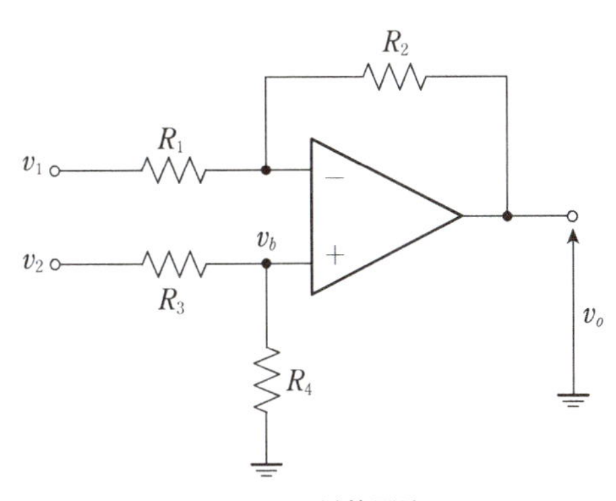

図 11.8　**減算回路**

$$v_o = -\frac{R_2}{R_1}v_1 + \frac{R_4\,(R_1 + R_2)}{R_1\,(R_3 + R_4)}v_2 \tag{11.15}$$

となる．ここで，簡単のために，$\dfrac{R_2}{R_1} = \dfrac{R_4}{R_3}$ とすると，

$$v_0 = -\frac{R_2}{R_1}(v_1 - v_2) \tag{11.16}$$

が得られ，v_1 と v_2 の差電圧に比例した出力電圧 v_o が得られる．もちろん，R_1，R_3 を複数個にすることで多入力の加減算回路を実現できる．

ところで，図 11.8 に示した減算回路は入力インピーダンスが低いという課題がある．この点を解決したのが図 11.9 に示す**高入力インピーダンス減算回路**であり，計測機器などに広く用いられている．演算増幅器の差動利得が十分大きいときは，抵抗 R_4 を流れる電流 i_4 は，

$$i_4 = \frac{v_{i1} - v_{i2}}{R_4} \tag{11.17}$$

となる．したがって，式 (11.16) を用いると，出力電圧は，

$$v_o = -\frac{R_2}{R_1}(v_{o1} - v_{o2}) = -\frac{R_2}{R_1}\left(1 + \frac{2R_3}{R_4}\right)(v_{i1} - v_{i2}) \tag{11.18}$$

となる．抵抗 R_4 のみの値を変えることで利得を変化させることができるほか，入力インピーダンスを高くすることができる．

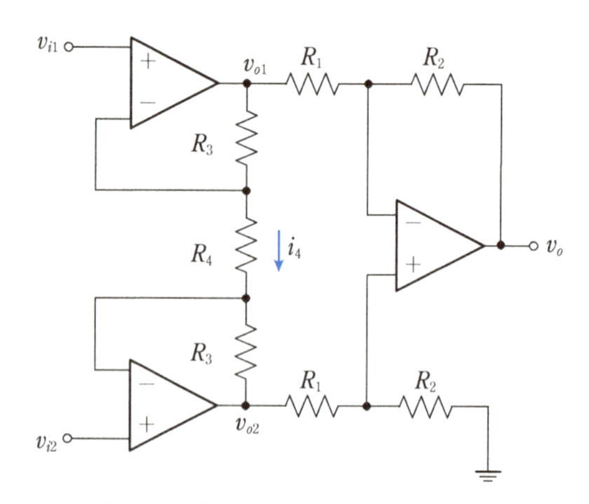

図 11.9　高入力インピーダンス減算回路

11.3.3　積分回路

図 11.10 のように，反転増幅回路において帰還抵抗を容量に置き換えることで，入力電圧の時間積分を得ることができる．演算増幅器の差動利得が十分に大きければ，入力端子は仮想接地と見なしてよいので，

$$i_1 = \frac{v_1}{R} \tag{11.19}$$

となり，演算増幅器への入力電流がゼロの場合は，この電流がすべて容量 C を流れるので，出力電圧 v_2 は，

$$v_2 = -\frac{1}{C}\int_0^t i_1\,dt + v_2\,|_{t=0} = -\frac{1}{RC}\int_0^t v_1\,dt + v_2\,|_{t=0} \tag{11.20}$$

となり，入力電圧 v_1 の時間積分値が出力に現れる．ここで，$v_2\,|_{t=0}$ は時間ゼロのときの出力電圧である．

演算増幅器がバイポーラトランジスタを用いたものでは，若干の入力電流が存在するが，MOS トランジスタを用いたものでは，入力電流はほとんど流れず，このような用途に適している．通常，積分回路では，初期電荷をリセットするために，スイッチ S を設けている．

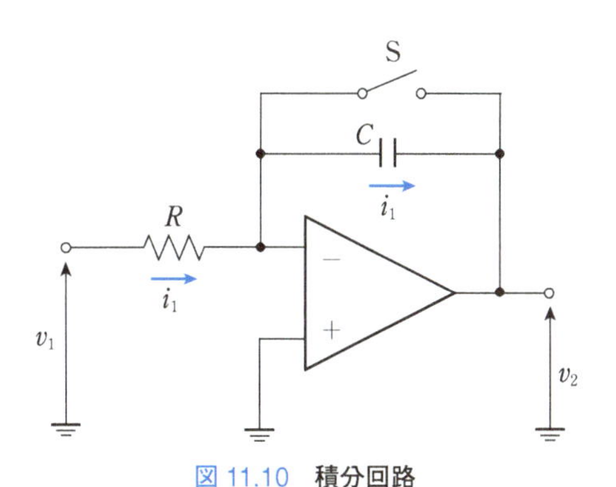

図 11.10　積分回路

❖11.4　スイッチトキャパシタ回路

MOS トランジスタを用いた演算増幅器では，入力電流がほとんど流れない．このため，電荷が保存され，抵抗ではなく容量を用いた演算が可能となる．容量を用いることで電荷を正確に取り扱うことができるようになるため，電荷を転送して容量に蓄積することで正確な積分器を実現できる．抵抗と容量を用いても積分器を実現できる

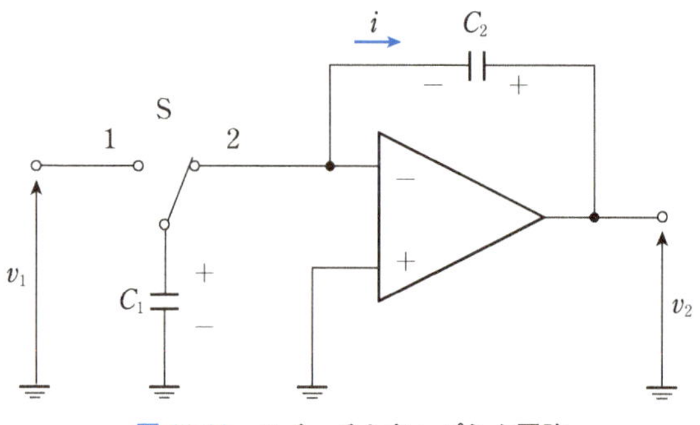

図 11.11　スイッチトキャパシタ回路

が，電荷は抵抗を流れる電流の積分になるため，正確な容量値と正確な時間が必要となり正確な積分器を実現することは困難である．容量とスイッチを用いた演算回路である**スイッチトキャパシタ回路**を図 11.11 に示す．

はじめに，スイッチ S は 1 側に倒されており，容量 C_1 には入力電圧 v_1 が印加される．したがって，容量 C_1 に蓄積される電荷 Q_1 は，

$$Q_1 = C_1 v_1$$

となる．

次に，スイッチ S が 2 側に倒されると，容量 C_1 は演算増幅器の反転入力端子に接続され，仮想接地の状態になる．そのため，蓄積された電荷は電流 i となって容量 C_2 に流れ込む．容量 C_1 の電荷 Q_1 は最終的にゼロになるので，容量 C_2 に転送された電荷は Q_1 に等しい．したがって，出力電圧 v_2 は，

$$v_2 = \frac{Q_0 - Q_1}{C_2} = v_2\,|_{t=0} - \frac{C_1}{C_2} v_1 \tag{11.21}$$

となる．ここで，Q_0 は $t = 0$ における容量 C_2 の電荷，$v_2\,|_{t=0}$ は $t = 0$ における出力電圧 v_2 である．

容量 C_2 にリセットスイッチを設けるなどして，$Q_0 = 0$ にしておけば，出力電圧 v_2 は入力電圧 v_1 に比例したものになり，$C_1 > C_2$ の場合は反転増幅器が実現できる．また，容量 C_2 の電荷を保存しておけば，スイッチを入れ替えるたびに電荷が蓄積し，積分器を実現することができる．

しかし，図 11.11 に示したスイッチトキャパシタ回路は容量の端子と接地間に生じる**寄生容量**（**浮遊容量**）に敏感であるため，実際にはあまり用いられず，図 11.12 に示した寄生容量に不感なスイッチトキャパシタ回路が用いられる．**逆相型**と**正相型**がある．

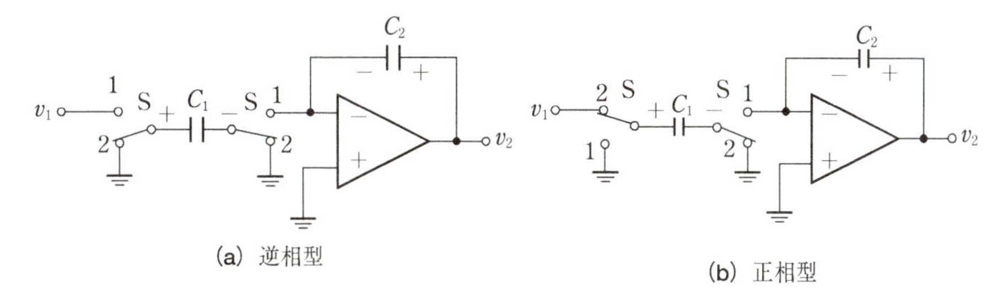

図 11.12　**寄生容量に不感なスイッチトキャパシタ回路**

スイッチの開閉の形を水泳になぞらえて，(a)をバタフライ型，(b)をクロール型という場合もある．

❖11.5　周波数特性と時間応答特性

演算増幅回路の周波数特性や時間応答特性は，用いる演算増幅器の周波数特性により決定づけられる．

11.5.1　小信号周波数特性

11.1節で述べたように，演算増幅器は有限の周波数特性を有し，通常，あるポール周波数以上の周波数では利得が低下する．この効果を見てみよう．例えば，図 11.13 に示す反転増幅回路において，この効果を考えてみよう．

式 (11.3) に示したように，演算増幅器の利得を1次遅れ系のポール角周波数 ω_c を有する増幅器として近似すると，

$$A_d(s) = \frac{A_{d0}}{1 + \dfrac{s}{\omega_c}} \tag{11.22}$$

となる．したがって，

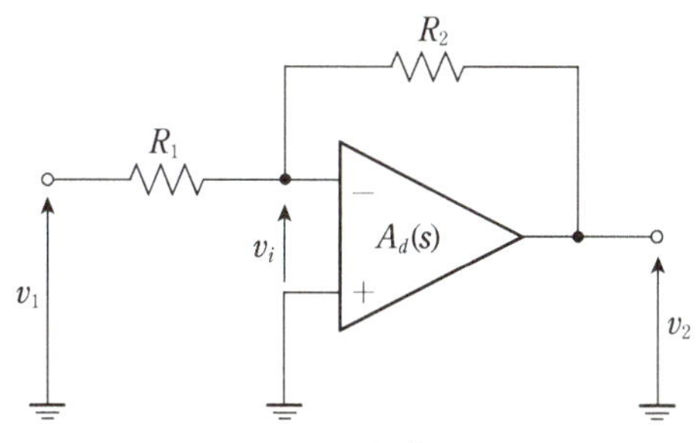

図 11.13　**反転増幅回路**

$$\frac{v_1 - v_i}{R_1} + \frac{v_2 - v_i}{R_2} = 0$$

$$v_2 = -\frac{A_{d0}}{1 + \dfrac{s}{\omega_c}} v_i = A_d(s)\, v_i \tag{11.23}$$

が成り立つので，電圧利得は，

$$G(s) = \frac{v_2}{v_1} = -\frac{R_2}{R_1} \frac{1}{1 + \dfrac{1}{A_d(s)}\left(1 + \dfrac{R_2}{R_1}\right)} = -\frac{R_2}{R_1} \frac{1}{1 + \dfrac{1 + \dfrac{s}{\omega_c}}{A_{d0}}\left(1 + \dfrac{R_2}{R_1}\right)}$$

$$\approx -\frac{R_2}{R_1} \frac{1}{1 + \dfrac{s}{\left(\dfrac{A_{d0}}{1 + \dfrac{R_2}{R_1}}\right)\omega_c}} \tag{11.24}$$

となる．ここで，式 (11.5) より，利得帯域幅積 f_t を用いると，

$$\begin{aligned} f_t &= A_{d0} f_c \\ \omega_t &= A_{d0}\, \omega_c \end{aligned} \tag{11.25}$$

となるので，式 (11.24) は，

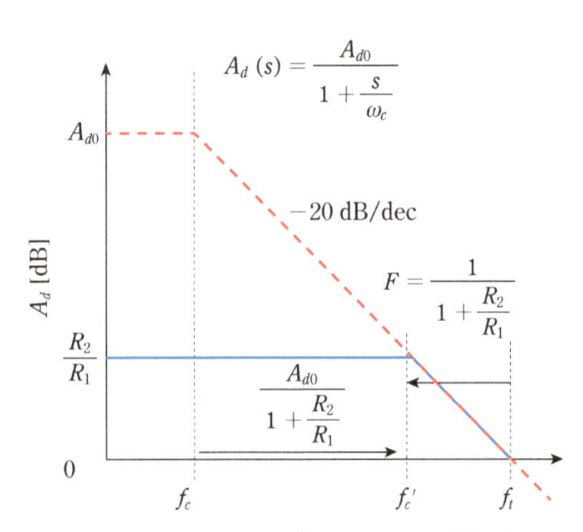

図 11.14 反転型演算増幅回路の周波数特性

$$G(s) \approx -\frac{R_2}{R_1}\frac{1}{1+\dfrac{s}{\left(\dfrac{A_{d0}}{1+\dfrac{R_2}{R_1}}\right)\omega_c}} = -\frac{R_2}{R_1}\frac{1}{1+\dfrac{s}{\dfrac{\omega_t}{1+\dfrac{R_2}{R_1}}}} \tag{11.26}$$

となる．つまり負帰還回路の帯域は，利得帯域幅積の$\left(1+\dfrac{R_2}{R_1}\right)$分の1になる．したがって，減衰器の減衰量（帰還係数）Fは$F=\dfrac{1}{1+\dfrac{R_2}{R_1}}$であることから，演算増幅回路のポールはループ利得$|A_{d0}F|$倍程度に増加し，利得帯域幅積の約$F$倍になる．反転型演算増幅回路の周波数特性を図 11.14 に示す．

11.5.2 スルーレート

演算増幅器にパルスのように振幅が急激に変化する信号を入力すると，出力信号は入力信号の変化に追従できず，図 11.15 に示すように一定の傾きで変化する．

この原因は，演算増幅器を構成する差動トランジスタは，差動電圧が大きすぎるともはや増幅器としてではなく，図 11.16 に示すように電流源のスイッチとしてしか動作しなくなるためである．

このとき，出力が変化できる最大の傾斜を**スルーレート**（SR）といい，次式で定義される．

$$\mathrm{SR} \equiv \frac{\Delta V}{\Delta t} \tag{11.27}$$

図 11.16 では，

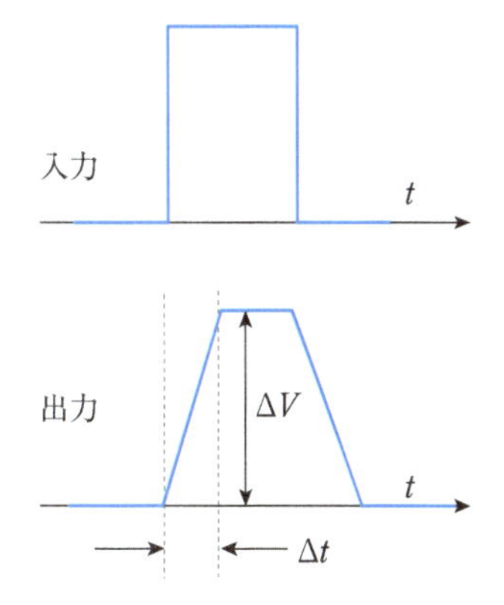

図 11.15　スルーレートによる波形歪み

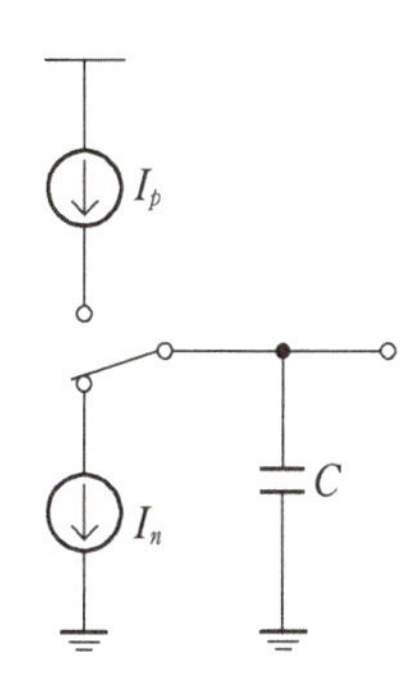

図 11.16　大振幅信号入力時の演算器内部の等価回路

$$\mathrm{SR} = \frac{\Delta V}{\Delta t} = \frac{I_p}{C} = \frac{I_n}{C} \tag{11.28}$$

となる．スルーレートは正弦波信号に対する応答にも影響を与える．信号として，正弦波 $V = V_m \sin \omega t$ を考えると，その時間変化は

$$\frac{dV}{dt} = \omega V_m \cos \omega t \tag{11.29}$$

であるから，式 (11.27) の最大値が演算増幅器のスルーレートを超えると，波形歪みを生じる．したがって，無歪み条件は，

$$\omega V_m \leq \mathrm{SR} \tag{11.30}$$

となり，無歪みで増幅できる周波数範囲は，次式となる．

$$f \leq \frac{\mathrm{SR}}{2\pi V_m} \tag{11.31}$$

11.5.3 時間応答特性

演算増幅回路の時間応答は，演算増幅器の伝達関数を時間領域で解くことにより得られる．反転増幅回路にステップ波を入力した状態を図 11.17 に示す．

この反転増幅回路の伝達関数 $G(s)$ は，式 (11.26) より，

$$G(s) \approx -\frac{R_2}{R_1} \frac{1}{1 + \dfrac{s}{\dfrac{\omega_t}{1 + \dfrac{R_2}{R_1}}}} \tag{11.32}$$

となり，ステップ波 s のラプラス変換は $\dfrac{1}{s}$ であるから，s 関数で表した出力信号は，

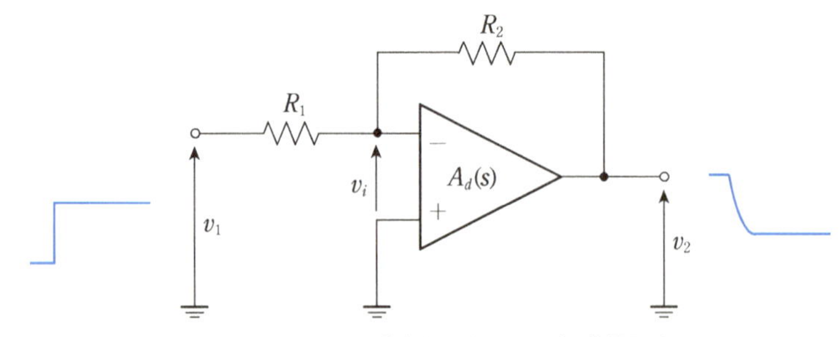

図 11.17　ステップ波を入力した反転増幅回路

$$V_2(s) = G(s)V_1(s) \approx -\frac{R_2}{R_1}\frac{1}{s}\frac{1}{1+\dfrac{s}{\dfrac{\omega_t}{1+\dfrac{R_2}{R_1}}}} \tag{11.33}$$

となる．時間領域の応答は，式 (11.33) をラプラス逆変換すればよいので，

$$V_2(t) = -\frac{R_2}{R_1}\mathcal{L}^{-1}\left[\frac{1}{s}\frac{1}{1+\dfrac{s}{\omega_p}}\right] = -\frac{R_2}{R_1}\left(1-e^{-\omega_p t}\right) \tag{11.34}$$

と求められる．ここで，

$$\omega_p = \frac{\omega_t}{1+\dfrac{R_2}{R_1}} \tag{11.35}$$

である．したがって，演算増幅回路の時間応答は，ω_p が高いほど高速となる．また，演算増幅回路の利得を一定とした場合は，演算増幅器の利得帯域幅積が高いほど，時間応答は高速となる．

演習問題

11.1 図の回路について，次の問いに答えよ．ただし，抵抗 $R_1 = 1\,\mathrm{k\Omega}$，$R_2 = 5\,\mathrm{k\Omega}$，$v_1 = 0.2\,\mathrm{V}$ とする．

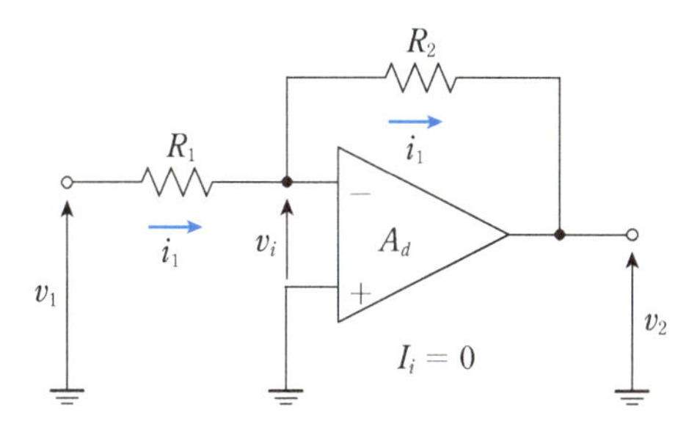

(1) 演算増幅器の差動利得 A_d が無限大と仮定したとき，出力電圧 v_2 と抵抗を流れる電流 i_1 を求めよ．

(2) 演算増幅器の差動利得 A_d が 100 のとき，出力電圧 v_2 と演算増幅器の入力端子間電圧 v_i を求めよ．

(3) 演算増幅器の差動利得 A_d が無限大で，利得帯域幅積が 1 GHz であるとすると，

電圧利得 $G=\left|\dfrac{v_2}{v_1}\right|$ が3 dB 低下する周波数を求めよ．

11.2 図に示す反転型増幅回路において，次の問いに答えよ．ただし，演算増幅器の差動利得 A_d が無限大であると仮定する．

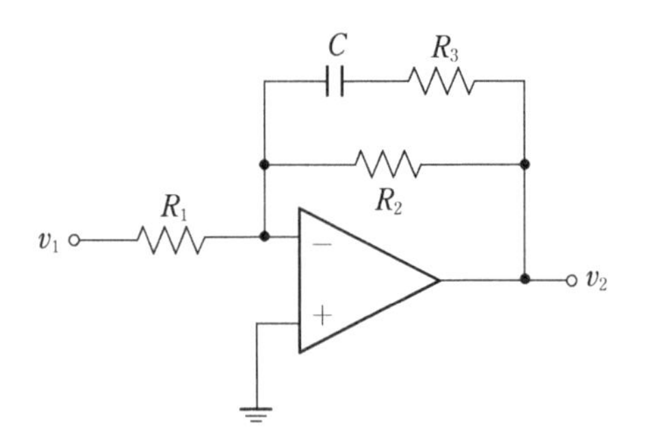

(1) $R_1=1\,\mathrm{k\Omega}$，$C=1.6\,\mathrm{pF}$，$R_2=\infty$，$R_3=0$ としたとき，電圧利得 $G=\left|\dfrac{v_2}{v_1}\right|$ が1になる周波数 f_{t1} を求め，周波数特性の概略を示せ．

(2) $R_1=1\,\mathrm{k\Omega}$，$C=1.6\,\mathrm{pF}$，$R_2=100\,\mathrm{k\Omega}$，$R_3=0$ としたとき，DC 利得はいくらか．また，この値から利得が3 dB 低下する周波数 f_p を求め，周波数特性の概略を示せ．

(3) $R_1=1\,\mathrm{k\Omega}$，$C=1.6\,\mathrm{pF}$，$R_2=100\,\mathrm{k\Omega}$，$R_3=1\,\mathrm{k\Omega}$ としたとき，ゼロを与える周波数（利得低下が停止する周波数）f_z を求め，周波数特性の概略を示せ．ただし，ポールを与える周波数は近似的に (2) と変わらないものとする．

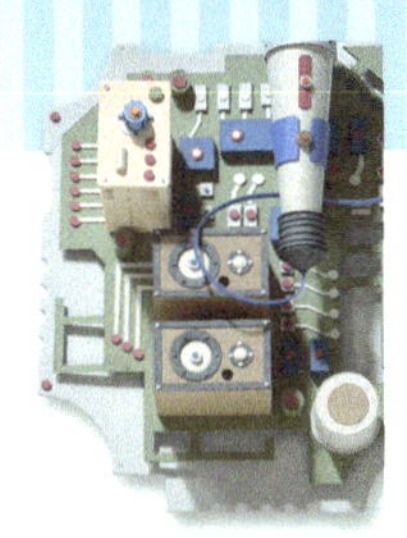

第12章 CMOS演算増幅器

11章で述べたように演算増幅器と抵抗や容量などの受動素子による負帰還回路を用いることで，高精度あるいは高機能なアナログ電子回路を実現できる．では，どうやったら高性能な演算増幅器が実現できるのだろうか．本章では，MOSトランジスタを用いたCMOS演算増幅器の基礎について述べる．

12.1　1段のCMOS演算増幅器

シングル出力の場合と差動出力の場合の，最も単純な1段のCMOS演算増幅器を図12.1に示す．

図12.1において差動入力信号電圧 $\Delta V_i = (V_{i+} - V_{i-})$ は，ソースが結合された定電流バイアスのトランジスタ対 M_1，M_2 の電圧-電流変換作用により，電流差 ΔI_D となって現れる．M_1，M_2 のバイアス電流 I_{ss} からの変化 ΔI_{D1}，ΔI_{D2} は，以下のように表される．

$$\Delta I_{D1} = g_{m1}\left(\frac{\Delta V_i}{2}\right) \tag{12.1a}$$

$$\Delta I_{D2} = -g_{m2}\left(\frac{\Delta V_i}{2}\right) \tag{12.1b}$$

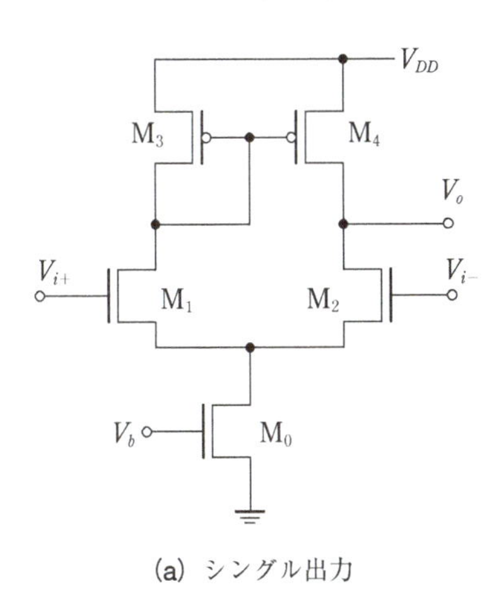

(a) シングル出力

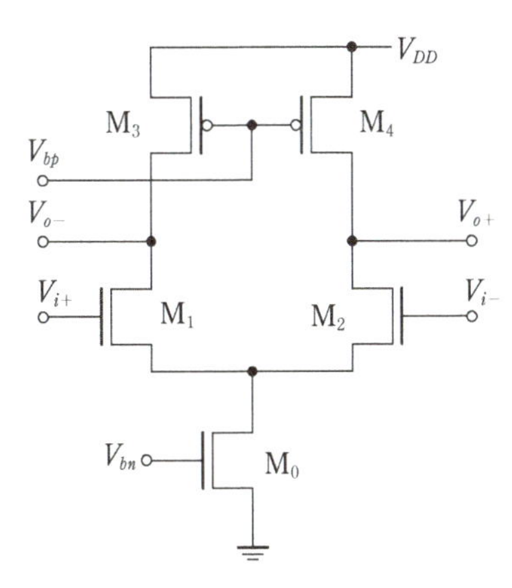

(b) 差動出力

図12.1　1段のCMOS演算増幅回路
(b)差動出力型の場合は後で述べるコモンモードフィードバック回路が必要である．

図12.1(a)の出力抵抗をr_oとすると，電圧変化ΔV_oはトランジスタM_3，M_4から構成されるカレントミラー回路による電流の加算を考慮して，

$$\Delta V_o = g_m \Delta V_i \cdot r_o \tag{12.2}$$

と表される．ここで，$g_m = g_{m1} = g_{m2}$とした．

図12.1(b)の差動出力型においても，電圧変化を$\Delta V_o = (V_{o+} - V_{o-})$と定義すれば，同じ結果が得られる．したがって，これら回路の電圧利得Gは，

$$G \equiv \frac{\Delta V_o}{\Delta V_i} = g_m \cdot r_o \tag{12.3}$$

となる．このように，電圧利得Gは，電圧変化を電流変化に変換する電圧-電流変換の係数のg_mと，電流変化を電圧変化に変換する係数のr_oの積で表される．

演算増幅器が負帰還回路として用いられる場合，**DC誤差**(**電圧利得誤差**や**オフセット電圧**など)の大きさは$1/G$程度になるため，通常できるだけ大きな利得Gを得る必要がある．

式(12.3)に示したように，大きな利得を得るためには，g_mかr_oを大きくすればよいが，g_mの最大値には限界がある．あるドレイン電流I_Dを与えたときのMOSトランジスタのg_mの最大値$g_{m\max}$は，

$$g_{m\max} = \frac{I_D}{nU_T} \tag{12.4}$$

で表される．ここで，nは空乏層容量C_dとゲート酸化膜容量C_{ox}を用いて$n = 1 + \dfrac{C_d}{C_{ox}}$で表される物理量で，通常1.4程度の値をとる．また，U_Tは熱電圧である．

したがって，1段の増幅器の利得を上げるには，出力抵抗r_oを上げるしか方法がない．図12.1の出力抵抗r_oは，トランジスタM_2，M_4のドレイン抵抗とM_1，M_3のドレイン抵抗を並列接続したものである．通常MOSトランジスタのドレイン抵抗を上げるにはゲート長Lを長くすればよいが，ゲート長Lを長くするとゲート容量やドレイン容量が大きくなって周波数特性が劣化するほか，回路の面積が増加してコストが上昇するという問題が発生する．また，むやみにゲート長を長くしてもドレイン抵抗が飽和してくるので一定の限界がある．

そこで，出力抵抗r_oを上げる方法として，カスコード回路が用いられている．

❖12.2　カスコード回路

カスコード回路，折り返しカスコード回路，スーパーカスコード回路を図12.2に示す．

カスコード回路(図12.2(a))はソース接地回路を形成するトランジスタM_1のドレイ

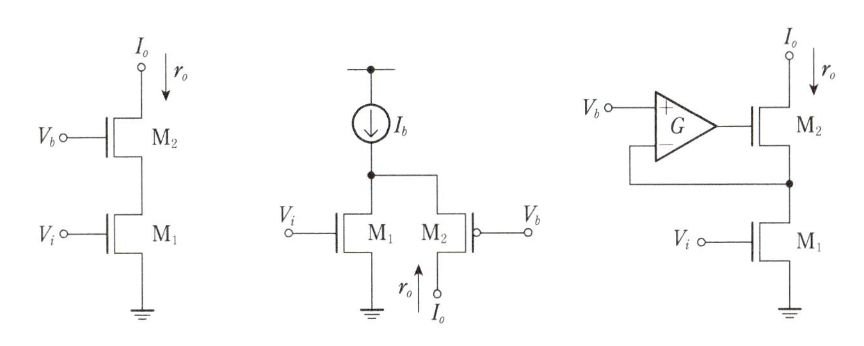

図 12.2 カスコード回路

(b)折り返しカスコード回路は動作電圧を下げることができるが，カスコード型の2倍の電流が必要である．(c)スーパーカスコード回路（レギュレーティットカスコード型ともいう）は演算増幅器の利得を用いることで，トランジスタ M_1 のドレイン電圧の変化を大幅に抑制して，電流変化を抑えたものである．

ンにベース接地トランジスタ M_2 のソースを接続したものである．出力端の電圧が変化してもトランジスタ M_2 のゲート・ソース間電圧はさほど変化しないため，トランジスタ M_1 のドレイン電圧はほとんど変化しない．したがって，流れる電流はあまり変化しないために，等価的に大きな出力抵抗が得られる．この回路の出力抵抗 r_o は，式 (8.7) より，

$$r_o = ng_{m2}r_{D2}r_{D1} \tag{12.5}$$

と高くなる．ここで，g_{m2}，r_{D2} はトランジスタ M_2 の g_m と r_D を表している．式 (12.5) からトランジスタ M_2 を設けたことにより，出力抵抗 r_o が $ng_{m2}r_{D2}$ 倍されたことになる．この値は，トランジスタ M_2 の電圧利得とも見なせる．これは通常，数10から100程度の値をとる．さらに大きな出力抵抗を得たい場合はカスコードの段数を増やせばよいが，カスコード段数を増やすごとに動作可能電源電圧が高くなり，低電圧動作が困難になる課題がある．

そこで，動作可能電源電圧を上げないカスコード回路として，**折り返しカスコード回路**（図 12.2(b)）が用いられることがある．この回路はトランジスタ M_1 のドレインとトランジスタ M_2 のソースと電流源 I_b が共通ノードに接続されている．したがって，キルヒホッフの電流則から，トランジスタ M_1 のドレイン電流の変化はトランジスタ M_2 のソース電流の変化となって折り返すので，出力抵抗は式 (12.5) に示したカスコード回路の出力抵抗と変わらない．また，トランジスタは縦に積まれていないので動作可能電源電圧が高くなることはない．

さらに利得を上げるためには，**スーパーカスコード回路**(図12.2(c))が有効である．これは，増幅器を用いてトランジスタM_2のソース電位の変化を抑制したものである．これにより，トランジスタM_1のドレイン電圧は出力端電圧変化の影響をほとんど受けなくなり，等価的に出力抵抗が上がる．この回路の出力抵抗r_oは，

$$r_o = Gng_{m_2} r_{D_2} r_{D_1} \tag{12.6}$$

となる．折り返しカスコード回路の出力抵抗より，さらに増幅器の利得倍だけ出力抵抗を上げることができる．

カスコード回路を用いた演算増幅器を図12.3に示す．図12.3においてトランジスタM_3，M_4，M_5，M_6はカスコード回路を形成するために挿入したゲート接地トランジスタである．この構成により通常，数1000倍程度の利得が得られる．

折り返しカスコード回路を用いた演算増幅器を図12.4に示す．pMOS入力も可能であるが，ここではnMOS入力のものを示す．トランジスタM_3，M_4は電流源を構成するトランジスタ，トランジスタM_5，M_6はカスコード回路を構成するゲート接地トランジスタである．利得はカスコード回路と同等の数1000倍程度である．

スーパーカスコード回路を用いた差動増幅器を図12.5に示す．トランジスタM_1，M_2で構成される差動入力段の出力電流変化はトランジスタM_5～M_8の折り返しカスコード回路を通り，トランジスタM_9～M_{12}で構成される，カスコード型の負荷の出力電圧として現れ，本来の信号パスのカスコード段を構成するトランジスタM_3，M_4

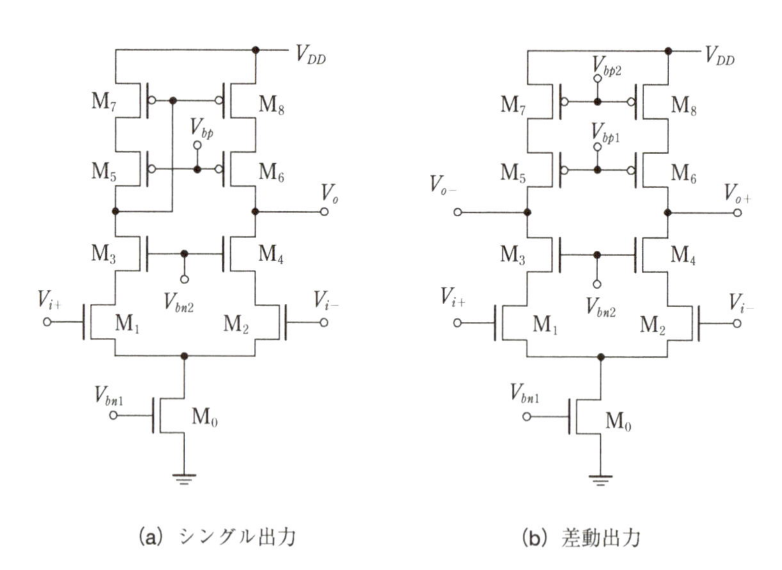

図12.3 **カスコード回路を用いた演算増幅器**
カスコード回路を挿入することで出力抵抗を上げ，利得を高めることができる．

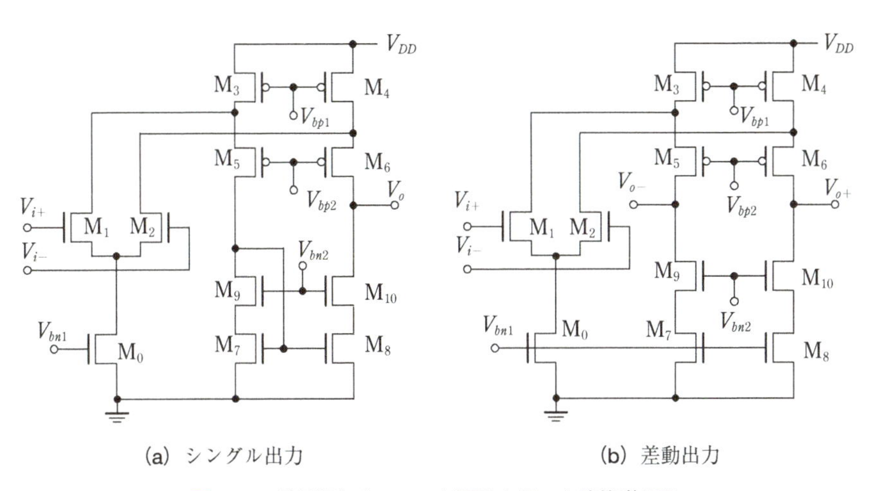

図 12.4　折り返しカスコード回路を用いた演算増幅器
折り返しカスコード回路では nMOS 入力，pMOS 入力，この2つを用いたものが可能であり，低電圧動作に適している．

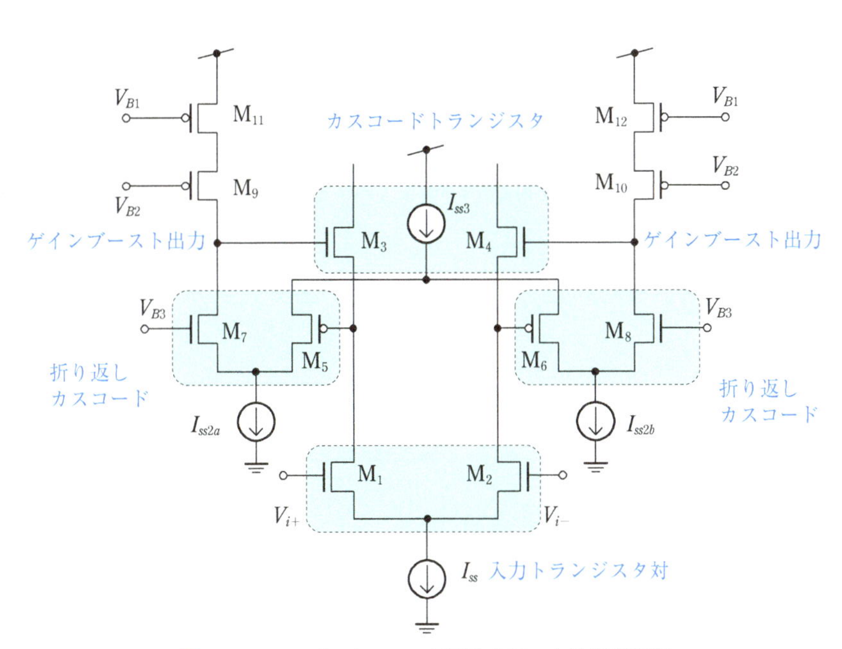

図 12.5　スーパーカスコード回路を用いた差動増幅器
各トランジスタの役割を示した．図 12.2(c)に示した回路が完全差動型で実現されているか，各自回路を読み解いていただきたい．

のゲート電圧を差動的に駆動している．この構成では，スーパーカスコード回路を構成する増幅器の利得は数1000程度あるため，これにカスコード回路の出力抵抗の増幅率が同等の数1000倍かかるため，この演算増幅器は10^7，つまり140 dB程度の利得が実現できる．

❖12.3 コモンモードフィードバック回路

差動出力型の演算増幅器では，同相出力信号電圧であるコモン出力レベルをつねに適切な電位に保つ必要がある．この動作を行うのが図12.6に示す**コモンモードフィードバック回路**である．出力コモン電圧V_{cmo}は$V_{\mathrm{cmo}} = (V_{o+} + V_{o-})/2$であるので，この電圧を何らかの手段で検出し，適切な設定電圧と比較して，この電位差により差動増幅回路のシンク電流I_{ss}を制御し，V_{cmo}がV_{cmr}になるように負帰還回路を構成する．例えば，図12.6の負帰還回路では出力コモン電圧V_{cmo}が設定電圧V_{cmr}よりも高い場合，電流源を構成するトランジスタM_0のゲート電圧を上げ，シンク電流I_{ss}の電流を増加させて，出力コモン電圧V_{cmo}を減少させるように動作する．

ところで，図12.6の例では，**出力コモン電圧検出回路**として抵抗値の等しい2つの抵抗を直列に接続し，その中点電圧を出力コモン電圧V_{cmo}とした．この回路は単純であり使いやすいが，この抵抗自体が出力負荷抵抗になるので，抵抗値が低すぎると利得が減少するため，あまり低い抵抗を用いないような注意が必要である．

MOSトランジスタのリニア領域を用いてコモンモードフィードバック回路を形成することも可能である．図12.7は電流源のソースに並列接続されたMOSトランジスタを挿入し，そのゲートを出力端にそれぞれ接続したものである．

MOSトランジスタのリニア領域でのコンダクタンスg_Dは，

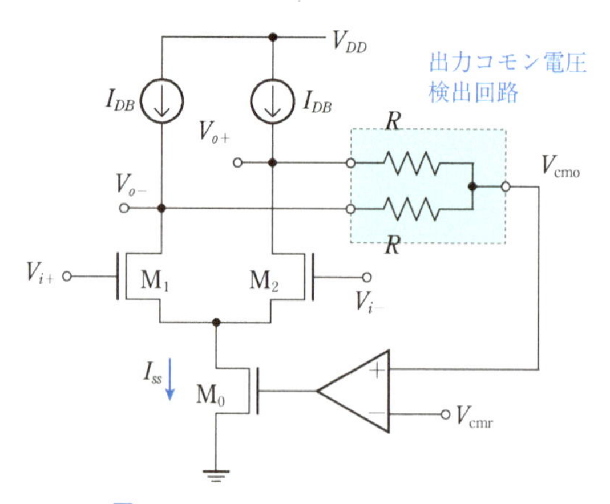

図12.6 コモンモードフィードバック回路

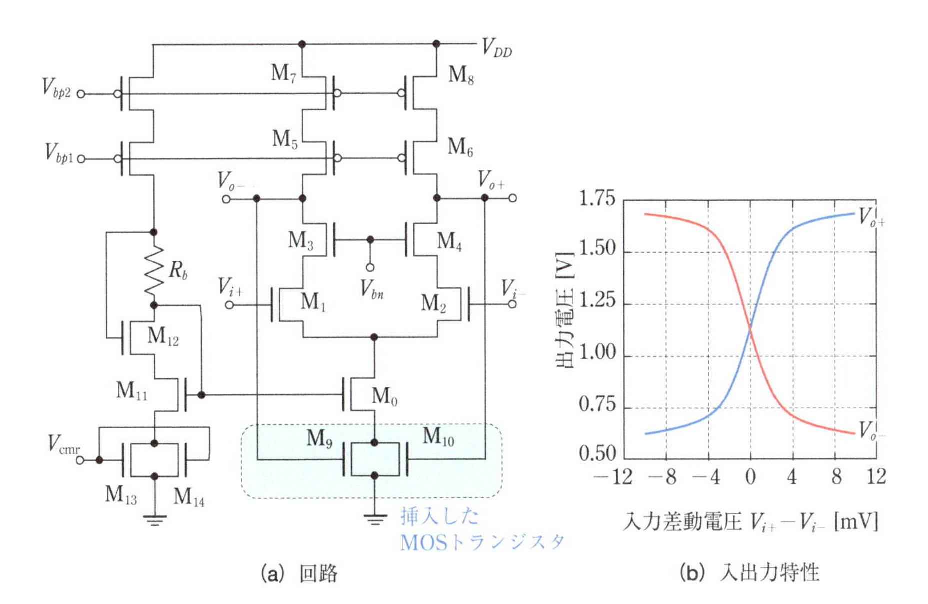

(a) 回路　　(b) 入出力特性

図 12.7　リニア領域を用いたコモンモードフィードバック回路
この回路は簡便であるが，電圧がずれやすく，またしきい値電圧の変動などデバイスパラメータの変動の影響を受けやすい．

$$g_D = \mu C_{ox}\frac{W}{L}(V_{GS} - V_T - V_{DS}) \tag{12.7}$$

と表される．したがって，図12.7のトランジスタ M_9，M_{10} が並列に接続された回路のリニア領域でのコンダクタンス g_D は

$$g_D = 2\mu C_{ox}\frac{W}{L}\left(\frac{V_{o+}+V_{o-}}{2} - V_T - V_{DS}\right) = 2\mu C_{ox}\frac{W}{L}(V_{\mathrm{cmo}} - V_T - V_{DS}) \tag{12.8}$$

となり，出力コモン電圧 V_{cmo} に比例して増加する．したがって，電流源を構成するトランジスタ M_0 を流れる電流は，出力コモン電圧 V_{cmo} が上がると増加するようになり，コモンモードフィードバック回路が形成される．トランジスタ M_{11}，M_{12} は電流源バイアス回路を構成するトランジスタで，そのソースにトランジスタ M_{13}，M_{14} を挿入することでトランジスタ M_9，M_{10} を模したレプリカ回路を形成し，そのゲートを設定電圧とすることで出力コモン電圧を制御できる．

図12.7 (b)に入出力特性を示す．設定電圧は1.1 V，出力コモン電圧は1.125 V であり，ほぼ一致している．

CMOS演算増幅器はクロックと同期したタイミングで演算を行うスイッチトキャパシタ回路に用いることが多い．よく用いられるのが，容量を用いたコモンモードフィードバック回路(図12.8)である．

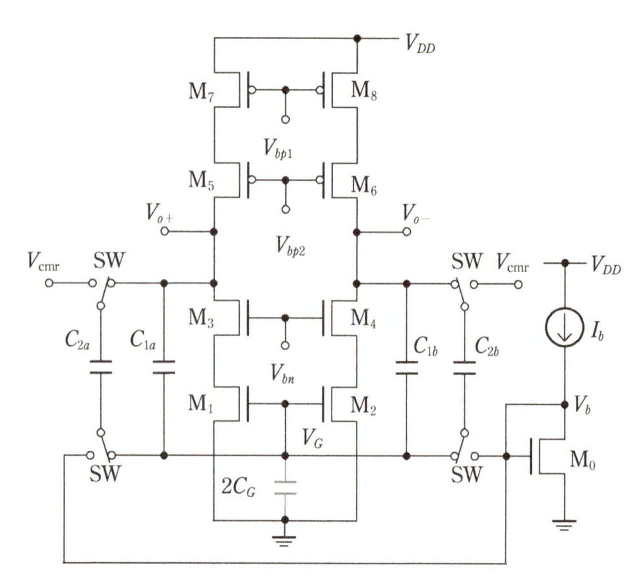

図 12.8　**容量を用いたコモンモードフィードバック回路**
容量に電荷を溜めることで適切な出力コモン電圧を作り出し，容量結合による負帰還回路を形成している．デバイスパラメータの変動の影響を受けにくく，正確な出力コモン電圧を実現しやすい．

図12.8は折り返しカスコード回路(図12.4(b))の右側の回路を表している．トランジスタ M_1，M_2 は電流源を構成するトランジスタで，そのゲートと出力端 V_{o+}，V_{o-} は容量 C_{1a}，C_{1b} により静電的に結合している．いま，トランジスタ M_1，M_2 のゲートの電圧を V_G，ゲート容量を C_G とすると，電荷保存則により，ゲートの電荷 Q_G は

$$Q_G = C_{1a}(V_G - V_{o+}) + C_{1b}(V_G - V_{o-}) + 2V_G C_G$$

$$= 2V_G(C_1 + C_G) - 2C_1 \frac{V_{o+} + V_{o-}}{2} = 2V_G(C_1 + C_G) - 2C_1 V_{\text{cmo}} \qquad (12.9)$$

となる($C_{1a} = C_{1b} = C_1$)．定常状態では電荷が保存され，電荷の変化がないので，

$$\Delta Q_G = 2\Delta V_G(C_1 + C_G) - 2C_1 \Delta V_{\text{cmo}} = 0 \qquad (12.10)$$

となる．したがって，

$$\Delta V_G = \frac{C_1}{C_1 + C_G} \Delta V_{\text{cmo}} \qquad (12.11)$$

となり，出力コモン電圧 V_{cmo} が上昇すると，トランジスタ M_1，M_2 のゲート電圧 V_G は上昇し，引き込み電流が増えるので，出力コモン電圧が減少する方に帰還される．

容量 C_{2a}，C_{2b} は容量 C_{1a}，C_{1b} に $V_{\text{cmr}} - V_B$ の電圧を転送し，電荷による電圧シフト機能を作り出すように動作する．ここで，V_b は電流源をバイアスする電圧である．

ここで，これらの動作の理解を深めるためにバイアス電圧の転送方法について詳し

く述べる．容量を用いてバイアス電圧 V_b を出力端に転送するバイアス電圧転送回路と出力電圧の推移を図 12.9 に示す．

スイッチ SW を V_b 側に倒し，容量 C_2 を V_b で充電する．次にスイッチ SW を容量 C_1 側に倒すと，スイッチの切り替えの番号が n 番の電圧 V_n と $n+1$ 番の電圧 V_{n+1} には，電荷保存則により以下の関係が成立する．

$$V_{n+1}(C_1+C_2)=C_1V_n+C_2V_b \tag{12.12}$$

したがって，

$$V_{n+1}=\frac{C_1}{C_1+C_2}V_n+\frac{C_2}{C_1+C_2}V_b \tag{12.13}$$

となる．これより

$$V_b-V_{n+1}=V_b-\frac{C_2}{C_1+C_2}V_b-\frac{C_1}{C_1+C_2}V_n=\frac{C_1}{C_1+C_2}(V_b-V_n) \tag{12.14}$$

が得られる．そこで，$V_n'=V_b-V_n$ とおくと，

$$V_{n+1}'=\left(\frac{C_1}{C_1+C_2}\right)V_n' \tag{12.15}$$

となるので，容量 C_2 の初期電荷をゼロとし，スイッチ SW を容量 C_1 側に倒した回数を n とすると，

$$V_n'=\left(\frac{C_1}{C_1+C_2}\right)^n V_b \tag{12.16}$$

となる．したがって，n を無限大にすると $V_n'=0$ となり，V_o は V_b に漸近する．この様子を図 12.9(b) に示す．つまり，この回路を用いることでスイッチを切り替えるごとに，容量 C_1 に所定の電圧が転送されるように動作する．他の方式と異なり，この回

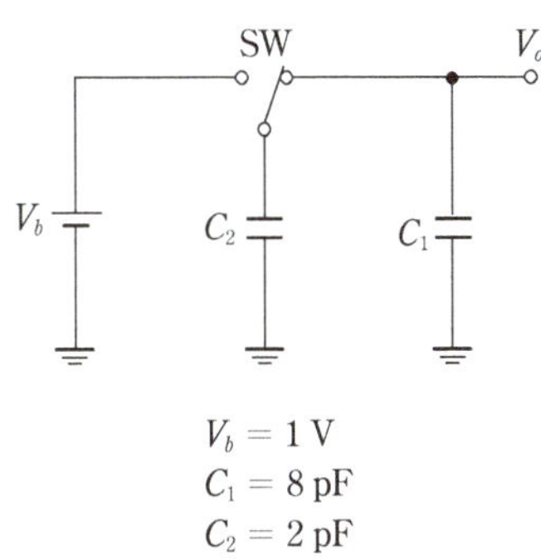

(a) バイアス電圧転送回路

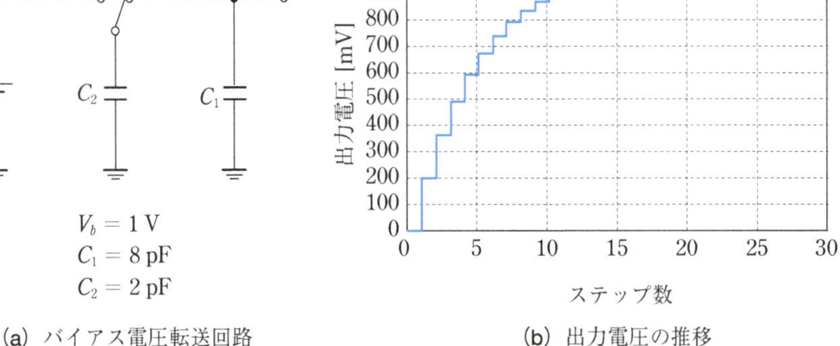

(b) 出力電圧の推移

図 12.9 容量を用いたバイアス電圧の転送

路はしきい値電圧のバラツキの影響を受けないため，高精度な出力コモン電圧の設定が可能になる．ただし，複数サイクル経たないと，所定の電圧に入らないという課題がある．

❖12.4 出力バッファー回路

抵抗負荷を駆動する場合は，高インピーダンスの電圧をバッファーする回路が必要である．最も簡単な電圧バッファーはソースフォロワー回路(第5章)であるが，ソースフォロワー回路では V_{GS} の電圧シフトを生じ，出力ダイナミックレンジが狭くなり，低電圧回路には使いにくい．さらに大きな定常電流が流れて消費電力が増大するため，定常電流が小さい．そのため，ほぼフルスケールの出力電圧が得られる**AB級バッファー回路**が電圧バッファーとして広く用いられている．

図12.10に示すように，AB級バッファー回路では，信号電圧を一定の電圧だけシフトするレベルシフト電圧 V_{bn}，V_{bp} を適切に設定することで，電源電圧 V_{DD} と接地電圧の中間くらいの入力電圧 V_{ib} では，pMOSトランジスタ M_p とnMOSトランジスタ M_n を流れる電流 I_p，I_n は少ししか流れない．入力電圧 V_i が V_{ib} よりも低い場合は，I_n はほぼゼロで，負荷を駆動する電流はpMOSトランジスタ M_p から十分大きな電流として流れる．入力電圧 V_i が V_{ib} よりも高い場合は，I_p はほぼゼロで，負荷を駆動する電流はnMOSトランジスタ M_n から十分大きな電流として引き込むようになっている．

図12.11にレベルシフトを用いたAB級バッファー回路を示す．図12.11に示すよう

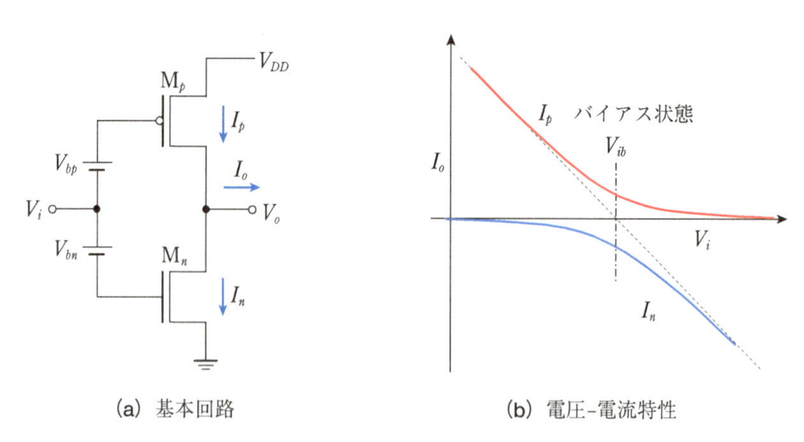

(a) 基本回路 (b) 電圧-電流特性

図12.10 AB級バッファー回路と電圧-電流特性

AB級バッファー回路は，入力信号レベルが小さいときは少ないバイアス電流で動作し，入力信号レベルが大きいときは出力負荷に十分大きな電流を流せるようになっている．

に，各トランジスタの W/L 比を設定すると，トランジスタ M_1 に電流 $2I_b$ が流れるバイアス条件においては，バイアス電流 $2I_b$ の半分の電流 I_b が pMOS トランジスタ M_4，nMOS トランジスタ M_5 に等しく流れる．バイアス電流 I_b が流れる MOS ダイオード M_7 の V_{GS} と，バイアス電流 I_b が流れる MOS ダイオード M_4 の V_{GS} はほぼ等しい．同様に，バイアス電流 I_b が流れる MOS ダイオード M_8 の V_{GS} と，バイアス電流 I_b が流れる MOS ダイオード M_5 の V_{GS} はほぼ等しい．したがって，$V_1 = V_3$，$V_2 = V_5$ となって，トランジスタ M_2，M_3 にバイアス電流 I_{ob} が流れる．

次に，AB 級バッファー回路の動作を図 12.12 に，電圧–電流特性を図 12.13 に示す．このバイアス状態から電圧 V_i が下がると，トランジスタ M_1 を流れる電流は増加し，電圧 V_1，V_2 は上昇する．したがって，トランジスタ M_5 は遮断状態となり，電流はすべてトランジスタ M_4 を流れ，V_1 は V_{DD} 近くまで上昇する．トランジスタ M_2 がカットオフするとともに，トランジスタ M_3 のゲート電圧 V_2 も V_{DD} 近くまで上昇して，トランジスタ M_3 の引き込み電流は急増する．

一方，バイアス状態から電圧 V_i が上がると，トランジスタ M_3，M_4 がカットオフし，電圧 V_1 は接地電位近傍まで下がり，トランジスタ M_2 の電流は急増する．

このように，AB 級バッファー回路では，バイアス時の少ないバイアス電流から，動作時の大きな駆動電流を引き出すことができるほか，接地電位から V_{DD} までの広い範囲で出力信号を得ることができる．

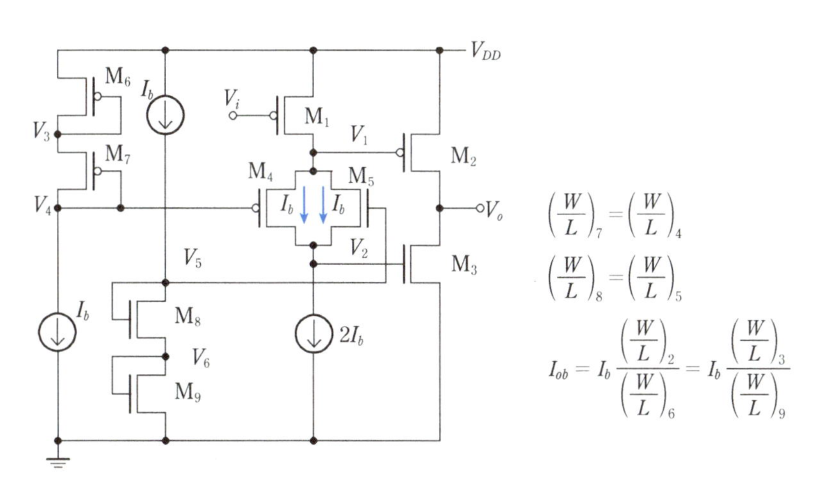

図 12.11　レベルシフトを用いた AB 級バッファー回路

トランジスタ M_4，M_5 はバイアス状態でソースフォロワーとして動作し，トランジスタ M_2，M_3 を適切にバイアスする役割と，出力電流を大きくしたいときにどちらかのトランジスタがオフとなるスイッチとしての役割を持っている．

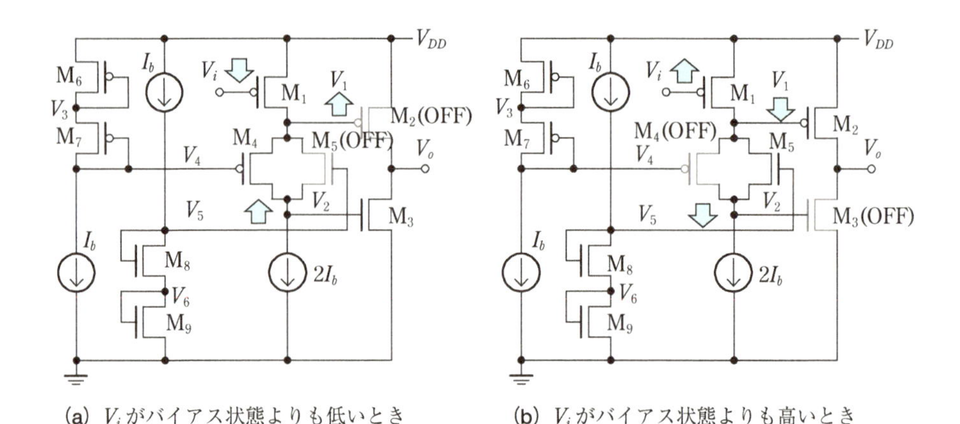

(a) V_iがバイアス状態よりも低いとき　(b) V_iがバイアス状態よりも高いとき

図 12.12　**AB級バッファー回路の動作**

V_iが下がったら，M_1を流れる電流は増えようとするが，動作電流は電流源$2I_b$で抑えられているのでV_1，V_2は上昇し，M_2の電流は減少し，M_3の電流は増加する．V_iが上がったら，M_1を流れる電流は減少しようとするが，動作電流は電流源$2I_b$で抑えられているのでV_1，V_2は低下し，M_2の電流は増加し，M_3の電流は減少する．

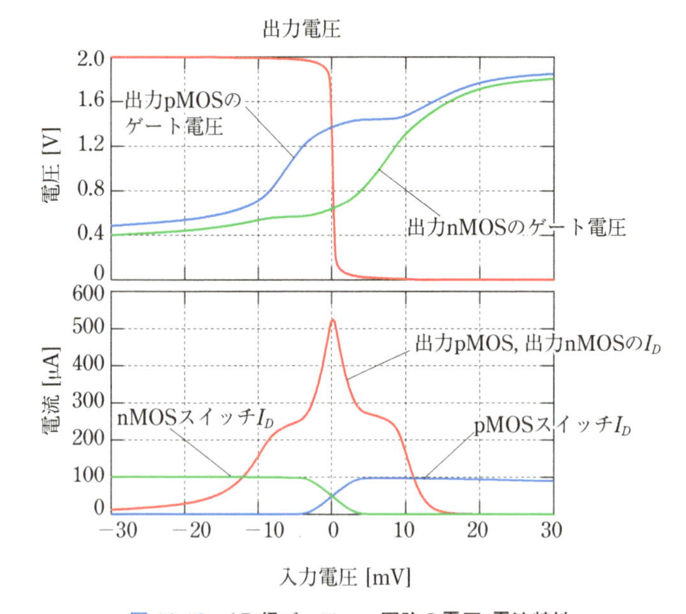

図 12.13　**AB級バッファー回路の電圧-電流特性**

出力トランジスタに，電流を流そうとする場合は十分大きなゲート・ソース間電圧を印加するが，電流を流さないときでも，ゲート・ソース間電圧はしきい値電圧程度には印加し，完全な遮断状態にならないように設計することが重要である．完全に遮断すると，動作状態に戻す時間がかかり，歪みが発生する．

❖12.5　2段の演算増幅器

これまでは1段の演算増幅器について述べたが，利得を増すには増幅段を継続に接続する**カスケード**と呼ばれる方法もある．ただし，3段以上は発振しやすくなるので，通常は2段が用いられている．

2段の演算増幅器の基本形と，利得を上げるために初段にカスコード回路を用いたものを図12.14に示す．図12.14(a)では，トランジスタ $M_1 \sim M_4$ で構成されるシングル構成の増幅回路にトランジスタ M_5 のソース接地型増幅回路を縦続に接続している．この構成でオフセット電圧を最小にするためには，トランジスタ M_3，M_4 のゲート電圧とトランジスタ M_5 のゲート電圧を一致させる必要がある．したがって，

$$\left(\frac{W}{L}\right)_5 : \left(\frac{W}{L}\right)_3 = I_{ss2} : \frac{I_{ss1}}{2} \tag{12.17}$$

の条件が必須となる．図12.14(b)に示したカスコード回路を用いたものも同様である．

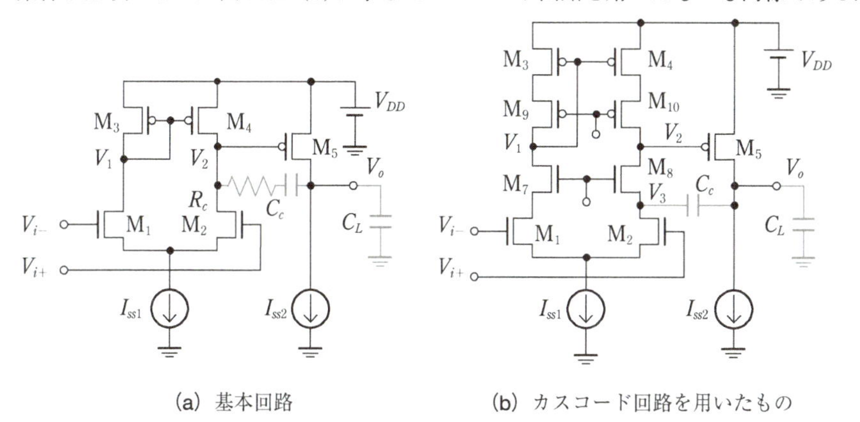

(a) 基本回路　　(b) カスコード回路を用いたもの

図12.14　2段の演算増幅器

トランジスタ M_5 はソース接地のpMOSトランジスタであるから，式(12.17)の条件のバイアス状態で $V_1 = V_2 = V_o$ となる．

❖12.6　位相補償と周波数特性

演算増幅器は利得が高いが，帰還回路に用いられるため発振しやすい．そのため，発振防止のために位相補償が不可欠である．ここでは，位相補償の方法と周波数特性について述べる．

12.6.1　1段の演算増幅器の位相補償

信号が伝播する各ノードは，それぞれにポールを有する．信号のポール角周波数 ω_p，

時定数 τ，抵抗 R，容量 C の間には次の関係がある．

$$\omega_p = \frac{1}{\tau} = \frac{1}{RC} \tag{12.18}$$

ここで，具体的な演算増幅器の回路のノードと時定数の関係を見てみよう．**カスコード型演算回路**を図 12.15 に示す．出力端のノード Y は高利得を確保するため，インピーダンスが最も高く，さらに負荷容量 C_L が加わるため，原点に最も近く，最も低い周波数のポール $\omega_{p,Y}$ となる．これを**第 1 ポール**という．次に原点に近いポール $\omega_{p,X}$ は，たくさんの容量が接続され，しかもミラー効果が生じるカレントミラーを構成するノード X である．これを**第 2 ポール**という．残りのノード(A ～ D)は比較的原点から遠い，高い周波数のポールを形成する．

開放利得 $H(\omega)$ のボード線図を図 12.16 に示す．利得はポール 1 つにつき 20 dB/dec で減少し，位相はポール角周波数で $-45°$ 変化している．ポール角周波数を ω_p とすると，おおよそ $0.1\omega_p \sim 10\omega_p$ の間で $0° \sim -90°$ まで変化する．この回路が安定に動作するためには，60° 程度の位相余裕が必要である．図 12.16 の青線は位相補償を施さないときのボード線図を示している．この状態では，利得が 1 (0 dB) になる角周波数 ω_u で位相は $-180°$ 以上あり，完全に発振してしまう．したがって，60° の位相余裕を実現するには**第 1 ポール角周波数** ω_{p1} を ω_{p1}' のように低周波側に移動させて，利得が 1 になる角周波数 ω_u を第 2 ポール角周波数 ω_{p2} の 1/2 程度の角周波数にする必要がある．ω_u は**ユニティゲイン角周波数**と呼ばれる．

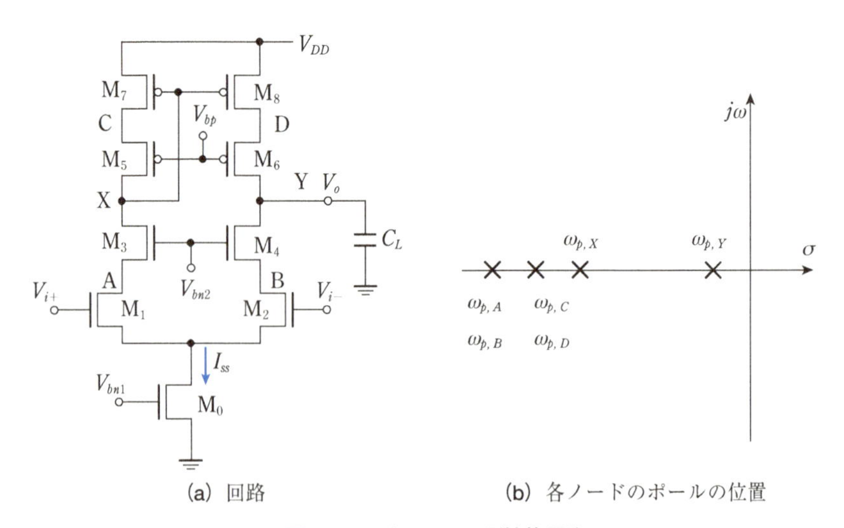

図 12.15 **カスコード型演算回路**
信号が伝搬するノードには信号伝搬の時定数があり，ポールを形成する．

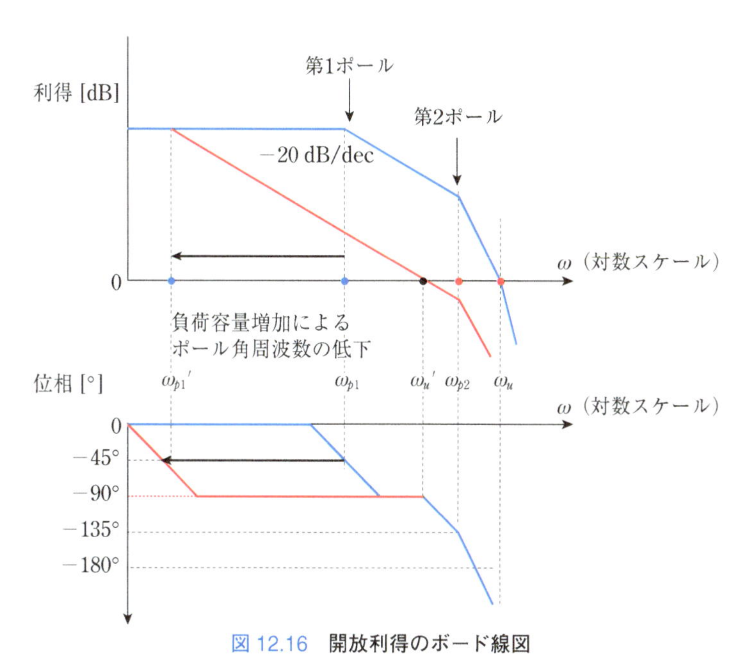

図 12.16 **開放利得のボード線図**

第1ポールを低周波側に移動することで回路は安定する．安定条件は第2ポール近傍で決定され，利得が1（0 dB）になる角周波数 ω_u が，第2ポール角周波数 ω_{p2} よりも半分以下であることが安定条件である．

このほかのポールは，通常第2ポールよりもかなり高い角周波数であり，位相補償後はこの角周波数で利得が1を切っているため，回路の安定性にほとんど影響を与えない．

以上のように位相補償においては第2ポール角周波数 ω_{p2} と，利得が1になるユニティゲイン角周波数 ω_u の2つ位置が重要になる．第1ポール角周波数の位置は直接的には影響を与えない．

ところで，位相余裕が60°以上になる位相補償の条件は，

$$\omega_u < \frac{\omega_{p2}}{2} \tag{12.19}$$

であるので，位相補償された場合は，増幅器のDC利得を G_{DC} とすると，第1ポール角周波数 ω_{p1} とユニティゲイン角周波数 ω_u には，次の関係が成り立つ．

$$G_{DC} = \frac{\omega_u}{\omega_{p1}} \tag{12.20}$$

式 (12.19) の関係を用いると，式 (12.20) は

$$\frac{\omega_{p2}}{\omega_{p1}} > 2G_{DC} \tag{12.21}$$

となる．つまり，回路が安定に動作するためには，第2ポール角周波数は第1ポール角周波数に対して，DC 利得の2倍以上高くなければならないことが分かる．

ユニティゲイン角周波数 ω_u は，

$$\omega_u = \frac{g_m}{C_L} \tag{12.22}$$

で与えられる．ここで，g_m は入力差動対を構成するトランジスタ M_1，M_2 の相互コンダクタンス g_m である．

結局，位相補償後の周波数特性は第2ポールにより決定され，これはカレントミラーの生じる低い周波数のポールにより生じるので，このポールの周波数を上げることが広帯域演算増幅器を実現するポイントである．したがって，広帯域増幅器の実現のためには，図12.3(b)に示したようなカレントミラーを用いない完全差動型演算増幅器が適している．

12.6.2　2段の演算増幅器の位相補償

図12.14に示した2段の演算増幅器の位相補償には，別の方法を用いなければならない．図12.17に図12.14(a)に示した2段の演算増幅器の等価回路を示す．ここで，r_{D1} はトランジスタ M_2，M_4 のドレイン抵抗を並列接続したもの，r_{D5} はトランジスタ M_5 のドレイン抵抗，C_1 はトランジスタ M_2，M_4 の接続点の全容量，C_2 は負荷容量，C_c は位相補償容量である．通常は，位相補償抵抗 R_c を位相補償容量 C_c に直列に接続し，ゼロ点の調節を行うが，計算の容易性を考慮し省略した．

位相補償容量 C_c がないとき，この回路のポール角周波数は，

$$\omega_{p1} = \frac{1}{r_{D1}C_1} \tag{12.23a}$$

$$\omega_{P2} = \frac{1}{r_{D5}C_2} \tag{12.23b}$$

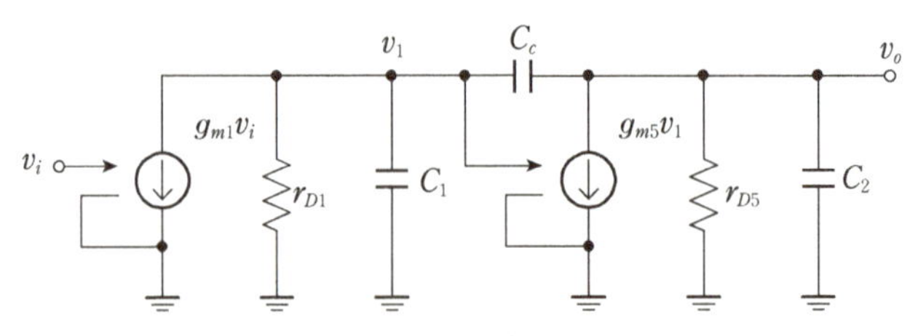

図 12.17　2段の演算増幅器の等価回路

と表される．r_{D1}，r_{D5} はほぼ同じ値をとる．通常，C_1，C_2 も大きくかけ離れていないので，図 12.18 の青線に示すようにポールの位置は接近している．利得が高く，2つのポール角周波数は接近しているので，位相は低い周波数で $-180°$ になる．したがって，利得は1以上となり，この回路は容易に発振してしまう．

先に述べた位相補償方法を用いて，この回路を補償しようとすると，C_1，C_2 のうちどちらかの容量を1段の増幅器の利得倍程度に増大させる必要がある．したがって，容量比を1000倍程度に設定する必要がある．このような容量比の設定は非現実的で，しかもこの位相補償された回路のユニティゲイン角周波数は，低いポール角周波数で決まるため，周波数特性が極めて悪くなる．

そこで，2段のカスケード増幅器を用いた演算増幅器の位相補償には，図 12.14(a) に示したような1段目の増幅器の出力端と2段目の増幅器の入力端間を直列に接続された容量 C_c と抵抗 R_L で帰還する方法が用いられる．

図 12.17 の等価回路を用いて伝達関数を導出する．キルヒホッフの第1法則より，

$$
\begin{aligned}
&g_{m1} v_i + (g_{D1} + sC_1) v_1 + sC_c\,(v_1 - v_o) = 0 \\
&g_{m5} v_1 + (g_{D5} + sC_2) v_o + sC_c\,(v_o - v_1) = 0
\end{aligned}
\tag{12.24}
$$

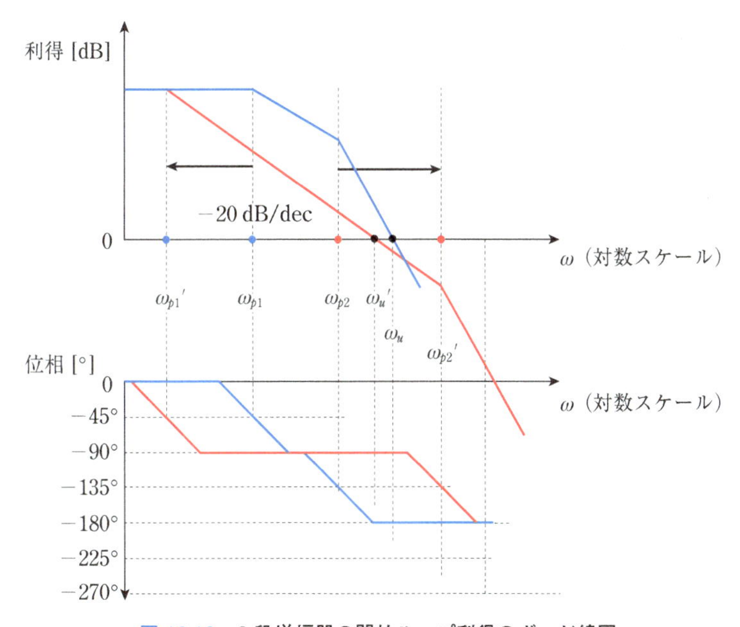

図 12.18　2段増幅器の開放ループ利得のボード線図

位相補償容量の挿入により，第1ポールはより低く，第2ポールはより高くなり，ポールが離れるポールスプリット状態になる．したがって第1ポールと第2ポールが離れることになり，第2ポール近傍で利得が1以下になり，回路は安定になる．

となるので，各電圧に対してまとめて，

$$
\begin{aligned}
&g_{m1}v_i + \{g_{D1} + s(C_1 + C_c)\}v_1 - sC_c v_o = 0 \\
&(g_{m5} - sC_c)v_1 + \{g_{D5} + s(C_2 + C_c)\}v_o = 0
\end{aligned}
\tag{12.25}
$$

となる．これより，内部電圧 v_1 を消去すると，

$$
g_{m1}(g_{m5} - sC_c)v_i \approx \{g_{D1}g_{D5} + sg_{m5}C_c + s^2(C_1C_2 + C_cC_1 + C_cC_2)\}v_o \tag{12.26}
$$

となる．ここで，$g_m \gg g_D$ の関係を用いて式を簡素化した．したがって，伝達関数は，

$$
\begin{aligned}
H(s) = \frac{v_o}{v_i} &= \frac{g_{m1}(g_{m5} - sC_c)}{g_{D1}g_{D5} + sg_{m5}C_c + s^2(C_1C_2 + C_cC_1 + C_cC_2)} \\
&= \frac{g_{m1}g_{m5}}{g_{D1}g_{D5}} \frac{1 - s\dfrac{C_c}{g_{m5}}}{1 + s\dfrac{g_{m5}}{g_{D1}g_{D5}}C_c + s^2\left(\dfrac{C_1C_2 + C_cC_1 + C_cC_2}{g_{D1}g_{D5}}\right)}
\end{aligned}
\tag{12.27}
$$

となる．第1ポールと第2ポールを s_{p1}，s_{p2} とすると，

$$
(s - s_{p1})(s - s_{p2}) = s^2 - (s_{p1} + s_{p2})s + s_{p1}s_{p2} = 0 \tag{12.28}
$$

$$
1 - \left(\frac{1}{s_{p1}} + \frac{1}{s_{p2}}\right)s + \frac{1}{s_{p1}s_{p2}}s^2 = 0 \tag{12.29}
$$

ここで，$|s_{p2}| \gg |s_{p1}|$ とすると，式 (12.27) より

$$
s_{p1} = -\frac{g_{D1}g_{D5}}{g_{m5}C_c} \tag{12.30}
$$

$$
s_{p2} = -\frac{g_{m5}}{C_1 + C_2 + \dfrac{C_1C_2}{C_c}} \tag{12.31}
$$

となる．また，ゼロは

$$
s_z = \frac{g_{m5}}{C_c} \tag{12.32}
$$

である．これより位相補償後のポール角周波数，ゼロ角周波数は，

$$
\omega_{p1}' = \frac{g_{D1}g_{D5}}{g_{m5}C_c} \tag{12.33a}
$$

$$
\omega_{p2}' = \frac{g_{m5}}{C_1 + C_2 + \dfrac{C_1C_2}{C_c}} \approx \frac{g_{m5}}{C_2} \tag{12.33b}
$$

$$
\omega_z' = -\frac{g_{m5}}{C_c} \tag{12.33c}
$$

となる．

図12.15(b)に示したように，通常 $C_1 < C_2$, $\dfrac{g_{D5}}{g_{m5}} \ll 1$ なので，新たなポール ω_{p1}' は

非補償のときのポール ω_{p1} よりもかなり低くなり，新たなポール ω_{p2}' は非補償のときのポール ω_{p2} よりもかなり高くなる．2つのポールを離すことから，これを**ポールスプリッティング**という．

利得が1になるユニティゲイン角周波数は，

$$\omega_u = \frac{g_{m_1}}{C_c} \tag{12.34}$$

で与えられるため，$\omega_{p2}' > 2\omega_u$ 程度に設定すれば安定な特性が得られる．したがって，以下のように位相補償容量 C_c を設定すればよい．

$$C_c \geq 2\frac{g_{m_1}}{g_{m_5}}C_2 \tag{12.35}$$

このときのボード線図を図12.18の赤線で示す．図12.18のように，もしもゼロの角周波数 ω_z がポール ω_{p2}' よりも低い場合は，周波数が高くなっても利得は減衰しないため位相補償が有効にかからなくなってしまう．そこで，位相補償容量 C_c に位相補償抵抗 R_c を挿入し，$R_c = \dfrac{1}{g_{m_5}}$ と設定することで，式(12.33)に示したゼロ点の角周波数を無限大にする必要がある．このようにして，図12.18の赤線で示したような十分な位相余裕を持った安定な回路ができる．

負荷容量 C_2 を3 pFとし，位相補償容量 C_c を変化させたときの2段の演算増幅器の開ループのボード線図を図12.19に示す．

第2ポール側の位相回転は C_c を変えても変化しないため，第1ポールを低くして，位相が $-120°$ に達するまで利得を0 dB以下にする必要がある．図12.19の例では，位相補償容量 C_c は2 pF以上が必要である．

以上のように，2段のカスケード増幅器はポールスプリッティングを用いることにより，ある程度の帯域を有したまま位相補償を行うことができる．しかし，帯域が2段目の増幅器のユニティゲイン周波数で決まるため，カスコード段のソース側の時定数で決まる1段のカスコード増幅器よりは帯域が狭くなる．したがって，高速・広帯域演算増幅器として用いる場合は2段のカスケード増幅器ではなく，1段のカスコード増幅器の方が適している．

図12.17に示した2段の演算増幅器のDC利得 G_{DC} は図より

$$G_{DC} = g_{m1} r_{D1} \cdot g_{m5} r_{D5} \tag{12.36}$$

になる。ただし，図12.17における r_{D1} は図12.14(a)におけるトランジスタ M_2, M_4 のドレイン抵抗を並列に接続したものであるので，それぞれトランジスタのドレイン抵抗 r_{D2}, r_{D4} を用いて表すと，

12

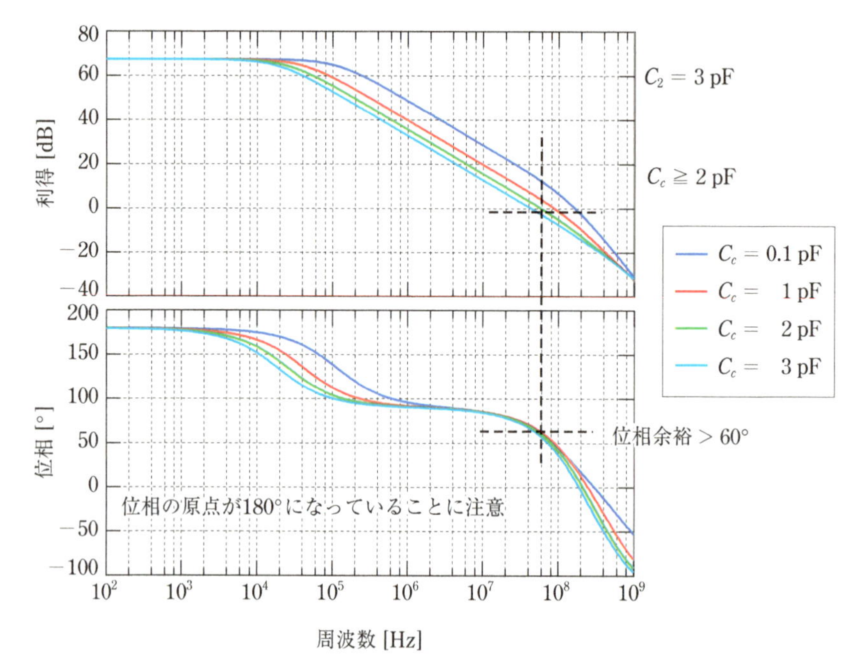

図 12.19 **2段増幅器の開ループのボード線図**
位相補償容量 C_c が2 pF 以上で，回路は安定になる．

$$G_{DC} = g_{m1}\,(r_{D2}//r_{D4}) \cdot g_{m5}\,r_{D5} \tag{12.37}$$

と表される。ドレインコンダクタンス g_D を用いて表すと以下のようになる。

$$G_{DC} = \frac{g_{m1}}{g_{D2} + g_{D4}} \cdot \frac{g_{m5}}{g_{D5}} \tag{12.38}$$

❖12.7 スルーレート

スルーレートは出力信号の最大変化率であり，回路の各容量の充放電時間で決定される．図 12.15 に示した1段のカスコード増幅器では，スルーレート SR は，

$$\mathrm{SR} = \frac{I_{ss}}{C_L} \tag{12.39}$$

で表される．したがって，定電流源の電流が大きく，負荷容量が小さいほど大きなスルーレートが得られる．また，図 12.14 に示した2段の演算増幅器の場合は，演算増幅器のスルーレートは定電流源 I_{ss1} と位相補償容量 C_c，定電流源 I_{ss2} と負荷容量 C_L からなる2つの回路のうちのどちらか小さい方のスルーレートで決定される．

❖12.8 雑音

演算増幅器の入力換算雑音は，主に初段のトランジスタの雑音を考慮すればよい．図12.14に示した2段の演算増幅器を例にとれば，初段の入力トランジスタ M_1，M_2 の入力換算電圧性雑音スペクトラム密度 $\overline{v_{n1,2}{}^2}$ は，2つのトランジスタの雑音電力の加算を考慮して，

$$\overline{v_{n1,2}{}^2}/\mathrm{Hz} = 2\left(\frac{4kT\gamma}{g_{m1}}\right) \tag{12.40}$$

と表される．ここで，γ はノイズ係数で，通常2/3～2程度の値をとる．

カレントミラーを構成するトランジスタ M_3，M_4 の電流性雑音スペクトラム密度 $\overline{i_{n3,4}{}^2}$ は，

$$\overline{i_{n3,4}{}^2}/\mathrm{Hz} = 2\left(4kT\gamma g_{m3}\right) \tag{12.41}$$

と表される．したがって，この電流性雑音が入力トランジスタ M_1，M_2 で等価的に入力換算電圧に変換されることを考慮すると，入力換算電圧性雑音スペクトラム密度 $\overline{v_n{}^2}$ は

$$\overline{v_n{}^2}/\mathrm{Hz} = 2\left(\frac{4kT\gamma}{g_{m1}}\left(1+\frac{g_{m3}}{g_{m1}}\right)\right) \tag{12.42}$$

となる．したがって，雑音を減らすにはトランジスタ M_1，M_2 の相互コンダクタンス g_{m1} を大きくし，トランジスタ M_3，M_4 の相互コンダクタンス g_{m3} を小さくする必要がある．

❖12.9 オフセット電圧

理想的な演算増幅器では入力端子間電圧をゼロにしたときに正常な出力電圧が得られるが，実際には入力端子間に一定の電圧を加えないと正常な出力電圧が得られない．

この入力端子間に加える一定の電圧を**オフセット電圧**といい，なるべくゼロに近い電圧であることが望ましい．

演算増幅器のオフセット電圧は個体によりランダムにばらついており，このランダムなオフセット電圧は，雑音と同様に主に初段のトランジスタで決定される．図12.14に示した2段の演算増幅器を例にとれば，トランジスタ M_1，M_2 のランダムオフセット電圧は，主として V_T のバラツキにより生じるもので，この標準偏差を σ_{VT1}，トランジスタ M_3，M_4 の標準偏差を σ_{VT3} とすると，入力換算オフセット電圧の標準偏差 σ_{voff} は，

$$\sigma_{\mathrm{voff}}{}^2 = 2\left(\sigma_{VT1}{}^2 + \sigma_{VT3}{}^2\left(\frac{g_{m3}}{g_{m1}}\right)^2\right) \tag{12.43}$$

で表される．

したがって，オフセット電圧のバラツキ，つまり標準偏差を低減するには，トランジスタのゲート面積を大きくすると同時に，g_{m3}/g_{m1} を小さくすることが必要である．

演習問題

12.1 図の回路について，次の問いに答えよ．ただし，$C_L = C_c = 3\,\mathrm{pF}$，それぞれのトランジスタの $V_{\mathrm{eff}} = 0.2\,\mathrm{V}$，$V_A = 10\,\mathrm{V}$ とする．また，抵抗 R はゼロとして扱うことにする．

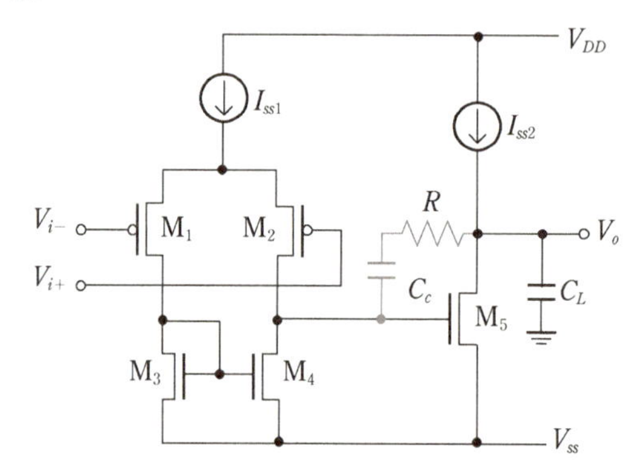

(1) 増幅器の利得が1になる周波数 f_u を 100 MHz，第2ポール周波数 f_{p2} を 200 MHz にしたい．電流 I_{ss1}，I_{ss2} を求めよ．

(2) 利得を求めよ．

12.2 図は1つのポールを持つ回路の利得と位相の周波数特性を表している．以下の問いに答えよ．

(1) 1つのポールを有する回路の電圧伝達関数は以下のように与えられる．ここで，f_p はポール周波数である（注意：角周波数ではない）．

$$H(f) = \frac{G_0}{1 + j\left(\frac{f}{f_p}\right)}$$

図に示した利得（dB）と位相の周波数特性から，G_0 と f_p を求めよ．ただし，以下の問いでは，このポール周波数を第1ポール周波数 f_{p1} とする．

(2) 演算増幅器においてポールが2つ存在し，1つのポール周波数は **(1)** で求めた第

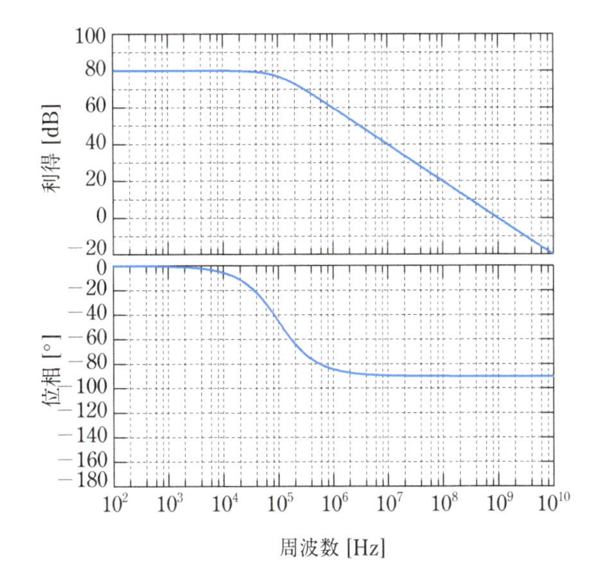

1ポール周波数f_{p1}，もう1つのポール周波数を第2ポール周波数f_{p2}とする．$f_{p2} = 50\,\mathrm{MHz}$と設定したときの電圧利得と位相の周波数特性を示すとともに，利得が1（0 dB）になる周波数f_uを求めよ（計算によらず，グラフを用いて求めてもよい．また，ボード線図を用いて，利得と位相の周波数特性を直線近似してもよい）．

(3) (2)で得られた周波数特性を演算増幅器の負帰還ループを開放した周波数特性とするとき，位相余裕が60°程度になるようにf_{p1}の値を設定し，設定値とそのときの利得と位相の周波数特性を示せ．

12

第13章 発振回路

特定の周期で繰り返し信号を発生させる発振回路は，特定の周波数の正弦波や，ディジタル回路に正確な動作タイミングを与えるクロックパルスの発生に必要である．正確な周波数の発生は，無線通信をはじめとするあらゆる電子機器の基礎となっている．本章では，発振の原理と発振条件，各種発振器の回路形式について説明する．

13.1. 発振回路の発振条件

発振とは一定の持続的な振動を発生することである．電子回路に帰還回路技術を用いることにより，特定の周波数で発振を起こすことができる．図13.1に利得 A の増幅器と，ある周波数特性 β を有する正帰還回路を示す．

この回路の電圧利得 G は，

$$G = \frac{v_2}{v_1} = \frac{A(s)}{1 - A(s)\beta(s)} \tag{13.1}$$

で表される．$A(s)\beta(s)$ は**ループ利得**と呼ばれ，ここで，$A(s)\beta(s) = 1$ とすると，$G = \infty$ となり，入力電圧がゼロであっても出力電圧はゼロにならない．この状態が発振状態である．つまり，

$$A(s)\beta(s) = 1 \tag{13.2}$$

となるのが発振であり，以下の条件が特定の周波数で同時に満たされることに相当する．

$$\textbf{位相条件}：\mathrm{Im}(A(s)\beta(s)) = 0 \tag{13.3a}$$

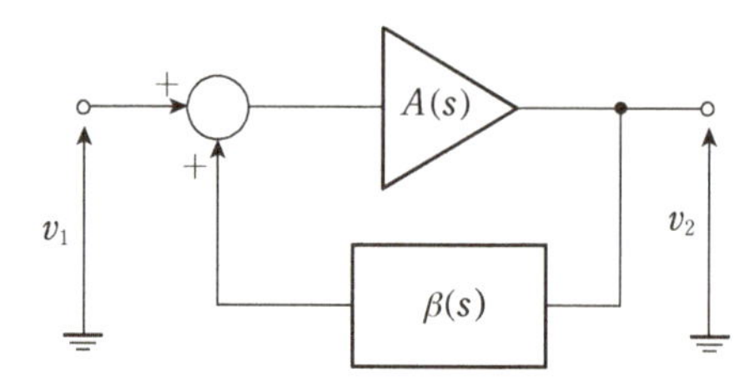

図13.1 **正帰還回路**
発振には帰還ループが必要で，帰還ループがないと発振は生じない．

振幅条件：$\mathrm{Re}\,(A\,(s)\,\beta\,(s)) \geq 1$ (13.3b)

ここで，振幅条件を $\mathrm{Re}\,(A\,(s)\,\beta\,(s)) \geq 1$ としたのは，定常発振状態では確かに式(13.2) が満たされているが，ループ利得 $A(s)\beta(s)$ の絶対値が1以上でなければ信号の増大が起こらず，発振が開始されないからである．

発振回路にはいくつかの形式があるので，順次説明する．

❖13.2 ウイーンブリッジ発振回路

図 13.2 は**ウイーンブリッジ発振回路**である．演算増幅器と抵抗 R_a，R_b による正転増幅器が用いられている．

増幅器の入力端子には電流がほとんど流れないので，回路を切り離すことができる．この回路のループ利得を求めると，

$$A\beta = \frac{v_2}{v_1} = \frac{A}{1+\dfrac{R_1}{R_2}+\dfrac{C_2}{C_1}+j\left(\omega R_1 C_2 - \dfrac{1}{\omega R_2 C_1}\right)} \tag{13.4}$$

となる．ただし，

$$A = 1+\frac{R_b}{R_a} \tag{13.5}$$

である．したがって，発振条件は以下となる．

位相条件：$\mathrm{Im}\,(A\beta) = 0$

$$\omega = \frac{1}{\sqrt{R_1 R_2 C_1 C_2}} \tag{13.6}$$

振幅条件：$\mathrm{Re}\,(A\beta) \geq 1$

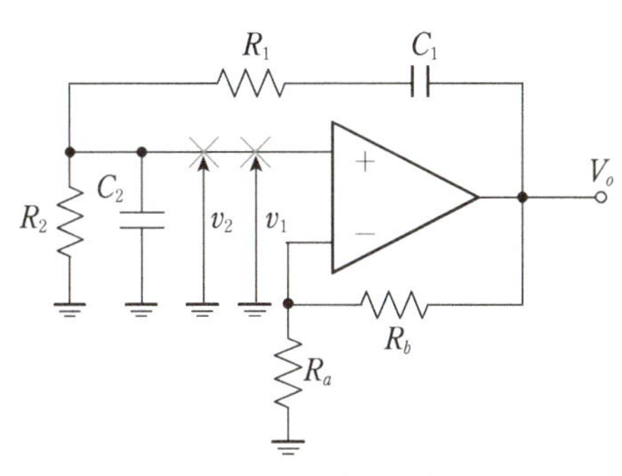

図 13.2 ウイーンブリッジ発振回路

$$A \geq 1 + \frac{R_1}{R_2} + \frac{C_2}{C_1} \tag{13.7}$$

ここで，$R_1 = R_2 = R$，$C_1 = C_2 = C$ とすると，各条件は，

$$\omega = \frac{1}{RC} \tag{13.8a}$$

$$A \geq 3 \tag{13.8b}$$

となる．この回路は，主として歪みの少ない低周波信号の発振に用いられ，容量 C_1, C_2 または抵抗 R_1，R_2 を連動して変化させる．

❖13.3　リング発振器

リング発振器は，構成の簡単さ，専有面積の小ささ，可変周波数範囲の広さなどから，ディジタル回路におけるクロックの発生など，さまざまな用途に広く用いられる．以下では，代表的なリング発振器として，CMOS リング発振器および電流制限型 CMOS リング発振器について説明する．

13.3.1　CMOS リング発振器

図 13.3 に **CMOS リング発振器**の基本回路を，図 13.4 に発振波形を示す．図 13.5 に示す CMOS インバータ 1 段あたりの等価回路を用いて，発振条件を解析してみよう．

CMOS インバータ 1 段あたりの伝達関数 $H(s)$ は，

$$H(s) = \frac{v_2}{v_1} = -\frac{g_m}{g_L + sC_L} = -\frac{A_o}{1 + \dfrac{s}{\omega_o}} \tag{13.9}$$

と表される．ここで，$g_L = \dfrac{1}{r_L}$，$A_o = g_m r_L$，$\omega_o = \dfrac{1}{r_L C_L}$ である．それぞれ負荷コン

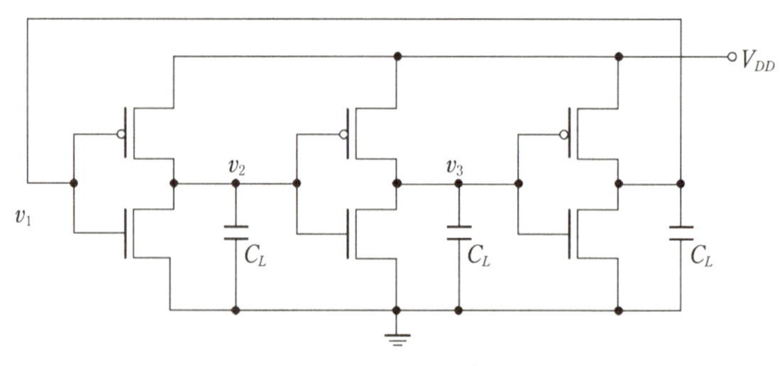

図 13.3　CMOS リング発振器

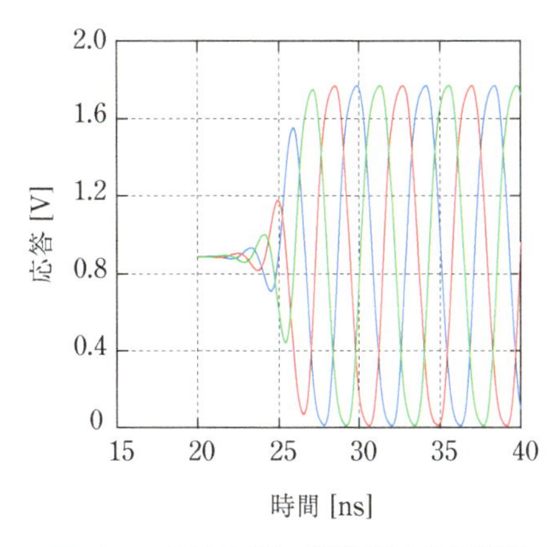

図 13.4　CMOS リング発振器の発振波形
発振の開始時は微小な振幅の信号であるが時間とともに増大し，一定振幅に収束する.

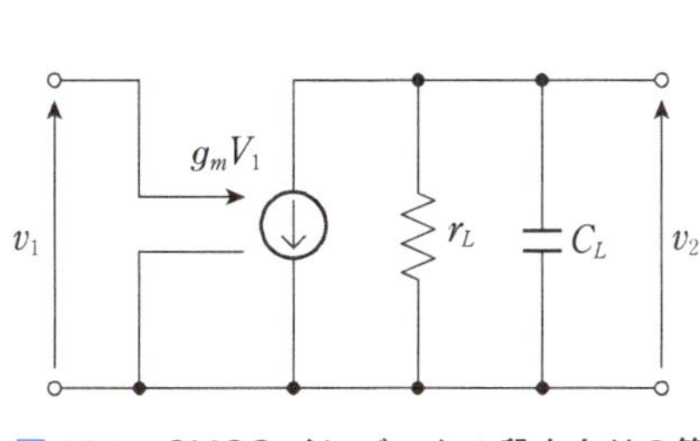

図 13.5　CMOS インバータ 1 段あたりの等価回路

ダクタンス，DC 利得，ポール角周波数(1／時定数)を表す.

発振条件は，式 (13.3a)，式 (13.3b) より，次のように求めることができる.

位相条件：CMOS インバータ 3 段で 180° 変化するので，1 段あたりでは 60° 変化する. したがって，発振角周波数を ω_{osc} とすると，

$$\tan^{-1}\frac{\omega_{\mathrm{osc}}}{\omega_o} = 60^\circ \tag{13.10}$$

となるので，発振角周波数は以下となる.

$$\omega_{\mathrm{osc}} = \sqrt{3}\,\omega_o \tag{13.11}$$

振幅条件：各段で利得の絶対値は 1 以上でなければならないので，伝達関数は,

$$|H(s)| = \left|\frac{A_o}{1 + j\dfrac{\omega_{\mathrm{osc}}}{\omega_o}}\right| = \left|\frac{A_o}{1 + j\sqrt{3}}\right| \geqq 1 \tag{13.12}$$

となる. したがって，$A_0 \geq 2$ で発振する.

ところで，この条件より，発振状態では

$$r_L = \frac{2}{g_m} \tag{13.13}$$

が成り立つので，式 (13.11) より，発振角周波数は

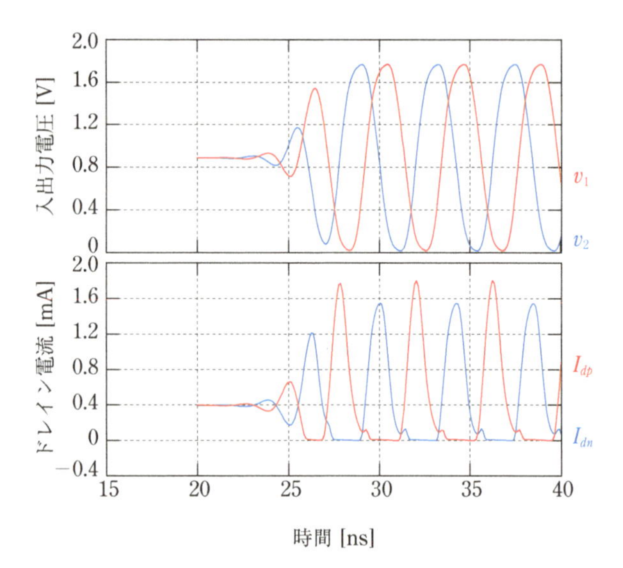

図 13.6　CMOS リング発振器の初段の CMOS インバータの入出力電圧とドレイン電流

$$\omega_{\mathrm{osc}} = \sqrt{3}\,\omega_o = \frac{\sqrt{3}}{r_L C_L} = \frac{\sqrt{3}}{2}\frac{g_m}{C_L} \tag{13.14}$$

とも表される．したがって，発振条件を満たせば，g_m もしくは C_L を変えることにより発振周波数を変えることができる．しかし，以上の発振条件は発振の初期の**小信号動作**でのものであり．実際の発振回路では発振した後は**大振幅動作**に移行する．

図 13.3 に示した CMOS リング発振器の初段の CMOS インバータの入出力電圧と pMOS トランジスタおよび nMOS トランジスタのドレイン電流を図 13.6 に示す．ドレイン電流は絶えず一定電流が流れるのではなく，一定周期の間だけ電流が流れ，その他の時間は電流が流れない**間欠動作**になっており，大振幅動作をしていることが分かる．

13.3.2　電流制限型 CMOS リング発振器

リング発振器を電圧制御発振器に用いる場合は，可変周波数範囲を広くするために CMOS インバータの動作電流を制限して発振周波数を可変にする方法がとられる．

図 13.7 にその回路を示す．電流源を pMOS に挿入する場合と nMOS に挿入する場合があるが，この場合は nMOS に挿入した例を示している．

電流制限型 CMOS リング発振器の初段の CMOS インバータの入出力電圧と pMOS トランジスタおよび nMOS トランジスタのドレイン電流を図 13.8 に示す．

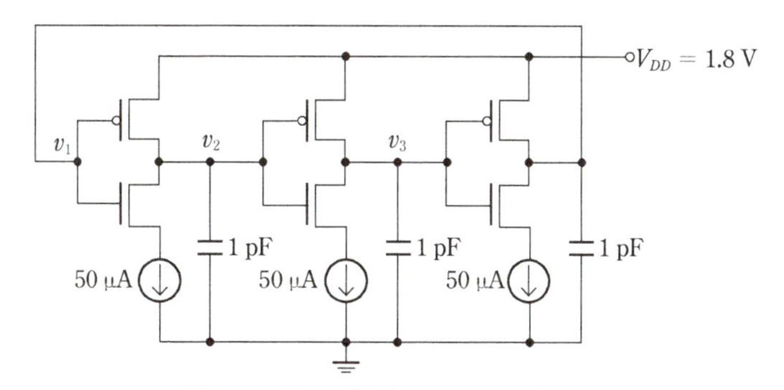

図 13.7　電流制限型 CMOS リング発振器

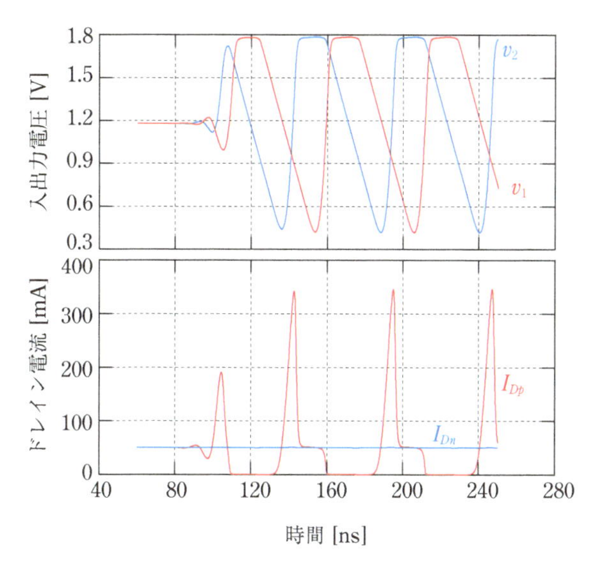

図 13.8　電流制限型 CMOS リング発振器の初段の CMOS インバータの入出力電圧とドレイン電流

立下り電流を制限しているので，立下り波形は一定傾斜の直線になる．

nMOS トランジスタを流れる電流は，電流源で制限され一定であるが，pMOS トランジスタにはスイッチ電流が流れる．入力電圧が電源電圧 V_{DD} 近傍電圧の場合は，pMOS はオフとなり，nMOS はオンになるが，流れる電流は電流源一定であるので，出力電圧は一定の電圧変化で降下する．pMOS を流れる電流が nMOS を流れる電流と等しくなったあたりで，pMOS はオンになり，出力電圧は急激に上昇する．そして，次段の出力電圧は V_{DD} から降下しはじめるが，初段のゲート電圧はまだ論理状態が変化する論理しきい値電圧よりも高いため，初段の出力電圧は降下し続け，初段のゲー

ト電圧が論理しきい値電圧よりも低くなって，はじめてpMOSがオンになり，出力電圧は急上昇する．したがって，この回路では1段あたりの論理遅延時間 T_{pd} は，pMOSの飽和電流を I_{Dsat_p}，電流源電流を I_0 とすると，

$$T_{pd} \approx \frac{C_L V_{DD}}{2}\left(\frac{1}{I_{Dsat\_p}}+\frac{1}{I_0}\right) \tag{13.15}$$

と近似でき，発振周波数 f_{osc} は，

$$f_{\mathrm{osc}} = \frac{1}{3T_{pd}} \approx \frac{2}{3C_L V_{DD}\left(\frac{1}{I_{Dsat\_p}}+\frac{1}{I_0}\right)} \tag{13.16}$$

と表される．

❖13.4 *LC* 発振器

図13.9に示すように，発振回路の負荷としてインダクタ L と容量 C による共振回路を用いた回路が **LC 発振器**である．

図13.9に示す LC 発振器は回路が対称であり，差動増幅器として動作する．トランジスタ M_1 のみの伝達関数を導出してみよう．トランジスタ M_1 の相互コンダクタンスを g_m とし，トランジスタの寄生容量とドレイン抵抗を無視すると．伝達関数 $H(s)$ は，

$$H(s) = -g_m Z_L(s) = -\frac{g_m}{g_p + sC_L + \frac{1}{sL_L}} = -\frac{sg_m L_L}{s^2 C_L L_L + sg_p L_L + 1} \tag{13.17}$$

となる．共振時，共振角周波数 ω_{res} は

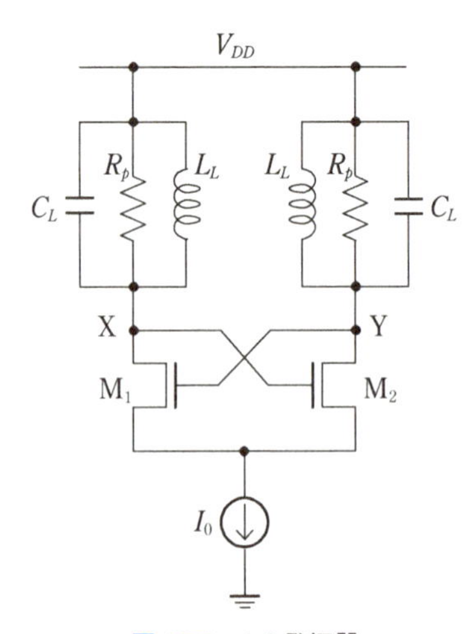

図13.9 *LC* 発振器

$$\omega_{\mathrm{res}}{}^2 = \frac{1}{LC} \tag{13.18}$$

であるので，これを代入すると，伝達関数 $H(s)$ は，

$$H(s) = -\frac{g_m}{g_p} = -g_m R_p \tag{13.19}$$

となる．ここで，$g_p = \dfrac{1}{R_p}$ である．したがって，発振条件における位相条件はこの周波数で満足し，振幅条件より式 (13.19) の絶対値が1よりも大きな値をとるときに発振することになる．

❖13.5　コルピッツ発振器

トランジスタ1個で高周波を発振できる回路が**コルピッツ発振器**である．原理図(バイアス回路を省略している)と等価回路を図 13.10 に示す．

図の×印のところで回路を切り離し，ループ利得を求めると，

$$A\beta = \frac{v_2}{v_1} = -\frac{g_m}{g_D(1-\omega^2 LC_2) + j\omega(C_1 + C_2 - \omega^2 LC_1 C_2)} \tag{13.20}$$

となる．したがって発振条件は，以下となる．

位相条件：発振角周波数は，

$$\omega_{\mathrm{osc}} = \sqrt{\frac{1}{L}\left(\frac{1}{C_1} + \frac{1}{C_2}\right)} \tag{13.21}$$

振幅条件：

$$-\frac{g_m}{g_D(1-\omega^2 LC_2)} \geq 1 \tag{13.22}$$

これらの発振条件より，相互コンダクタンスは以下となる．

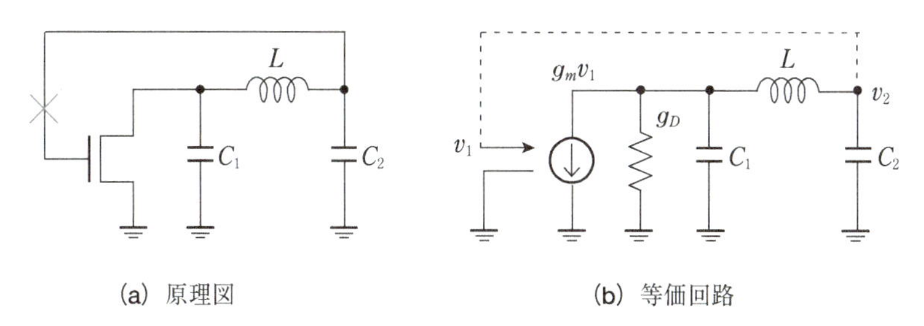

図 13.10　コルピッツ発振器

$$g_m \geq \frac{C_2}{C_1} g_D \tag{13.23}$$

❖13.6　水晶発振回路

LC 共振器を用いた発振回路は，発振周波数の設定精度や周波数ドリフトに限界がある．そのため，より高精度で安定な発振には，水晶の圧電効果を利用した**水晶振動子**が用いられる．図 13.11 に水晶の回路記号と等価回路を示す．インダクタ L_s，容量 C_s，抵抗 R_s は，水晶の圧電効果による機械的共振を電気回路として等価的に表したもので，C_0 は電極間容量である．

$R_s = 0$ とすると，リアクタンス jX は，

$$jX = -j\frac{1 - \omega^2 L_s C_s}{\omega(C_0 + C_s - \omega^2 L_s C_0 C_s)} \tag{13.24}$$

と表される．図 13.12 に示すようにリアクタンスは周波数によって大きく変化し，リアクタンスは直列共振周波数 f_0 でほぼゼロ，並列共振周波数 f_∞ でほぼ ∞ となる．

それぞれの共振周波数は，

$$f_0 = \frac{1}{2\pi\sqrt{L_s C_s}} \tag{13.25a}$$

$$f_\infty = \frac{1}{2\pi\sqrt{L_s \dfrac{C_0 C_s}{C_0 + C_s}}} \tag{13.25b}$$

となる．通常 $C_0 \gg C_s$ であるので，$f_0 \approx f_\infty$ であり，直列共振周波数 f_0 と並列共振周波

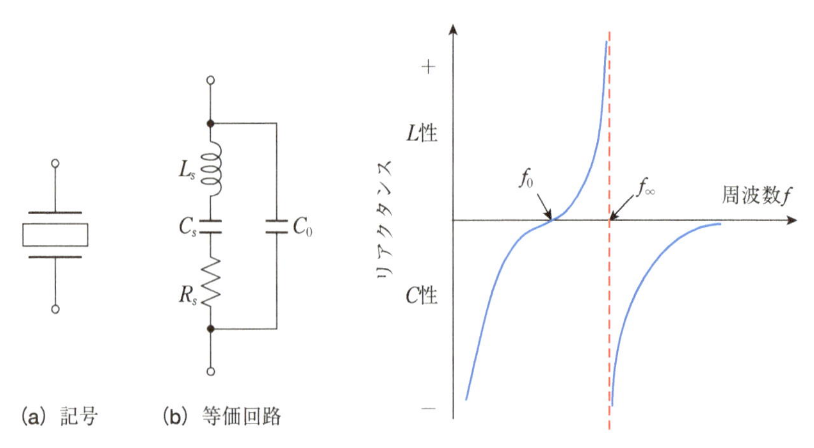

図 13.11　水晶の回路記号と等価回路

図 13.12　水晶振動子のリアクタンス特性

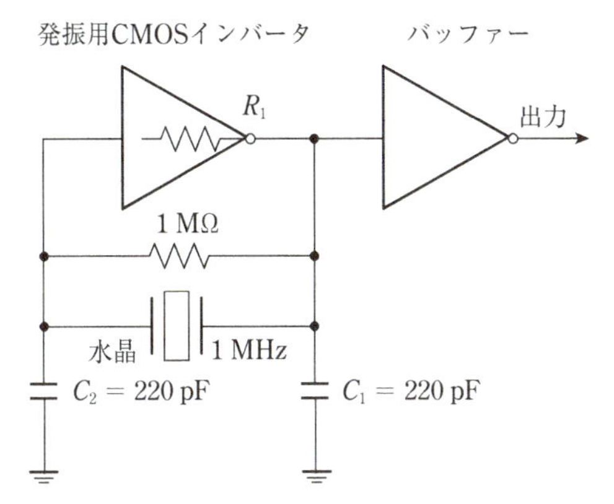

図 13.13　CMOS インバータを用いた水晶発振回路

数 f_∞ は非常に接近している．

f_0 から f_∞ までの非常に狭い範囲でインダクタンス性のリアクタンスとなり，その値も急激に変化するので，水晶をインダクタ L として発振回路に用いれば，インダクタ L の変化に対する発振周波数の変化は小さく，安定な発振が実現できる．

ところで，直列共振時の Q 値は，

$$Q = \frac{1}{2\pi f_0 R_s C_s} \tag{13.26}$$

で与えられるが，通常の LC 共振器の Q 値が数十〜数百なのに比べて，水晶発振回路の Q 値は数百万という極めて高い値が得られる．したがって，非常に良好な発振が実現できるとともに，発振周波数の温度変化率は 10^{-6}〜10^{-8} と小さく，極めて安定な発振が実現できる．

発振回路としてはコルピッツ発振器のインダクタ部分に用いるほか，図 13.13 に示すように，CMOS インバータの入出力に水晶を挿入する方法もある．

水晶は直列共振周波数 f_0 で抵抗 R_s になるので，CMOS インバータの出力抵抗 R_1 と容量 C_1 で位相を 90°，抵抗 R_s と容量 C_2 で位相を 90° 変化させれば，正帰還となり，ループ利得が 1 以上の場合に発振する．インバータの入出力間に挿入した 1 MΩ の抵抗は CMOS インバータの自己バイアス用である．

●演習問題

13.1 図(a)の発振回路について，次の問いに答えよ．

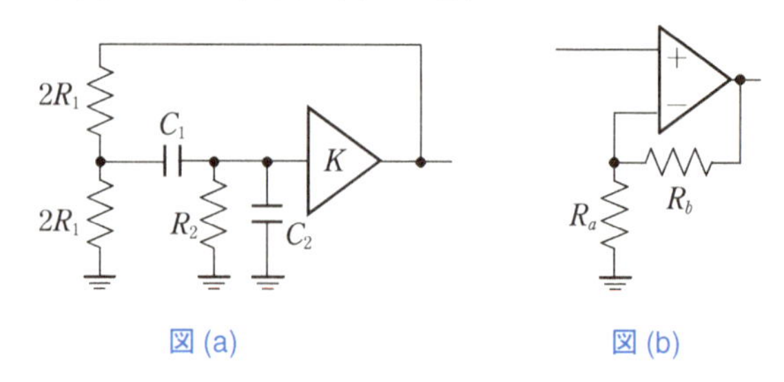

図(a)　　図(b)

(1) ループ利得を計算し，発振条件を求めよ．

(2) $C_1 = C_2 = C$，$R_1 = R_2 = R$ として，発振周波数が1 kHz になるように RC の値を定めよ．

(3) 図(a)の増幅器を図(b)のように演算増幅器(理想とする)により構成した．発振条件を満たすように，抵抗比 $\dfrac{R_b}{R_a}$ を定めよ．

13.2 LC 発振器における並列抵抗 R_p は，インダクタの直列抵抗 R_s の存在により生じているものである．次の問いに答えよ．

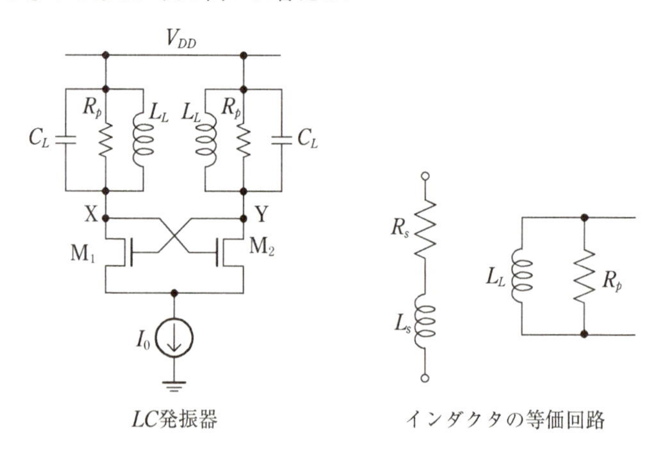

LC発振器　　インダクタの等価回路

(1) 並列抵抗 R_p をインダクタの抵抗 R_s およびインダクタ L_s および信号角周波数 ω を用いて表せ(直列回路のインピーダンスからその逆数であるアドミタンスを求め，その実数部を求めよ)．

(2) トランジスタの g_m, C_L, L_s, R_s が与えられたときに，発振の利得条件を満足する信号角周波数 ω の条件を求めよ．ただし $R_s \ll R_p$ の近似を用いて式を簡単にせよ．

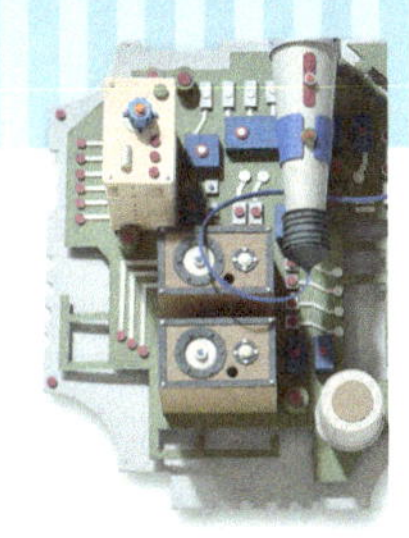

第14章
電源回路

電源回路は電子機器に電気エネルギーを安定に供給する回路であり，以下の機能のすべてもしくは一部を含むものである．

1. 交流を直流に変換する．
2. ある直流電圧から他の直流電圧に変換する．
3. 負荷の変動によらず一定電圧を供給する．

14.1 整流回路

発電所からの電気エネルギーは交流で伝送されるが，電子機器が使用するのは直流である．このため，交流から直流への変換が必要不可欠であり，これを担うのが**整流回路**である．

14.1.1 半波整流回路

交流から直流への変換には，印加電圧が正のときのみ電流を通す整流作用が必要である．ダイオードを用いた最も簡単な**半波整流回路**を図 14.1，電圧波形を図 14.2 に示す．ここで，交流電圧 V_i を入力電圧とし，負荷抵抗を R_L とする．

容量 C がない場合では，ダイオードに順方向の電圧がかかった場合のみ電流が流れる．したがって，流れる電流 I_L と出力電圧 V_o は図 14.2 赤線のように交流信号が正の場合のみ現れる．これでも交流から直流への変換は行われたことにはなるが，出力電圧の変動が大きすぎて扱いにくい．そこで，負荷抵抗に並列に容量 C を挿入すると，波形は安定状態において図 14.2 緑線のように入力電圧が最も高いときに最高電圧にな

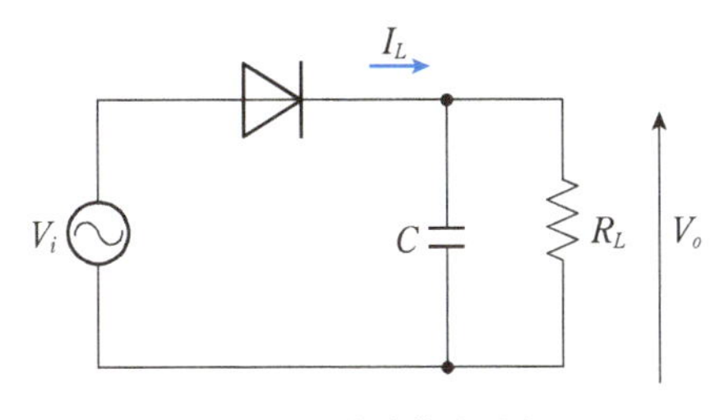

図 14.1 半波整流回路

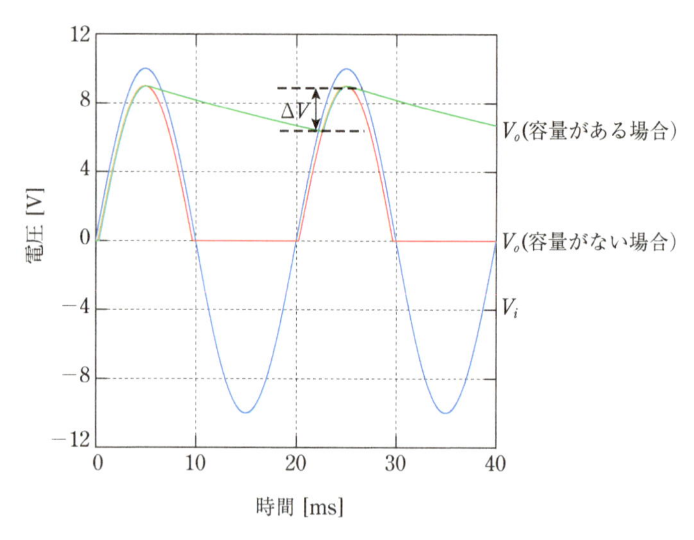

図 14.2　**半波整流回路の電圧波形**

り，容量に最大の電荷が蓄えられる．入力電圧が低下すると，ダイオードはカットオフし，容量に蓄積された電荷は負荷抵抗により放電するので，出力電圧は徐々に減少する．しかし，入力電圧が再び正になり，出力電圧よりもダイオード電圧だけ高くなると，再度ダイオードは順方向に電流を流し，最高入力電圧になるまで容量を充電する．

いま出力電圧の変動が十分小さいとし，交流信号の周期を T とすると，電荷変動 ΔQ は

$$\Delta Q = \Delta V_o \cdot C \approx I_L \cdot T \approx \frac{V_o}{R_L} \cdot T \tag{14.1}$$

と近似できる．これより，出力電圧に対してどの程度の電圧変動があるかの指標である**リップル含有率**は

$$\gamma = \frac{\Delta V_o}{V_o} = \frac{T}{\tau}, \quad \tau = R_L C \tag{14.2}$$

となる．したがって，リップル含有率はおおよそ交流信号の周期と，容量に蓄積された電荷を保持することで電圧変動を抑圧する RC 回路の時定数 τ との比で決まる．

14.1.2　全波整流回路

半波整流回路では半周期しか電流が流れず，効率が悪く，リップル含有率も大きい．そこで全周期にわたって電流が流れるようにした整流回路が，図 14.3 に示す**全波整流**

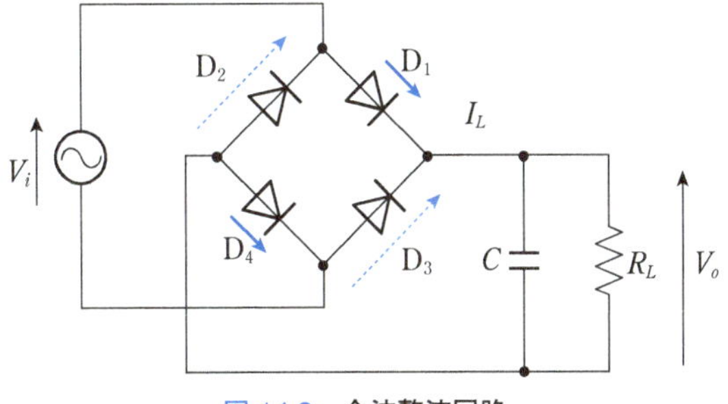

図 14.3　全波整流回路

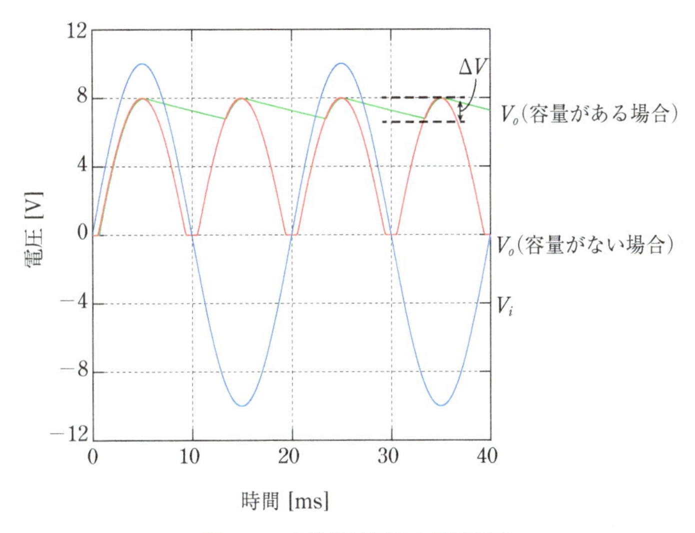

図 14.4　全波整流回路の電圧波形

回路である．

この回路では，入力電圧 V_i が正のサイクルのときダイオード D_1，D_4 がオンになり，実線のように電流が流れる．一方，入力電圧 V_i が負のサイクルのときダイオード D_2，D_3 がオンになり，破線のように電流が流れる．

全波整流回路の電圧波形を図 14.4 に示す．リップル含有率は，式 (14.2) におけるリップル周期が半分になっているので，以下となる．

$$\gamma = \frac{\Delta V_o}{V_o} = \frac{T}{2\tau} \tag{14.3}$$

❖14.2　シリーズレギュレータ

入力電圧や負荷抵抗が変化しても，電源と負荷の間に挿入した抵抗を制御して一定の電圧に保つ回路が，**シリーズレギュレータ**である．

シリーズレギュレータの構成を図 14.5 に示す．基準電圧 V_R には，温度や電圧変化の影響を受けにくいバンドギャップ電圧を用いられる．出力電圧 V_o は抵抗 R_1 と R_2 で分圧され，この分圧された電圧と基準電圧 V_R との電圧差が演算増幅器によって増幅されて，トランジスタのベースもしくはゲートを制御して，出力電圧を一定に保つ負帰還増幅回路となっている．

入力電圧を V_i，出力電圧を V_o，演算増幅器の利得を A，抵抗の分圧比を α，トランジスタの相互コンダクタンスを g_m，コレクタ・エミッタ間もしくはドレイン・ソース間の動的抵抗をそれぞれ r_o，抵抗 R_1，R_2 を含む負荷抵抗を $R_L{}'$ とすると，キルヒホッフの法則により

$$g_m\{A(V_R-\alpha V_o)-V_o\}+\frac{V_i-V_o}{r_o}=\frac{V_o}{R_L{}'} \tag{14.4}$$

が成り立つ．したがって，出力電圧は，

$$V_o=\frac{V_R+\dfrac{1}{Ag_m r_o}V_i}{\dfrac{1}{Ag_m}\left(\dfrac{1}{r_o}+\dfrac{1}{R_L{}'}\right)+\left(\dfrac{1}{A}+\alpha\right)} \tag{14.5}$$

となる．ここで，$A\gg 1$，$Ag_m\gg\dfrac{1}{r_o},\dfrac{1}{R_L{}'}$ とすると，出力電圧は，

$$V_o\approx\frac{V_R}{\alpha}=\left(1+\frac{R_1}{R_2}\right)V_R \tag{14.6}$$

と近似できる．

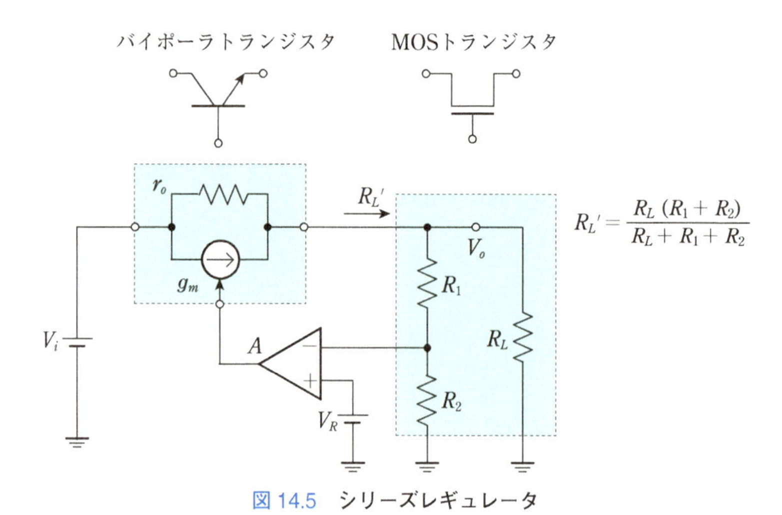

図 14.5　シリーズレギュレータ

入力レギュレーション（入力電圧の変化に対する出力電圧の変化）は，式 (14.5)，式 (14.6) より，次式で与えられる．

$$\frac{\Delta V_o}{\Delta V_i} = \frac{1}{\alpha}\frac{\partial V_R}{\partial V_i} + \frac{1}{g_m r_o \gamma A} \tag{14.7}$$

負荷電流の変動 ΔI_L による出力電圧の変動 ΔV_o は，この回路の出力抵抗が

$$r_o \approx \frac{1}{g_m \alpha A} \tag{14.8}$$

であることから，

$$\Delta V_o = r_o \Delta I_L \approx \frac{\Delta I_L}{g_m \alpha A}$$

$$\frac{\Delta V_o}{V_o} = \frac{\Delta I_L}{g_m A V_R} \tag{14.9}$$

となる．したがって，増幅器の利得 A およびトランジスタの相互コンダクタンス g_m が高いほど，出力変動率 $\dfrac{\Delta V_o}{V_o}$ は低くなる．

❖14.3 インダクタを用いたDC-DC変換器

直流電圧から直流電圧への変換が必要な場合がある．このときは，効率のよい電圧変換として，スイッチのオン・オフだけを用いる**スイッチング電源**である **DC-DC 変換器**が広く用いられる．インダクタを用いたDC-DC 変換器には，**降圧型**，**昇圧型**，**昇降圧型**がある．以下では，それぞれの動作を順次説明する．

14.3.1 降圧型 DC-DC 変換器

降圧型（**バック型**）**DC-DC 変換器**の構成を図 14.6 に示す．

図 14.6 において，スイッチパルスの周期を T として，スイッチがオンの時間を t_{on} とすると，デューティー比 D は，

$$D = \frac{t_{on}}{T} \tag{14.10}$$

で表される．

スイッチ S がオンの期間 t_{on}，ダイオード D は逆バイアスされオフである．インダクタ L の両端には $V_i - V_o$ の電圧がかかるので，

$$L\frac{dI_L}{dt} = V_i - V_o \tag{14.11}$$

が成り立つ．右辺がほぼ一定の定常状態では，インダクタを流れる電流 I_L は時間とと

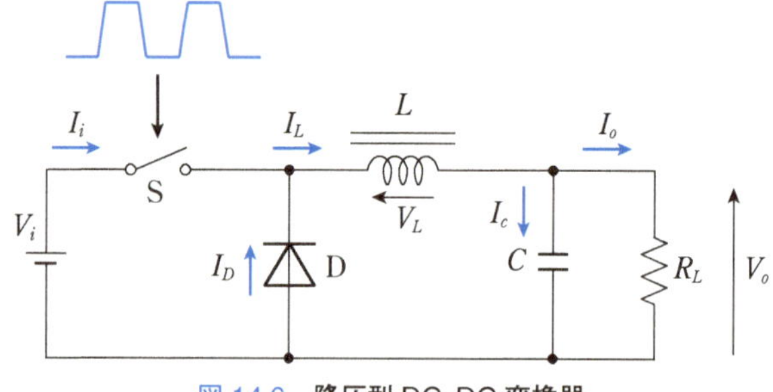

図 14.6　**降圧型 DC-DC 変換器**
インダクタ L はフェライトなどの透磁率の高いコアが入っているインダクタである.

もに直線的に上昇する. したがって, 電流の増加分は

$$\Delta I_L = \frac{V_i - V_o}{L} t_{on} \tag{14.12}$$

となる.

スイッチがオフの期間 t_{off}, インダクタを流れる電流は一定であろうとし, ダイオード D を通じて電流 I_D が流れる. このため, ダイオード電圧をゼロとして近似すると,

$$L\frac{dI_L}{dt} = -V_o \tag{14.13}$$

となり,

$$\Delta I_L = -\frac{V_o}{L} t_{off} \tag{14.14}$$

が成り立つ. 定常状態では, オン状態での電流の増加分はオフ状態での電流の減少分に等しい. したがって,

$$(V_i - V_o)t_{on} = V_o t_{off} \tag{14.15}$$

が成り立ち, 出力電圧 V_o は

$$V_o = \frac{t_{on}}{t_{on} + t_{off}} V_i = DV_i \tag{14.16}$$

となる. つまり, 入力電圧に対するスイッチのデューティー比 D で出力電圧を制御できる.

図 14.7 にスイッチをオン・オフする周波数である**スイッチング周波数** 1 MHz, デューティー比約 50%, インダクタンス 0.5 mH, 容量 5 nF, 負荷抵抗 50 Ω のときの降圧型 DC-DC 変換器の出力電圧と負荷電流の時間応答を示す. 出力が安定するまでのおおよその応答は,

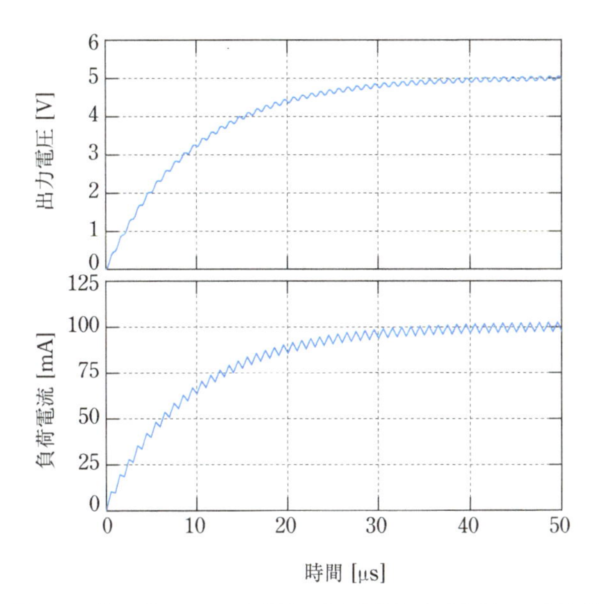

図 14.7 降圧型 DC-DC 変換器の出力電圧と負荷電流の時間応答

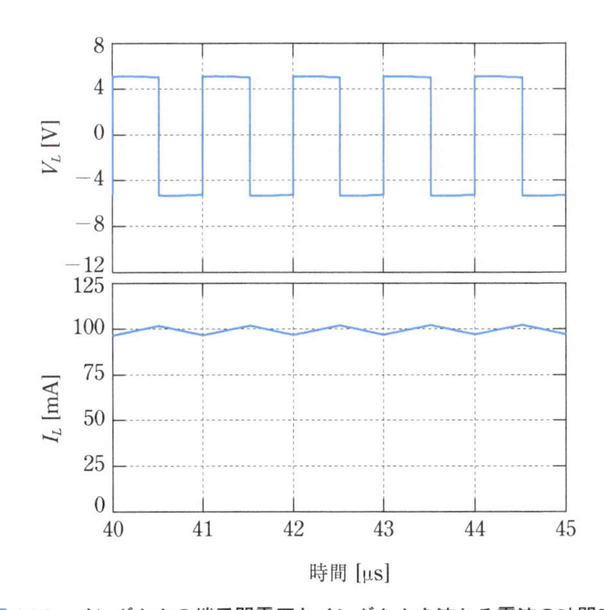

図 14.8 インダクタの端子間電圧とインダクタを流れる電流の時間応答
定常状態ではインダクタには +5 V および −5 V の電圧が印加される．電流は約 100 mA を中心に，+5 V が印加されたときは少し上昇し，−5 V が印加されたときは少し減少する動作を繰り返す．

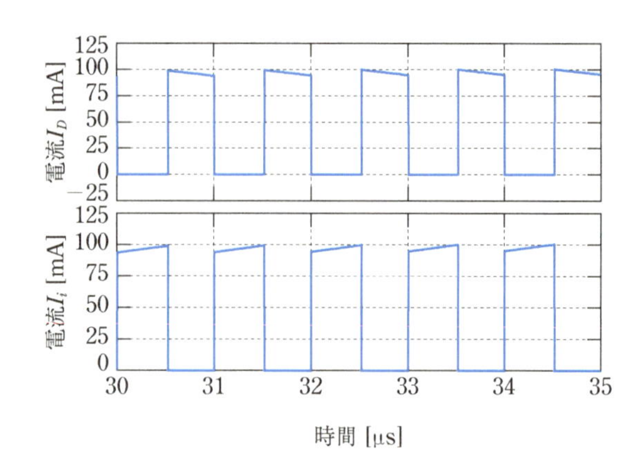

図 14.9　**スイッチを流れる電流とダイオードを流れる電流の時間応答**
約半周期だけ電源から電流が流れるので，電源から供給される平均電流はその半分になる．

$$V_o(t) = V_o(t = \infty)\left(1 - e^{-\frac{t}{\tau}}\right) \tag{14.17}$$

で与えられる．ここで，時定数 τ は $\tau = \dfrac{L}{R}$ である．

図 14.8 にインダクタの端子間電圧 V_L とインダクタを流れる電流 I_L の時間応答を示す．図 14.8 に示すように，インダクタの負荷側の電圧は一定で，入力側の電圧は V_i とゼロを交互に繰り返すため，インダクタの端子間電圧 V_L は正負の大きな電圧変化を受ける．しかし，インダクタを流れる電流 I_L は端子間電圧 V_L の積分となるため，電圧の小さな上下動である**リップル**を生じながらも，ほぼ一定電流が流れることが分かる．

図 14.9 にスイッチ S を流れる電流 I_i とダイオード D を流れる電流 I_D の時間応答を示す．図 14.9 に示すように，スイッチ S を流れる電流 I_i はスイッチがオンの期間のみ流れ，オフの期間はダイオード D を通じてインダクタに電流 I_D が流れていることが分かる．

図 14.7 の定常状態部分を拡大し，脈動する電圧や電流である**リップル電圧** ΔV と**リップル電流** ΔI を示したものが図 14.10 である．インダクタを流れる電流の変化分はすべて容量を流れるとすると，出力電圧の変動は，

$$\Delta V_o = \frac{1}{C}\int_{t_{on}/2}^{t_{on}+t_{off}/2} i(t)\,dt \tag{14.18}$$

から求められるが，図 14.11 に示すように電流変化の平均はゼロであり，三角波で近似できると仮定すると，電流変化は図における斜線の面積を求めることに等しい．よって，三角形の面積を求めると，出力電圧の変動は，

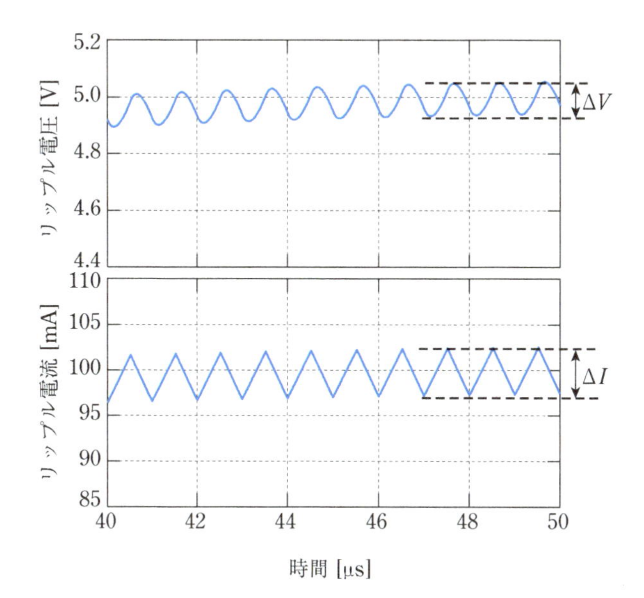

図 14.10 リップル電圧とリップル電流

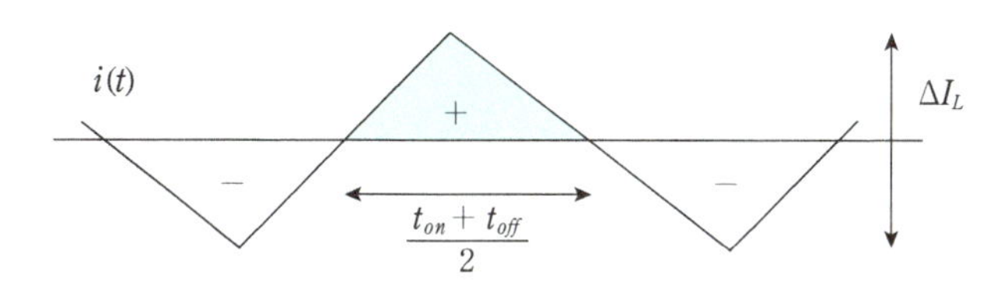

図 14.11 出力電流の変動の近似

$$\Delta V_o = \frac{1}{C}\frac{1}{2}\frac{\Delta I_L}{2}\left(\frac{t_{on}+t_{off}}{2}\right) = \frac{\Delta I_L\ (t_{on}+t_{off})}{8C} \tag{14.19}$$

となる．

式 (14.14)，式 (14.16) より，インダクタを流れる電流の変動は，

$$\Delta I_L = -\frac{V_o}{L}t_{off} = -\frac{1}{L}\frac{t_{on}\cdot t_{off}}{t_{on}+t_{off}}V_i \tag{14.20}$$

であるので，出力電圧の変動は，

$$\Delta V_o = \frac{\Delta I_L\ (t_{on}+t_{off})}{8C} = \frac{t_{on}\cdot t_{off}}{8LC}V_i \tag{14.21}$$

と求められる．ここで，ΔI_L の極性は無視した．

スイッチング周波数を f_s，デューティー比を D とすると，

$$t_{on} = \frac{D}{f_s} \tag{14.22a}$$

$$t_{off} = \frac{1-D}{f_s} \tag{14.22b}$$

であるので，出力電圧の変動は，

$$\Delta V_o = \frac{D(1-D)V_i}{8CLf_s^2} \tag{14.23}$$

で表すことができる．

リップル含有率γは式(14.16)を用いて，

$$\gamma = \frac{\Delta V_o}{V_o} = \frac{1-D}{8CLf_s^2} \tag{14.24}$$

となる．これより，リップル含有率を下げるにはスイッチング周波数f_sを高く，CL積を大きくすることが必要である．

また，回路での**電力損失**P_Lは，主にスイッチがオンの期間ではスイッチのオン抵抗，オフの期間ではダイオードにより決定される．最近は，スイッチとしてMOSトランジスタが用いられるため，MOSトランジスタのドレイン・ソース間電圧をV_{DS}，ダイオードの順方向電圧降下をV_Dとすると，電力損失P_Lは

$$P_L = I_o(V_{DS} \cdot D + V_D \cdot (1-D)) \tag{14.25}$$

と表される．効率ηは損失を含む全電力のうち，負荷に供給される電力P_oであるので，

$$\eta = \frac{P_o}{P_o + P_L} = \frac{1}{1 + \dfrac{V_{DS}}{V_o}D + \dfrac{V_D}{V_o}(1-D)} \tag{14.26}$$

となる．このうちMOSトランジスタのドレイン・ソース間電圧V_{DS}は，W/L比を高くすることにより低減できるが，ダイオードの順方向電圧降下V_Dは接合を形成する物質によってのみ決まる．そのため，ダイオードには，V_Dが低いショットキーダイオードが用いられる．

14.3.2 昇圧型DC-DC変換器

昇圧型（**ブースト型**）**DC-DC変換器**の構成を図14.12に示す．スイッチがオンおよびオフの状態では，インダクタを流れる電流の変化分が等しいことを用いると，

$$V_i t_{on} = (V_o - V_i)t_{off} \tag{14.27}$$

が成り立つので，出力電圧V_oは

$$V_o = \frac{1}{1-D}V_i \tag{14.28}$$

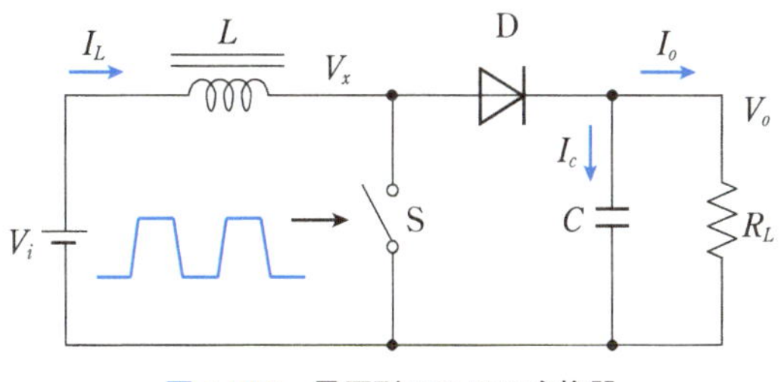

図 14.12　昇圧型 DC-DC 変換器

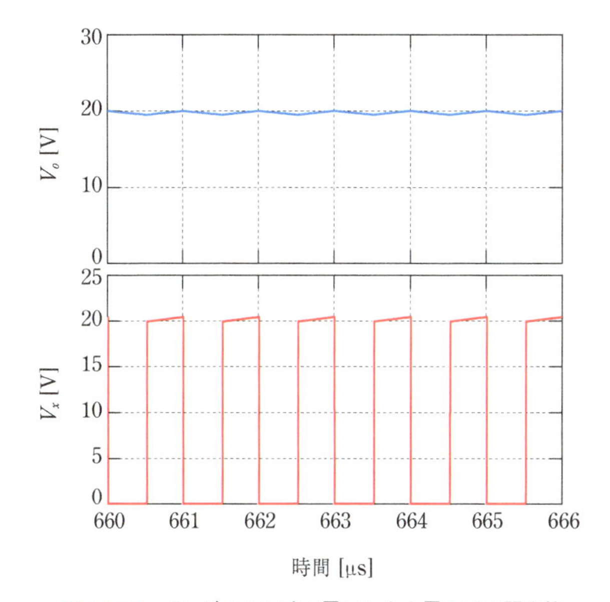

図 14.13　インダクタ右端の電圧と出力電圧の時間応答

となる．通常，スイッチのデューティー比は $D<1$ であるので，昇圧型 DC-DC 変換器では，出力電圧は入力電圧よりも高くなる．

図 14.13 にインダクタ右端の電圧 V_x と出力電圧 V_o の時間応答を示す．電圧 V_x は約 20 V とゼロの間で遷移し，電圧が高いときにはダイオード D を通じて負荷抵抗に電流を流し，電圧が低いときにはダイオード D が遮断し，負荷抵抗に電流は流れない．インダクタを流れる電流は，スイッチがオンの場合はスイッチを流れ，スイッチがオフの場合はインダクタ右端の電圧 V_x が上昇し，ダイオード D を通じて負荷抵抗に電流が流れる．

この電源回路では，インダクタはフィルタの役割を果たさず，ダイオード D を通じた電流供給がないときは，容量 C に蓄えられた電荷は負荷抵抗 R_L を通じて放電され

る．したがって，放電期間中の電圧変化 ΔV_o は

$$\Delta V_o = \frac{\Delta Q}{C} \approx \frac{I_o D}{C f_s} = \frac{V_o D}{R_L C f_s} \tag{14.29}$$

となり，リップル含有率は

$$\gamma = \frac{\Delta V_o}{V_o} = \frac{D}{R_L C f_s} \tag{14.30}$$

となる．したがって，容量 C の値は主としてリップルにより決定されることが分かる．リップルの許容値が小さい場合は大きな容量が必要で，リップルの許容値が大きい場合は小さな容量で構わない．

インダクタ L は，インダクタの電流リップル含有率 k から求められる．電流リップル含有率 k は，

$$k \equiv \frac{\Delta I_L}{I_L} \tag{14.31}$$

で定義される．したがって，

$$\Delta I_L = \frac{V_i}{L} t_{on} = D \frac{V_i}{L f_s} \tag{14.32a}$$

$$I_L = \frac{V_o}{V_i} I_o = \frac{1}{1-D} \frac{V_o}{R_L} = \frac{1}{(1-D)^2} \frac{V_i}{R_L} \tag{14.32b}$$

より，電流リップル含有率は

$$k = \frac{\Delta I_L}{I_L} = \frac{(1-D)^2}{D} \frac{R_L}{L f_s} \tag{14.33}$$

となる．通常，電流リップル含有率 k は0.3程度が用いられる．これより，インダクタ L は以下となる．

$$L = \frac{(1-D)^2}{D} \frac{R_L}{k f_s} \tag{14.34}$$

14.3.3 昇降圧型 DC-DC 変換器

昇降圧型 DC-DC 変換器の構成を図 14.14 に示す．定常状態では，オン状態での電流の増加分はオフ状態での電流の減少分に等しいので，

$$\frac{V_i \cdot t_{on}}{L} = -\frac{V_o \cdot t_{off}}{L} \tag{14.35}$$

が成り立つ．したがって，

$$V_i D = -V_o (1-D) \tag{14.36}$$

より，出力電圧は，

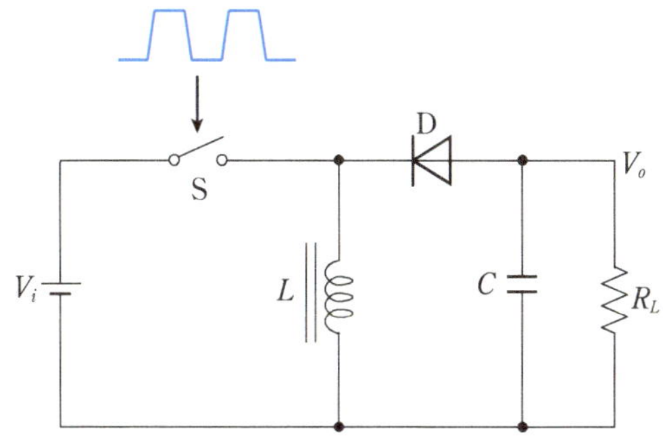

図 14.14　昇降圧型 DC-DC 変換器

$$V_o = -\frac{D}{1-D}V_i \tag{14.37}$$

となる．したがって，出力電圧は入力電圧と逆極性になり，スイッチのデューティー比が $0 < D < 0.5$ では $|V_o| < V_i$，$0.5 < D < 1$ では $|V_o| > V_i$ となる．したがって，昇降圧型と呼ばれる．

この電源回路でも，インダクタはフィルタの役割を果たさず，電流リップル含有率は昇圧型と同様に，式 (14.33) で与えられる．

14.3.4　インダクタを用いた電源回路のエネルギー的考察

これまでインダクタを用いた各種電源回路について述べた．すべての回路に対して共通な事象は，**定常状態におけるオン状態での電流の増加分は，オフ状態での電流の減少分に等しい**ということである．ここでは，エネルギーの観点から，この事象を考察してみよう．

インダクタを用いた電源回路は，つまるところ図 14.15 に示すように，2つのフェーズから成り立っている．**エネルギー蓄積フェーズ**と**エネルギー放出フェーズ**である．

エネルギー蓄積フェーズでは，インダクタに電源を接続し，電源からインダクタにエネルギーを供給する．インダクタを流れる電流の変化 ΔI_L は，スイッチがオンに

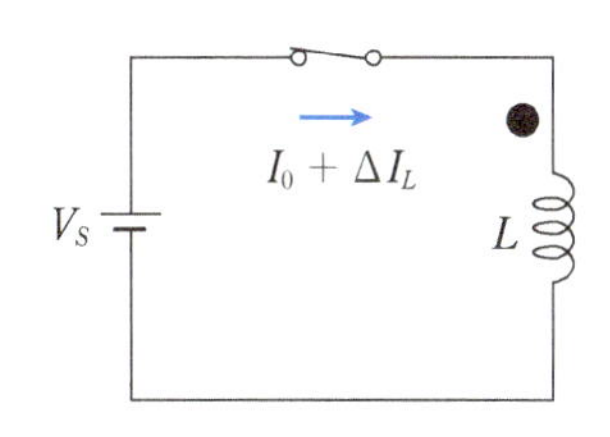

(a) エネルギー蓄積フェーズ

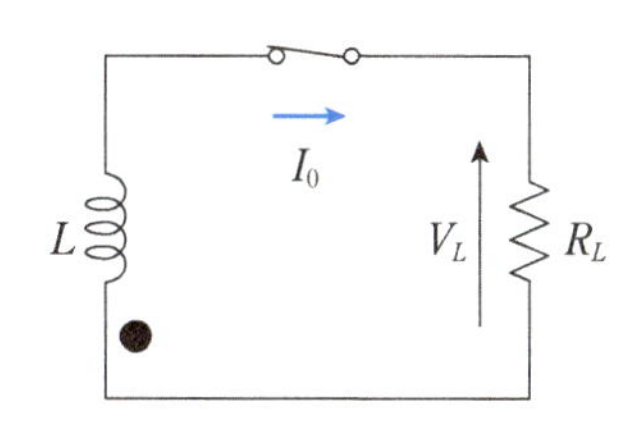

(b) エネルギー放出フェーズ

図 14.15　インダクタを用いた電源の 2 つのフェーズ

なって電源からエネルギーを供給する時間 t_S に比例するので，

$$\Delta I_L = \frac{V_S}{L} t_S \tag{14.38}$$

と表される．このとき増加した磁気エネルギー ΔE_{mS} は，もともとインダクタに流れていた電流を I_0 とすると，

$$\Delta E_{mS} = \frac{1}{2} L (I_0 + \Delta I_L)^2 - \frac{1}{2} L I_0^2 \approx L I_0 \Delta I_L \tag{14.39}$$

となる，ただし，$I_0 \gg \Delta I_L$ の仮定を用いた．

次に，エネルギー放出フェーズになると，負荷抵抗 R_L が印加される．フェーズが切り替わっても，インダクタを流れる電流は変化せずに流れ続けようとする．ほぼ一定の電流 I_0 が流れるとし，そのときに発生した電圧を V_L とすると，時間 t_L の間に失われる磁気エネルギー ΔE_{mL} は，電流の変化 $-\Delta I_L$ が電流 I_0 に比べ極めて小さいと仮定すると，

$$\Delta E_{mL} \approx I_0 V_L t_L \tag{14.40}$$

となる．定常状態では蓄積したエネルギーと失われたエネルギーは等しいので

$$\Delta E_{mS} = \Delta E_{mL} \tag{14.41}$$

が成り立つ．したがって，式 (14.39)，式 (14.40) より

$$L I_0 \Delta I_L = I_0 V_L t_L \tag{14.42}$$

となり，式 (14.38) から，電圧 V_L は

$$V_L = \frac{L \Delta I_L}{t_L} = \frac{L}{t_L} \frac{V_S t_S}{L} = V_S \frac{t_S}{t_L} \tag{14.43}$$

と求められる．この結果は，これまでと同等の結果を与える．

つまり，インダクタを用いた電源回路とは，電源からエネルギーを供給していったんインダクタに磁気エネルギーとしてエネルギーを蓄え，そのエネルギーを負荷抵抗に供給し，負荷抵抗は熱エネルギーとして蓄積エネルギーを消費する動作を繰り返し行う回路であるともいえる．

インダクタに蓄積されるエネルギーはインダクタンスと電流で決まり，電圧とは独立なため，電圧は負荷条件やスイッチング時間で決定することができる．したがって，電源電圧よりも低い電圧だけでなく，高い電圧を作り出すこともできる．

❖14.4　キャパシタを用いた電源回路

キャパシタを用いて電源回路を構成することができる．ただし，通常はあまり大きな電力を取り扱うことができないため，低電力回路用として集積回路の内部電源などとして用いられることが多い．

14.4.1 スイッチトキャパシタレギュレータ

図 14.16(a)はスイッチトキャパシタを用いた**スイッチトキャパシタレギュレータ**である．スイッチ S_1 と S_2 を交互に周波数 f_{ck} で動作させると，その等価抵抗 R_{eq} は，平均電流より

$$R_{eq} = \frac{1}{f_{ck} C_1} \tag{14.44}$$

となる．したがって，出力電圧に応じて周波数 f_{ck} を制御すれば，電圧レギュレータとなる．

容量を用いることで，正電圧から容易に負電圧を発生させることができる．負電圧を発生させるスイッチトキャパシタレギュレータを図 14.17 に示す．スイッチは周波数 f_{ck} で ϕ_1 と ϕ_2 の位相を交互に繰り返す．1 周期で入力から出力に転送される電荷 ΔQ_1 は，

$$\Delta Q_1 = C_1 \left(-V_i - V_o\right) = -C_1 \left(V_i + V_o\right) \tag{14.45}$$

となり，負荷電流の平均は，

$$\overline{I_L} = \frac{V_o}{R_L} = \frac{\Delta Q_1}{T_{ck}} = -C_1 f_{ck} \left(V_o + V_i\right) \tag{14.46}$$

となる．したがって，出力電圧は，

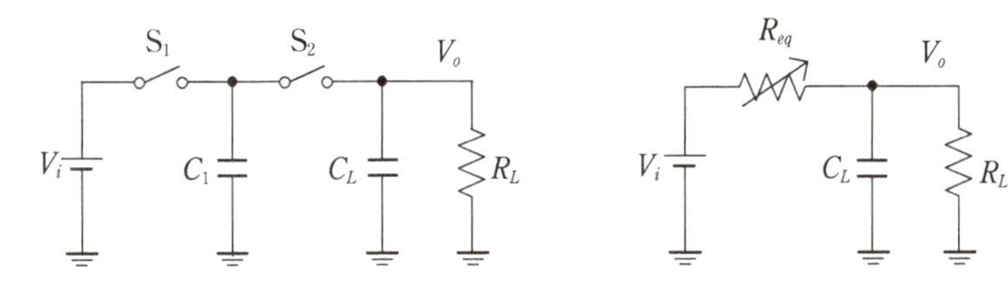

(a) スイッチトキャパシタ回路

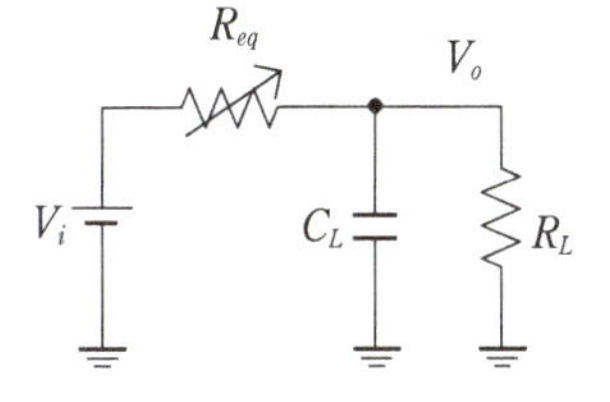

(b) 等価抵抗

図 14.16 スイッチトキャパシタレギュレータ

容量 C_1 の電荷は S_1 が閉じられているときに C_1V_i，S_2 が閉じられているときに C_1V_o．平均電流 $\overline{I}$ は $\dfrac{C_1 (V_i - V_o)}{T} = \dfrac{V_i - V_o}{R_{eq}}$ より，$R_{eq} = \dfrac{1}{f_{ck} C_1}$．

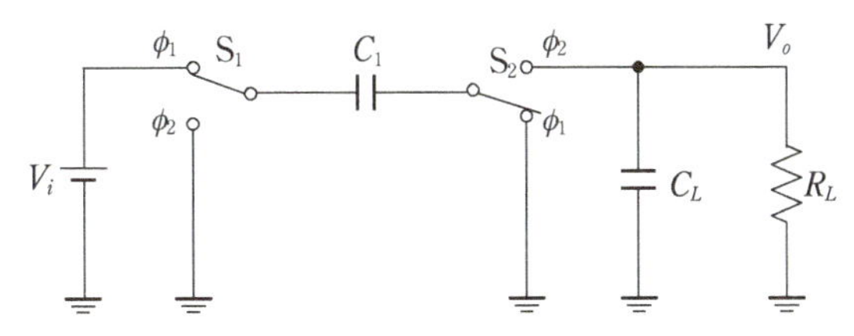

図 14.17 負電圧を発生させるスイッチトキャパシタレギュレータ

$$V_o = \overline{I_L} R_L = -\frac{C_1 f_{ck} (V_o + V_i)}{R_L}$$

$$\therefore V_o = -V_i \frac{f_{ck} R_L C_1}{1 + f_{ck} R_L C_1} \tag{14.47}$$

となり，周波数f_{ck}を変化させて出力電圧を制御することができる．

14.4.2 チャージポンプ回路

スイッチトキャパシタ回路を用いて，入力電圧よりも高い電圧を作り出す回路を**チャージポンプ回路**という．単一ステージチャージポンプ回路を図14.18に示す．この場合は，スイッチフェーズ1では，容量C_1の右端に電圧V_iが印加され，電荷Q_1が保存される．

スイッチフェーズ2では，容量C_1の左端に電圧V_iが印加され，右端は負荷容量C_Lに接続される．

フェーズ1での出力電圧を$V_o(n-1)$とすると，負荷容量C_Lの電荷$Q_L(n-1)$は，

$$Q_L(n-1) = C_L V_o(n-1) \tag{14.48}$$

となる．容量C_1に保存されている電荷は$Q_1 = C_1 V_i$なので，フェーズ2での出力電圧を$V_o(n)$とすると，電荷保存則より，

$$V_o(n) C_L + (V_o(n) - V_i) C_1 = V_o(n-1) C_L + C_1 V_i \tag{14.49}$$

が成り立つ．したがって，

$$V_o(n) = 2\frac{C_1}{C_1 + C_L} V_i + \frac{C_L}{C_1 + C_L} V_o(n-1) \tag{14.50}$$

となる．定常状態では$V_o(n) = V_o(n-1) = V_o$なので，

$$V_o = 2V_i \tag{14.51}$$

が成り立つ．周期T_{ck}での負荷抵抗R_Lによる電荷の損失Q_oは，

$$Q_o = \frac{V_o}{R_L} T_{ck} \tag{14.52}$$

と表される．したがって，式(14.50)は，

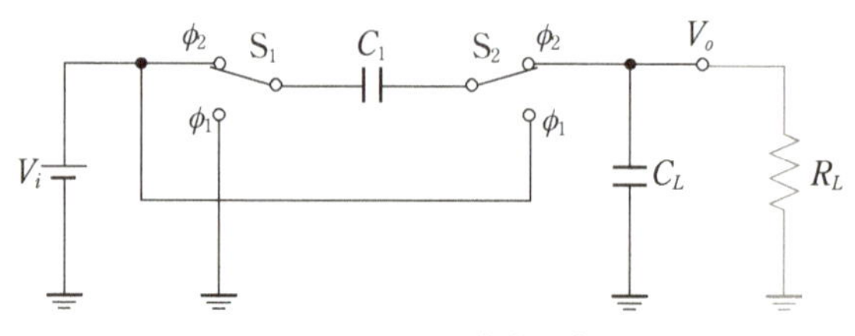

図14.18　チャージポンプ回路

$$V_o(n) = 2\frac{C_1}{C_1 + C_L}V_i + \frac{C_L}{C_1 + C_L}V_o(n-1) - \frac{Q_o}{C_1 + C_L} \tag{14.53}$$

となり，定常状態では，出力電圧は以下となる．

$$V_o = 2V_i\frac{R_L C_1}{R_L C_1 + T_{ck}} \tag{14.54}$$

14.4.3　カスケードチャージポンプ回路

図 14.19 に示すような**カスケードチャージポンプ回路**では，ダイオードを用いて逆流を阻止して，単一の電圧を加えていくと，かなり高い電圧を作り出すことができる．N 段の回路では，定常状態において，出力電圧は

$$V_o \approx (N+1)V_i \tag{14.55}$$

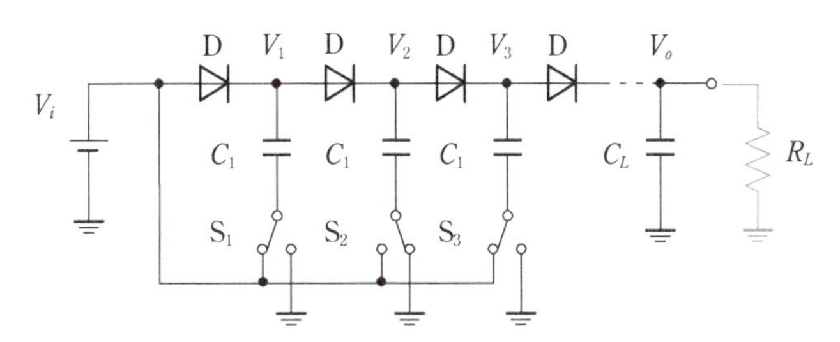

図 14.19　カスケードチャージポンプ回路

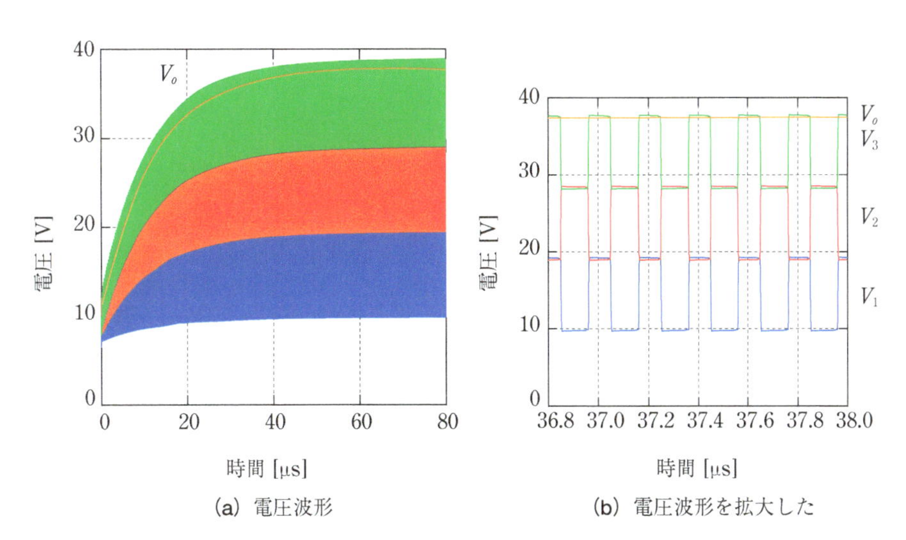

(a) 電圧波形　　(b) 電圧波形を拡大した

図 14.20　カスケードチャージポンプ回路の電圧波形
各部の電圧はクロックとともに動作し，電圧が積み木のように積み上げられていく．

14

となる．

各部の電圧波形を図 14.20(a)に示す．各電圧は時間とともに徐々に増加し，飽和する．図 14.20(b)は波形を拡大したものである．各電圧は，あたかも電圧が積み木のように積み上げられているようになっている．

✣14.5 ループ制御回路

これまで述べてきたスイッチング電源においては，所望の電圧を負荷状態によらず精度よく発生させるために図 14.21 に示すような**ループ制御回路**が用いられる．

出力電圧 V_o は $1/k$ に分圧されて，基準電圧 V_R と比較され，誤差電圧が形成される．この誤差電圧は，負帰還回路の安定を図るためのループフィルタを兼ねた誤差増幅器で増幅される．誤差電圧は2つの電圧を比較して論理的に [1] もしくは [0] を発生する比較器で，ノコギリ波発生器で発生されたノコギリ波と比較され，パルスのデューティー比に置き換えられて，時間領域で制御される．

つまり，出力電圧が所望の電圧よりも低い場合は電源から負荷に電力が供給される時間を長く，出力電圧が所望の電圧よりも高い場合は電源から負荷に電力が供給される時間が短くなるように制御される．

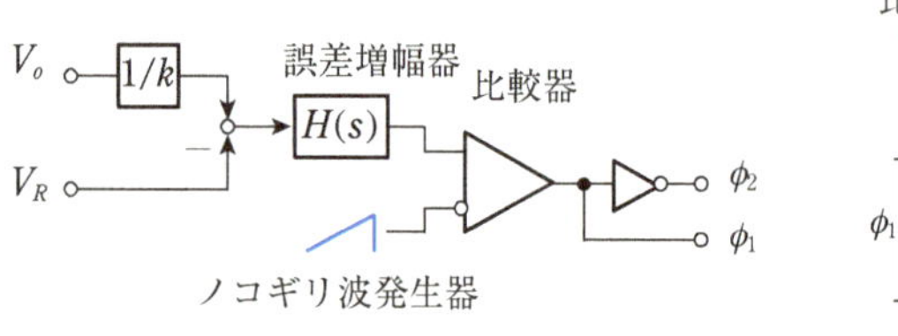

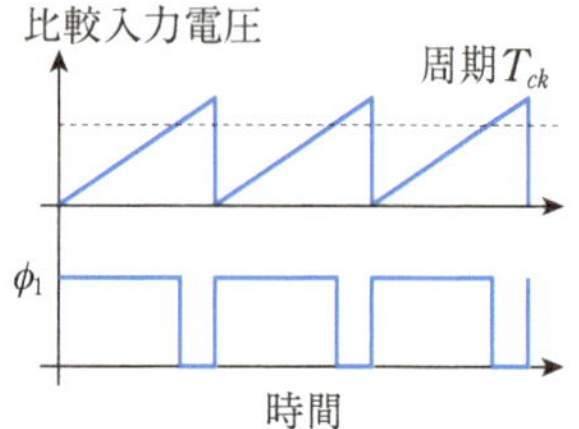

図 14.21 ループ制御回路

演習問題

14.1 図 14.3 に示した全波整流回路において，交流周波数を 50 Hz，ピーク出力電圧 V_o を 8 V，このときに負荷に流れる電流 I_L を 8 A とするとき，リップル含有率が 10 % となる容量 C を求めよ．

14.2 図 14.5 に示したシリーズレギュレータにおいて，$V_R = 5$ V，$A = 1000$ とする．負荷電流の変動 ΔI_L が 100 mA であったとき，出力電圧の変動を 0.1 % とするトランジスタの相互コンダクタンス g_m を求めよ．

14.3 図 14.6 に示す降圧型 DC-DC 変換器において，入力電圧 $V_i = 10$ V，出力電圧 $V_o = 5$ V，スイッチング周波数 $f_s = 100$ kHz，出力電流 $I_o = 1$ A とする．以下の問いに答えよ．

(1) 電流リップル含有率 $k = \dfrac{\Delta I_L}{I_L}$ を0.2に設定したとき，インダクタ L を求めよ．

(2) リップル含有率 γ を1％にしたい．このときの容量 C を求めよ．なお，インダクタ L は(1)で求めた値を用いよ．

❖ 補足 リップル含有率の表し方：尖頭値と実効値

本書ではリップル含有率(リップル率ともいう) γ を尖頭値で表している．スイッチング電源では尖頭値で表すことが多いため，これを踏襲している．しかし実効値で表すこともあり，特に整流回路では実効値を用いることが多い．

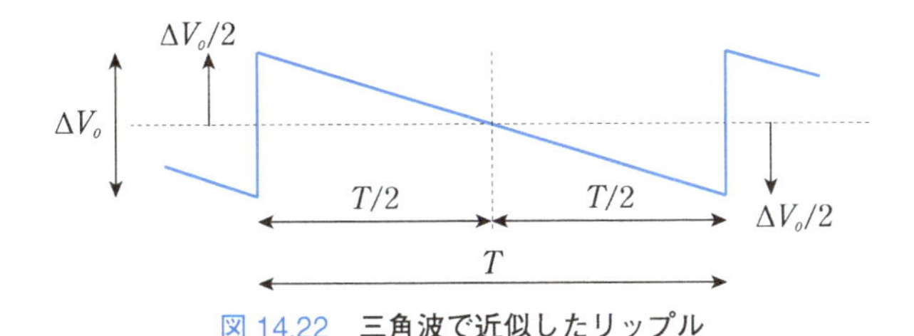

図 14.22 三角波で近似したリップル

リップルは一般的に図14.22に示すように三角波で近似できることが多い．いま出力電圧の変動を ΔV_o，その周期を T とする．波形は点対称なので，その実効値 ΔV_{orms} は波形の右半面を扱って

$$\Delta V_{orms} = \sqrt{\frac{2}{T}\int_0^{T/2}\left(-\frac{\Delta V_o}{T}t\right)^2 dt} = \frac{\Delta V_o}{2\sqrt{3}} \tag{14.56}$$

となるので，式(14.2)に示した半波整流回路の実効値で表したリップル含有率は

$$\gamma_{rms} = \frac{\Delta V_{orms}}{V_o} = \frac{1}{2\sqrt{3}}\frac{\Delta V_o}{V_o} \tag{14.57}$$

となる．したがって，実効値で表したリップル含有率は尖頭値で表したリップル含有率を $2\sqrt{3}$ (約3.5)で割ったものになる．式(14.3)に示した全波整流回路のリップル含有率も同様である．

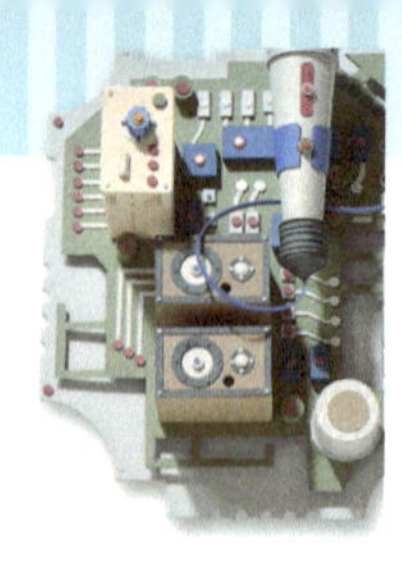

演習問題の解答

❖ 第2章

2.1

(1) $y(t) = e^{-t} + e^{-4t}$

(2) $y(t) = (2 - t)e^{-2t} - 2e^{-3t}$

(3) $y(t) = \dfrac{1}{2}e^{2t} - \dfrac{1}{2(1+j)}e^{(1+j)t} - \dfrac{1}{2(1-j)}e^{(1-j)t} = \dfrac{1}{2}e^{2t} - \dfrac{1}{2}e^{t}(\cos t + \sin t)$

2.2

(1) $y = e^{-t} - e^{-2t}$

(2) $y = \dfrac{1}{4}u(t) - \dfrac{1}{68}e^{-4t} - \dfrac{4}{17}\cos t - \dfrac{1}{17}\sin t$

(3) $y = -\dfrac{1}{3} + \dfrac{1}{30}e^{3t} + \dfrac{3}{10}\cos t - \dfrac{1}{10}\sin t$

2.3

(1) 極は -7．したがって，安定

(2) 極は$\mp j\sqrt{3}$．したがって，準安定

(3) 極は $-1, \mp j$．したがって，準安定

2.4

(1) $Y(s) = \dfrac{8}{s(s+4)} = \dfrac{2}{s} - \dfrac{2}{s+4} \quad \leftrightarrow \quad 2(1 - e^{-4t})u(t)$

(2) $Y(s) = \dfrac{8}{s^2(s+4)} = -\dfrac{0.5}{s} + \dfrac{2}{s^2} + \dfrac{0.5}{s+4} \quad \leftrightarrow \quad (-0.5 + 2t + 0.5e^{-4t})u(t)$

(3) $$Y(s) = \frac{32}{(s^2+4)(s+4)}$$
$$= -\frac{8}{5}\frac{s}{s^2+4} + \frac{16}{5}\frac{2}{s^2+4} + \frac{8}{5}\frac{1}{s+4} \quad \leftrightarrow \quad \left(-\frac{8}{5}\cos 2t + \frac{16}{5}\sin 2t + \frac{8}{5}e^{-4t}\right)u(t)$$

2.5

$$(V_1 - V_{\mathrm{ref}}) + \frac{V_1}{2} + (V_1 - V_2) = 0,\quad (V_2 - V_1) + \frac{V_2}{2} + (V_2 - V_3) = 0,\quad (V_3 - V_2) + V_3 = 0$$

したがって，$V_1 = \dfrac{V_{\mathrm{ref}}}{2}$，$V_2 = \dfrac{V_{\mathrm{ref}}}{4}$，$V_3 = \dfrac{V_{\mathrm{ref}}}{8}$，$I_1 = \dfrac{V_{\mathrm{ref}}}{4R}$，$I_2 = \dfrac{V_{\mathrm{ref}}}{8R}$，$I_3 = \dfrac{V_{\mathrm{ref}}}{16R}$

2.6

(1) スイッチを閉じているときの定常電流 I_{L0} は，$I_{L0} = \dfrac{V_o}{R_2}$．したがって，スイッチを閉じたあとの等価回路は図のようになる．キルヒホッフの法則より，

$\dfrac{V_o}{R_2}\dfrac{1}{s} + V(s)\left(G + sC + \dfrac{1}{sL}\right) = 0$ となる．ただし，$G = \dfrac{1}{R_1 + R_2}$ である．したがって，

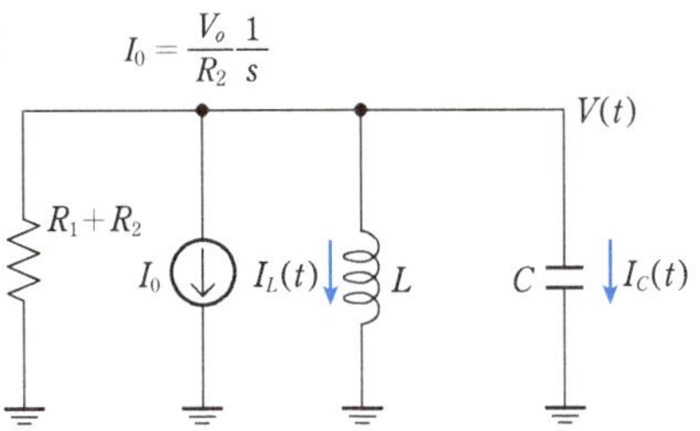

$$I_0 = \frac{V_o}{R_2}\frac{1}{s}$$

$$V(s) = -\frac{V_o}{R_2 C}\cdot\frac{1}{s^2 + s\dfrac{G}{C} + \dfrac{1}{LC}} \qquad \text{式 (1)}$$

(2)　式 (1) より，分母の根は，

$$s_1 = s_2 = \frac{G}{2C}\left(-1 \pm \sqrt{1 - \frac{4C}{G^2 L}}\right) \qquad \text{式 (2)}$$

(3)　波形が振動的になるのは式 (2) の平方根の内が負になるときなので，$\dfrac{G}{2} < \sqrt{\dfrac{C}{L}}$

(4)　数値を代入すると，$s_1 = s_2 = -1 \pm 2j$ となる．$\dfrac{V_o}{R_2 C} = \dfrac{3}{0.25 \times 1.5} = 8$ なので，

$V(s) = -\dfrac{8}{(s - s_1)(s - s_2)}$ となり，$V(s) = \dfrac{K_1}{s - s_1} + \dfrac{K_2}{s - s_2}$ とおき，K_1，K_2 を求めると，

$$K_1 = \frac{-8}{s_1 - s_2} = \frac{-8}{-1 + 2j + 1 + 2j} = -\frac{2}{j},\quad K_2 = \frac{2}{j}$$

したがって，$V(t) = -\dfrac{2}{j}e^{(-1+2j)t} + \dfrac{2}{j}e^{(-1-2j)t} = -2e^{-t}\left(\dfrac{e^{2jt} - e^{-2jt}}{j}\right) = -4e^{-t}\sin 2t$

2.7

(1)

(a)　$H(s) = -g_m R$

(b)　$H(s) = -\dfrac{g_m}{sC}$

(c)　$H(s) = -\dfrac{g_m}{\dfrac{1}{R} + sC} = -\dfrac{g_m R}{1 + sRC} = -\dfrac{g_m R}{1 + \dfrac{s}{\omega_p}}$

(2)　回路 (d) の等価インピーダンスは，$Z = \dfrac{v_1}{i_1} = \dfrac{v_1}{g_m v_1} = \dfrac{1}{g_m}$

(3)　下図に示すように入力インピーダンスは s に比例するので，インダクタンスと見なせる．

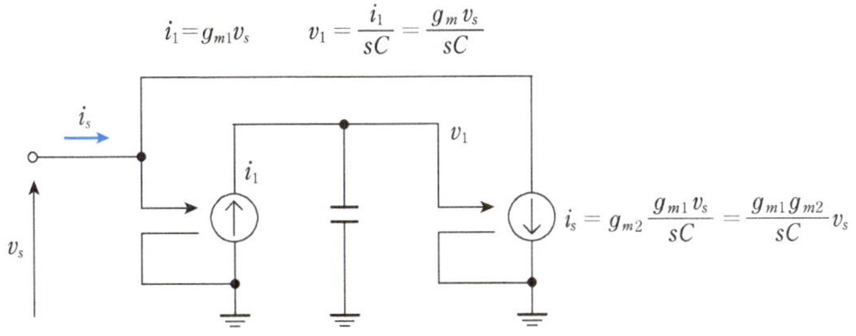

$i_1 = g_{m1} v_s$　　$v_1 = \dfrac{i_1}{sC} = \dfrac{g_m v_s}{sC}$

$i_s = g_{m2}\dfrac{g_{m1} v_s}{sC} = \dfrac{g_{m1} g_{m2}}{sC} v_s$

$$Z(s) = \frac{v_s}{i_s} = \frac{sC}{g_{m1} g_{m2}} = sL\ ,\ L = \frac{C}{g_{m1} g_{m2}}$$

2.8

(1) キルヒホッフの法則より，$sCv_c - \dfrac{(v_1 - v_c)}{sL} + g_m v_c = 0$　　　式 (1)

また，$v_c = \dfrac{i_1}{sC}$　　　式 (2)

式 (2) を式 (1) に代入すると，$i_1 - \dfrac{\left(v_1 - \dfrac{i_1}{sC}\right)}{sL} + g_m \dfrac{i_1}{sC} = 0$

したがって，$Z_i = \dfrac{v_1}{i_1} = \dfrac{g_m L}{C} + sL + \dfrac{1}{sC}$

$s \to j\omega$ の変換により，$Z_i = \dfrac{g_m L}{C} + j\omega L + \dfrac{1}{j\omega C}$　　　式 (3)

(2) 入力インピーダンス整合がとれるのは，実数部が信号源インピーダンス R_s の実数部と一致し，虚数部の極性が反対のとき(共役関係)であるので，式 (3) より $\dfrac{g_m L}{C} = R_s$，$\omega = \dfrac{1}{\sqrt{LC}}$

❖第3章

3.1

(1) $U_T = \dfrac{kT}{q} = \dfrac{1.38 \times 10^{-23} \times 300}{1.6 \times 10^{-19}} = 25.9\ \mathrm{mV} \approx 26\ \mathrm{mV}$

(2) $V_B = \dfrac{kT}{q} \ln\left(\dfrac{N_D N_A}{n_i^2}\right) = 26\ \mathrm{mV} \times \ln\left(\dfrac{10^{31}}{2.25 \times 10^{20}}\right) = 26\ \mathrm{mV} \times 24.5 = 637\ \mathrm{mV}$

(3) $W = \left\{\dfrac{2\varepsilon V_B}{q}\left(\dfrac{1}{N_A} + \dfrac{1}{N_D}\right)\right\}^{\frac{1}{2}} = \left\{\dfrac{2 \times 12 \times 8.85 \times 10^{-14} \times 0.64}{1.6 \times 10^{-19}}(10^{-15} + 10^{-16})\right\}^{\frac{1}{2}}$

$= 9.5 \times 10^{-5}\ \mathrm{cm} = 0.95\ \mu\mathrm{m}$

(4) $W = \left\{\dfrac{2\varepsilon (V_B + V_r)}{q}\left(\dfrac{1}{N_A} + \dfrac{1}{N_D}\right)\right\}^{\frac{1}{2}} = \left\{\dfrac{2 \times 12 \times 8.85 \times 10^{-14} \times 5.64}{1.6 \times 10^{-19}}(10^{-15} + 10^{-16})\right\}^{\frac{1}{2}}$

$= 2.88 \times 10^{-4}\ \mathrm{cm} = 2.88\ \mu\mathrm{m}$

(5) $C = \dfrac{A\varepsilon}{W}$，したがって，

0 V の場合は，$C = \dfrac{10^{-4} \times 12 \times 8.85 \times 10^{-14}}{0.95 \times 10^{-4}} = 1.1\ \mathrm{pF}$

5 V の場合は，$C = \dfrac{10^{-4} \times 12 \times 8.85 \times 10^{-14}}{2.88 \times 10^{-4}} = 0.36\ \mathrm{pF}$

(6) $V_a = U_T \ln\left(\dfrac{I_d}{I_s}\right) = 26\ \mathrm{mV} \times \ln\left(\dfrac{10^{-3}}{10^{-12}}\right) = 538\ \mathrm{mV}$

❖ 第4章

4.1

(1) $I_C = I_s e^{\frac{V_{BE}}{U_T}} = 1 \times 10^{-16} e^{\frac{V_{BE}}{26\,mV}}$

(2) $V_{BE} = U_T \ln\left(\dfrac{1 \times 10^{-3}}{1 \times 10^{-16}}\right) = 26\text{ mV} \times 30 = 780\text{ mV}$, $I_B = \dfrac{I_C}{\beta_F} = \dfrac{1\text{ mA}}{100} = 10\,\mu\text{A}$

(3) $V_{CE} > 0.2\text{ V}$ のときは，$I_C = \beta_F I_B\left(1 + \dfrac{V_{CE}}{V_A}\right) = 1\text{ mA}\left(1 + \dfrac{V_{CE}\,[\text{V}]}{10}\right)$

$V_{CE} \leq 0.2\text{ V}$ のときは，$I_C = 1\text{ mA}\left(1 + \dfrac{0.2}{10}\right)\dfrac{V_{CE}\,[\text{V}]}{0.2}$

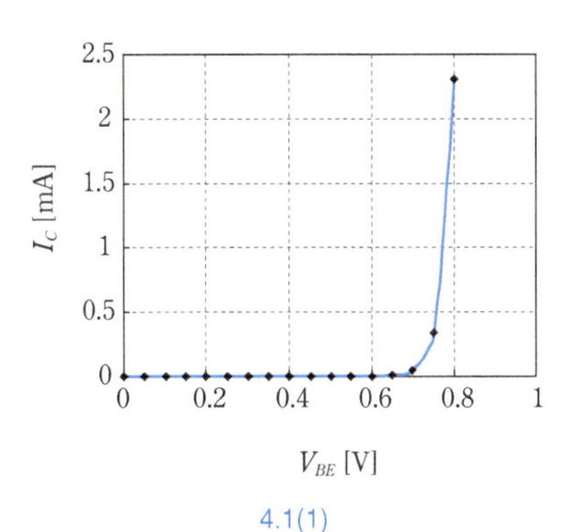

4.1(1)

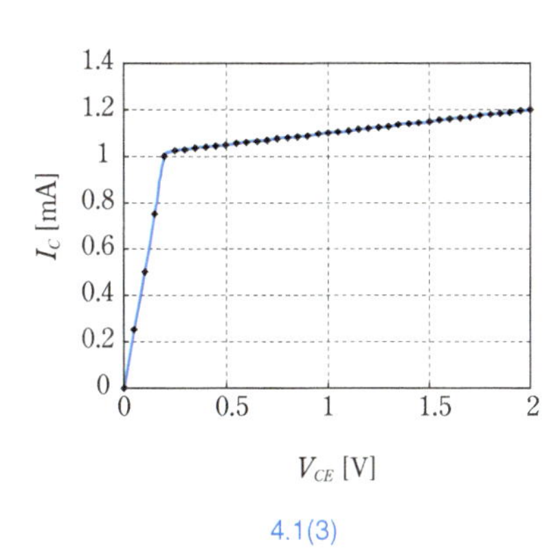

4.1(3)

4.2

(1) しきい値電圧はチャネル領域の不純物密度の平方根に比例するため，チャネル領域の不純物密度を上げればよい．

(2) MOS トランジスタのしきい値電圧は温度が上昇すると低下する．温度係数は約 -2 mV/℃ 程度である．

(3)

(a) $\phi_F = U_T \ln\dfrac{N_A}{n_i} = 26\text{ mV} \times \ln\left(\dfrac{10^{16}}{1.5 \times 10^{10}}\right) = 348\text{ mV}$

(b) $V_T = 2\phi_F + 2\dfrac{\sqrt{\varepsilon q N_A \phi_F}}{C_{ox}} = 0.7 + 2\dfrac{\sqrt{60 \times 10^{-17}}}{3.5 \times 10^{-7}} = 0.7 + 0.14 = 0.84\text{ V}$

4.3

(1) 飽和領域では ($V_{GS} < 1.45\text{ V}$)，

$$I_D = \frac{\mu C_{ox}}{2}\frac{W}{L}(V_{GS} - V_T)^2 = \frac{220}{2} \times 8 \times (V_{GS} - 0.45)^2 = 0.88 \times (V_{GS} - 0.45)^2\ [\text{mA}]$$

リニア領域では ($V_{GS} \geq 1.45\text{ V}$)，

$$I_D = \mu C_{ox}\frac{W}{L}\left(V_{GS} - V_T - \frac{V_{DS}}{2}\right)V_{DS} = 220 \times 8 \times (V_{GS} - 0.95) = 1.76 \times (V_{GS} - 0.95)\,[\text{mA}]$$

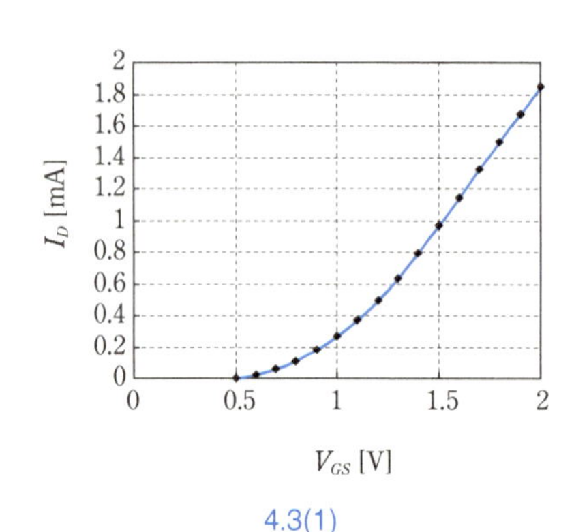

4.3(1)

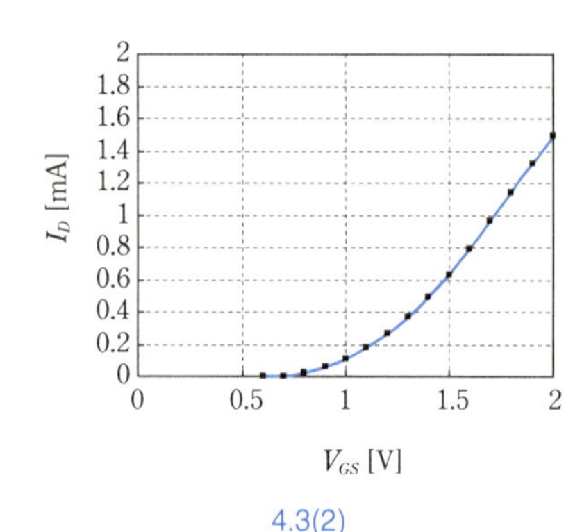

4.3(2)

(2) バックゲート効果により $V_T = 0.65$ V になるので，飽和領域では ($V_{GS} < 1.65$ V)，

$$I_D = \frac{\mu C_{ox}}{2}\frac{W}{L}(V_{GS} - V_T)^2 = \frac{220}{2} \times 8 \times (V_{GS} - 0.65)^2 = 0.88 \times (V_{GS} - 0.65)^2 \text{ [mA]}$$

リニア領域では ($V_{GS} \geq 1.65$ V)，

$$I_D = \mu C_{ox}\frac{W}{L}\left(V_{GS} - V_T - \frac{V_{DS}}{2}\right)V_{DS} = 220 \times 8 \times (V_{GS} - 1.15) = 1.76 \times (V_{GS} - 1.15) \text{[mA]}$$

(3) 飽和領域 ($V_{DS} > 0.55$ V，$V_{GS} = 1.0$ V，$V_{DS} > 1.55$ V，$V_{GS} = 2.0$ V)

$$I_D = \frac{\mu C_{ox}}{2}\frac{W}{L}(V_{GS} - V_T)^2\left(1 + \frac{V_{DS}}{V_A}\right)$$

$$= 0.88 \times (V_{GS} - 0.45)^2\left(1 + \frac{V_{DS}}{5}\right) \text{[mA]}$$

リニア領域

($V_{DS} \leq 0.55$ V，$V_{GS} = 1.0$ V，$V_{DS} \leq 1.55$ V，$V_{GS} = 2.0$ V)

$$I_D = \mu C_{ox}\frac{W}{L}\left(V_{GS} - V_T - \frac{V_{DS}}{2}\right)V_{DS}\left(1 + \frac{V_{DS}}{V_A}\right)$$

$$= 1.76 \times \left(V_{GS} - 0.45 - \frac{V_{DS}}{2}\right)V_{DS}\left(1 + \frac{V_{DS}}{5}\right) \text{[mA]}$$

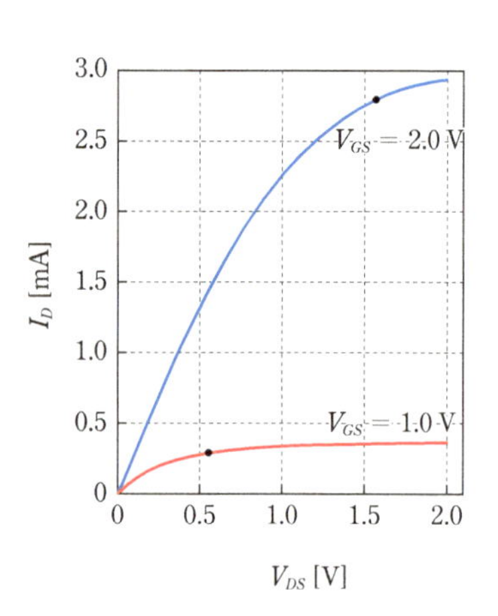

❖第5章

5.1

(1) $V_{DS} > V_{GS} - V_T$

(2) 有効ゲート電圧といい，キャリアに寄与する電荷は有効ゲート電圧に比例する．

(3) $g_m = \mu C_{ox}\dfrac{W}{L}(V_{GS} - V_T)$

(4) $g_m = \sqrt{2\mu C_{ox}\dfrac{W}{L}\left(1+\dfrac{V_{DS}}{V_A}\right)I_D}$

(5) $g_m = \dfrac{2I_D}{V_{\text{eff}}}$

(6) $\dfrac{g_m}{I_D} = \dfrac{2}{V_{\text{eff}}}$ なので，V_{eff} を低くすればよい．

(7) $g_D = \dfrac{dI_D}{dV_{DS}} = \dfrac{\mu C_{ox}}{2}\dfrac{W}{L}\dfrac{(V_{GS}-V_T)^2}{V_A} = \dfrac{I_D}{V_A+V_{DS}}$ $\left(\dfrac{I_D}{V_A}\right.$ でもよい)

5.2

(1) $R_c = \dfrac{V_{CC}-V_C}{I_C} = 2\ \text{k}\Omega$, $R_E = \dfrac{V_E}{I_C} = 1\ \text{k}\Omega$,

$V_{BE} = 26\ \text{mV} \times \ln\left(\dfrac{1\times 10^{-3}}{1\times 10^{-16}}\right) = 778\ \text{mV}$, $V_B = V_{BE} + V_E = 1.78\ \text{V}$

(2) $V_B = \dfrac{R_2}{R_1+R_2}\times V_{CC} = \dfrac{1}{1+\dfrac{R_1}{R_2}}\times V_{CC}$ より，$\dfrac{R_1}{R_2} = \dfrac{5}{1.78} - 1 \approx 1.81$

(3) ベース電流が流れないとき，$R_1 = 18.1\ \text{k}\Omega$．また，ベース電流が流れるときは，ベース電流は $I_B = 10\mu\text{A}$ である．よって，$\dfrac{V_{CC}-V_B}{R_1} = \dfrac{V_B}{R_2} + I_B$ より，

$$R_1 = \frac{V_{CC}-V_B}{I_B+\dfrac{V_B}{R_2}} = \frac{5-1.78}{1\times 10^{-5}+\dfrac{1.78}{1\times 10^4}} = 17.1\ \text{k}\Omega$$

(4) $R_D = \dfrac{V_{DD}-V_D}{I_D} = 2\ \text{k}\Omega$, $R_S = \dfrac{V_S}{I_D} = 1\ \text{k}\Omega$,

$V_{GS} = V_T + V_{\text{eff}} = 0.65\ \text{V}$, $V_G = V_{GS} + V_S = 1.65\ \text{V}$

$V_{\text{eff}} = \sqrt{\dfrac{2I_D}{\mu C_{ox}\dfrac{W}{L}}}$ より，$\dfrac{W}{L} = \dfrac{2I_D}{\mu C_{ox}{V_{\text{eff}}}^2} = \dfrac{2\times 10^{-3}}{220\times 10^{-6}\times 0.2\times 0.2} = \dfrac{2\times 10^{-3}}{8.8\times 10^{-6}} = 227$

(5) $\dfrac{R_1}{R_2} = \dfrac{V_{DD}}{V_G} - 1 = 2.03$

(6) $V_{GS} = 0.65 + 0.2 = 0.85\ \text{V}$, $V_G = 1.85\ \text{V}$，$\dfrac{R_1}{R_2} = \dfrac{5}{1.85} - 1 = 1.70$

5.3

(1) $V_B = 2.2\ \text{V}$, $V_E = 1.5\ \text{V}$, $I_E = 1.5\ \text{mA}$, $I_C = 1.5\ \text{mA}$, $V_C = 12 - 1.5\times 5 = 4.5\ \text{V}$

(2)

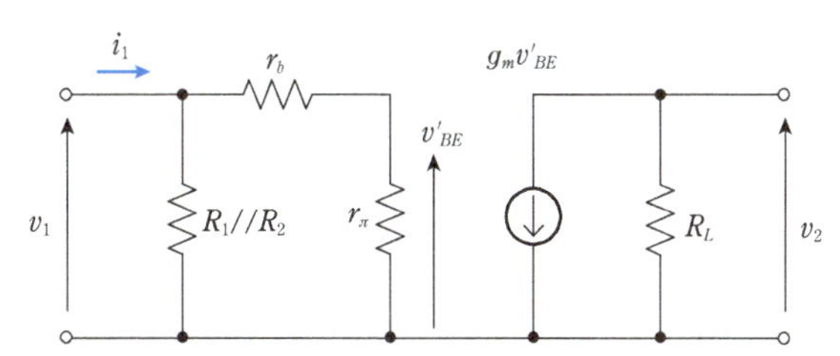

(3) $Y_i = \dfrac{1}{Z_i} = \dfrac{1}{R_1} + \dfrac{1}{R_2} + \dfrac{1}{r_b + r_\pi} = 20.4 \times 10^{-6} + 90 \times 10^{-6} + 545 \times 10^{-6} \approx 655 \times 10^{-6}$

$\therefore Z_i = 1.53\ \mathrm{k\Omega}$

(4) 等価回路より，$V_{BE}{}' = \dfrac{r_\pi}{r_b + r_\pi} v_1$，$v_2 = -g_m R_L V_{BE}{}' = -g_m R_L \dfrac{r_\pi}{r_b + r_\pi} v_1$

$$\therefore A_v = \frac{v_2}{v_1} = \frac{-g_m R_L}{1 + \dfrac{r_b}{r_\pi}} = \frac{-g_m R_L}{1 + \dfrac{r_b g_m}{\beta_F}}$$

$g_m = \dfrac{I_C}{U_T} = \dfrac{1.5 \times 10^{-3}}{26 \times 10^{-3}} \approx 58\ \mathrm{mS}$，$r_b = 100\ \Omega$，$\beta_F = 100$，$R_L = 5\ \mathrm{k\Omega}$を代入し，

$$A_v = \frac{-58 \times 10^{-3} \times 5 \times 10^3}{1 + \dfrac{100 \times 58 \times 10^{-3}}{100}} \approx -274$$

5.4

(1) $V_G = \dfrac{R_2}{R_1 + R_2} \times V_{DD} = 1.7\ \mathrm{V}$，$V_S = V_G - 0.7 = 1.0\ \mathrm{V}$，$V_D = V_{DD} - 2.0 = 3\ \mathrm{V}$

(2)

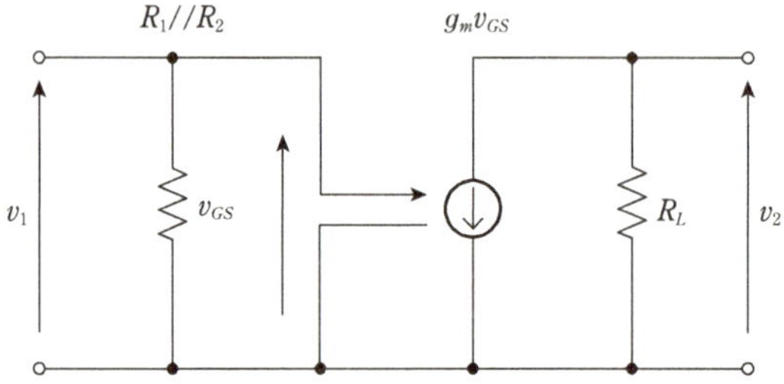

(3) $Z_i = R_1 // R_2 = \dfrac{1}{\dfrac{1}{R_1} + \dfrac{1}{R_2}} \approx 11.2\ \mathrm{k\Omega}$

(4) $v_2 = -g_m R_L v_1 \quad \therefore A_v = \dfrac{v_2}{v_1} = -g_m R_L = -\dfrac{2I_D}{V_{\mathrm{eff}}} R_L = -\dfrac{2 \times 1 \times 10^{-3}}{0.2} \times 2 \times 10^3 = -20$

5.5

(1) $r_o = \dfrac{1}{g_m} = \dfrac{V_{\mathrm{eff}}}{2I_D}$

(2) $r_o = \dfrac{1}{g_m + g_{mb}} = \dfrac{1}{n g_m} = \dfrac{V_{\mathrm{eff}}}{2nI_D}$

(3) $I_D = I_B$ より，$r_o = \dfrac{V_{\mathrm{eff}}}{2nI_D} = \dfrac{0.2}{2 \times 1.4 \times 1 \times 10^{-3}} = 71\ \Omega$

❖第6章

6.1

(1) $V_B = V_{CC} \times \dfrac{R_{21}}{R_{11} + R_{21}} = 2.2\ \mathrm{V}$，$V_E = V_B - V_{BE} = 1.5\ \mathrm{V}$，

$$I_E = I_C = \frac{1.5\ \mathrm{V}}{1\ \mathrm{k\Omega}} = 1.5\ \mathrm{mA},\quad I_{C1} = I_{C2} = 1.5\ \mathrm{mA}$$

(2)

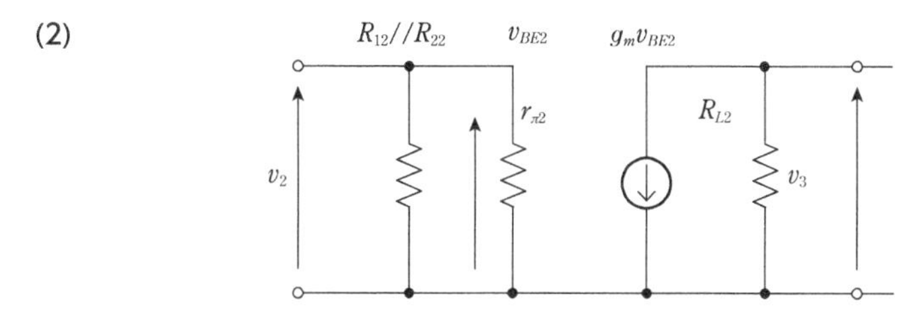

(3) 等価回路より入力インピーダンスは,

$$Y_i = \frac{1}{Z_i} = \frac{1}{R_{12}} + \frac{1}{R_{22}} + g_\pi = \frac{1}{R_{12}} + \frac{1}{R_{22}} + \frac{I_C}{U_T \beta_F} = 688\ \mathrm{\mu S} \quad \therefore Z_i = 1.45\ \mathrm{k\Omega}$$

(4)

(a)

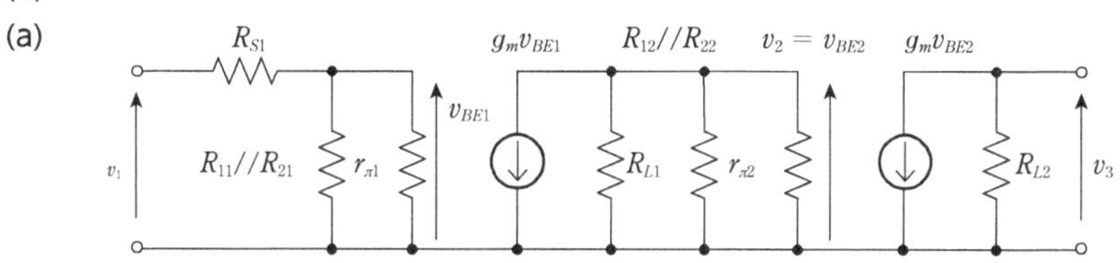

(b) (3) と同様であるので　$Z_i = 1.45\ \mathrm{k\Omega}$

(c) $G_{S1} = \dfrac{1.45\ \mathrm{k\Omega}}{10\ \mathrm{k\Omega} + 1.45\ \mathrm{k\Omega}} = 0.13$

(d) $A_{v1} = -G_{S1} \times g_{m1}\,(R_{L1}//Z_i$ (2段目)$) = -0.13 \times 58\ \mathrm{mS} \times 1.12\ \mathrm{k\Omega} = -8.4$

(e) $A_{v1} = -G_{S1} \times g_{m1} R_{L1} = -0.13 \times \dfrac{1.5\ \mathrm{mA}}{26\ \mathrm{mV}} \times 5\ \mathrm{k\Omega} = -37.7$

(f) $A_{vt} = -A_{v1} \times g_{m2} \times R_{L2} = 10.2 \times \dfrac{1.5\ \mathrm{mA}}{26\ \mathrm{mV}} \times 5\ \mathrm{k\Omega} = 2940$

(5)

(a)

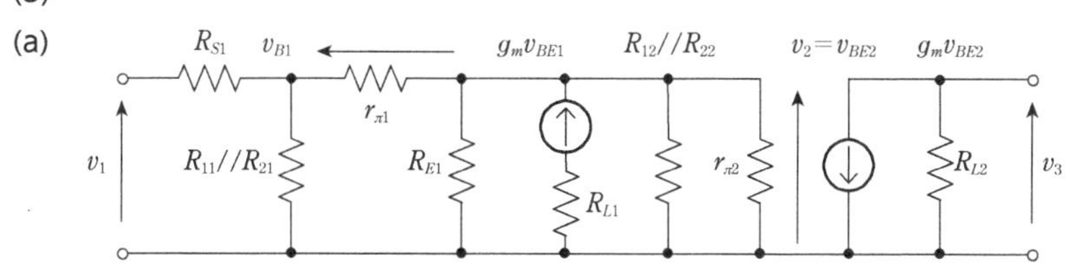

※注意※　$g_m v_{BE1}$ の電流源に直列に接続されている抵抗 R_{L1} は, 計算結果に影響を及ぼさないので省略(短絡)してもよい.

(b) このままでは計算しにくいので, 図のように簡素化する.

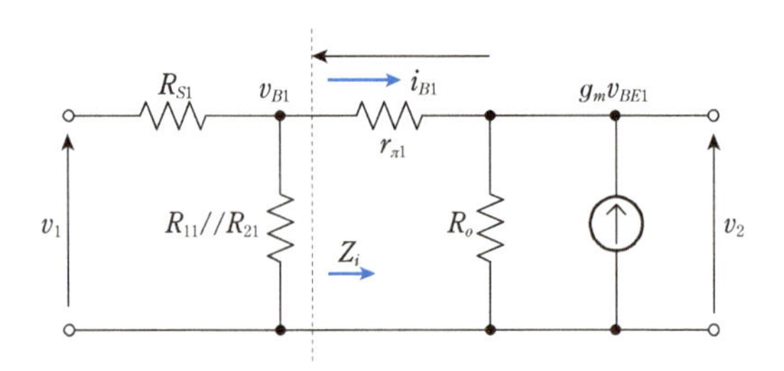

ここで，$R_o = R_{E1}//R_{12}//R_{22}//r_{\pi 2} = \dfrac{1}{\dfrac{1}{1\,\text{k}\Omega}+\dfrac{1}{11\,\text{k}\Omega}+\dfrac{1}{49\,\text{k}\Omega}+\dfrac{1}{1.73\,\text{k}\Omega}} = 590\,\Omega$

はじめに，V_{B1} から右の回路のインピーダンス Z_i を求める．

$$\frac{(v_{B1}-v_2)}{r_\pi} + g_m\,(v_{B1}-v_2) = \frac{v_2}{R_o}$$

$$\therefore v_2 = \frac{g_m + g_\pi}{\dfrac{1}{R_o}+g_m+g_\pi}v_{B1},\quad v_{B1}-v_2 \approx \frac{v_{B1}}{1+R_o g_m}$$

$$\because g_m + g_\pi = g_m\left(1+\frac{1}{\beta_F}\right) \approx g_m$$

$$Z_i = \frac{v_{B1}}{i_{B1}} = \frac{v_{B1}\,r_\pi}{v_{B1}-v_2} = r_\pi\,(1+R_o g_m) \approx 1.73\,\text{k}\Omega \times 590 \times 0.058 = 59\,\text{k}\Omega$$

したがって，$R_{11}//R_{21}$ との並列接続を考慮し，入力インピーダンス Z_i は，

$$Z_i = \frac{1}{\dfrac{1}{49\,\text{k}\Omega}+\dfrac{1}{11\,\text{k}\Omega}+\dfrac{1}{59\,\text{k}\Omega}} = 7.8\,\text{k}\Omega$$

(c) $G_{S1} = \dfrac{7.8\,\text{k}\Omega}{10\,\text{k}\Omega + 7.8\,\text{k}\Omega} = 0.44$

(d) $A_{v1} = G_{S1} \times \dfrac{1}{1+\dfrac{1}{R_o g_m}} = G_{S1} \times \dfrac{1}{1+\dfrac{1}{590 \times 0.058}} = 0.43$

(e) $R_o = 1\,\text{k}\Omega$

$$A_{v1} = G_{S1}{}' \times \frac{1}{1+\dfrac{1}{R_o g_m}},\quad G_{S1}{}' = \frac{R_{11}//R_{21}//Z_i{}'}{R_{11}//R_{21}//Z_i{}' + R_{s1}}$$

$$Z_i = r_\pi\,(1+R_o' g_m),\ R_o' = R_{E1}$$

$$\therefore Z_i = r_\pi\,(1+R_{E1} g_m) \approx 1.73\,\text{k}\Omega \times 1\,\text{k}\Omega \times 58\,\text{mS} \approx 100\,\text{k}\Omega$$

$$G_{S1}{}' = \frac{R_{11}//R_{21}//Z_i{}'}{R_{11}//R_{21}//Z_i{}' + R_{S1}} = \frac{1}{1+\dfrac{R_{S1}}{R_{11}//R_{21}//Z_i{}'}} \approx 0.45$$

$$A_{v1} = G_{S1} \times \frac{1}{1+\dfrac{1}{1000 \times 0.058}} = 0.45$$

(f) $A_{vt} = -G_{S1} \times \dfrac{1}{1+\dfrac{1}{(R_o//Z_{i2}) \times g_{m1}}} \times g_{m2} \times R_{L2} \approx -0.43 \times \dfrac{1.5\,\text{mA}}{26\,\text{mV}} \times 5\,\text{k}\Omega = -124$

※注意※　ここで，Z_{i2}は2段目の増幅器の入力インピーダンスであり，**(3)** より約1.5 kΩ である．

6.2

(1)

$$V_B = V_{CC}\frac{R_2}{R_1 + R_2} = 6\frac{17}{43 + 17} = 1.7\ \text{V}$$

$$V_E = V_B - 0.7 = 1.0\ \text{V}$$

$$I_E = \frac{V_E}{R_E} = \frac{1.0}{1} = 1\ \text{mA}$$

$$I_C = \frac{I_E}{1 + \dfrac{1}{\beta_F}} = 0.99\ \text{mA} \approx 1\ \text{mA}$$

$$V_C = V_{CC} - R_L I_C \approx 6 - 3 \times 1 = 3\ \text{V}$$

(2)

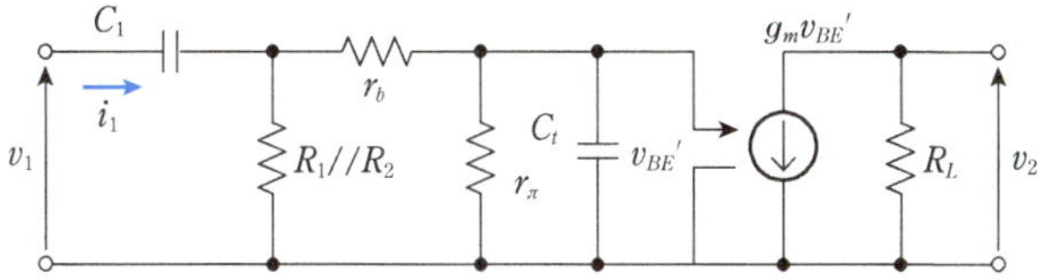

$$C_t = C_\pi + (1 + g_m R_L) C_\mu$$

(3) C_1のインピーダンスをゼロ，C_tのインピーダンスを無限大とすると，利得は，

$$A_0 = -\frac{r_\pi}{r_b + r_\pi} g_m r_L = -\frac{26 \times 100}{400 + 26 \times 100} \times \frac{1}{26} \times 3 \times 10^3 = -100$$

(4) 低域遮断周波数はC_1とベースエミッタ間の等価抵抗，ベースのバイアス抵抗を考慮した回路の入力抵抗をR_iとして，

$$f_{cl} = \frac{1}{2\pi C_1 R_i} = \frac{1}{2\pi \times 0.1 \times 10^{-6}}\left\{\frac{1}{12.2 \times 10^3} + \frac{1}{3 \times 10^3}\right\} = 610\ \text{Hz}$$

(5) 高域遮断周波数はC_tとベースエミッタ間の等価抵抗，ベースのバイアス抵抗を考慮して，

$$f_{ch} = \frac{1}{2\pi C_t (r_b // r_\pi)} = \frac{1}{2\pi \times (C_\pi + C_\mu (1 + g_m R_L)) \times 346.6} = 2.1 \times 10^6 = 2.1\ \text{MHz}$$

(6)

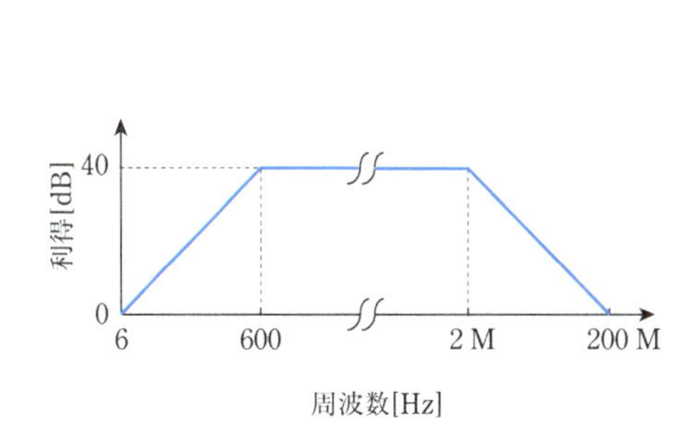

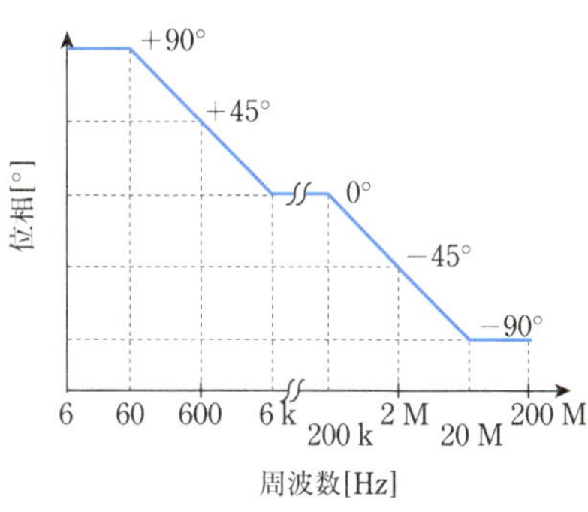

❖ 第7章

7.1

(1) $4=\dfrac{4}{\sqrt{0.2\times W}}$．したがって，$W=5\,\mu\mathrm{m}$

(2) $2=\dfrac{4}{\sqrt{0.2\times W}}$．したがって，$W=20\,\mu\mathrm{m}$

7.2

(1) $g_m=\dfrac{2I_D}{V_{\mathrm{eff}}}=\dfrac{2\times10^{-4}}{0.2}=1\,\mathrm{mS}$

(2) $\overline{v_n^{\,2}}/\mathrm{Hz}=\dfrac{8}{3}kT\dfrac{1}{g_m}=\dfrac{8}{3}\times1.38\times10^{-23}\times300\times\dfrac{1}{10^{-3}}=1.1\times10^{-17}\,V^2/\mathrm{Hz}$

(3) $\overline{v_n^{\,2}}=1.1\times10^{-17}\times10^{8}=1.1\times10^{-9}\,V^2$

(4) $\overline{v_n}\,(rms)=\sqrt{1.1\times10^{-9}}=33\times10^{-6}\,V$

7.3

(1) $\alpha_1A=\dfrac{1}{4}\alpha_3A^3\quad\therefore A=2\sqrt{\left|\dfrac{\alpha_1}{\alpha_3}\right|}=2\sqrt{\left|\dfrac{1}{-0.01}\right|}=20$

(2) 基本波：$\alpha_1\times0.1=0.1$，3次高調波：$\dfrac{1}{4}\alpha_3\times(0.1)^3=-2.5\times10^{-6}$

よって，比率は$0.1\div2.5\times10^{-6}=4\times10^{4}$

❖ 第8章

8.1

(1) $I_{\mathrm{ref}}\approx\dfrac{1}{2}\mu C_{ox}\dfrac{W}{L}V_{\mathrm{eff}}^{\,2}\left(1+\dfrac{V_T}{V_A}\right)$

$$\therefore V_{\mathrm{eff}}\approx\sqrt{\frac{2I_{\mathrm{ref}}}{\mu C_{ox}\dfrac{W}{L}\left(1+\dfrac{V_T}{V_A}\right)}}=\sqrt{\frac{2\times100\times10^{-6}}{200\times10^{-6}\times25\times\left(1+\dfrac{0.5}{5}\right)}}=0.19\,\mathrm{V}$$

$\therefore V_{GS}=V_T+V_{\mathrm{eff}}=0.5+0.19=0.69\,\mathrm{V}$

(2) $I_o=I_{D2}=I_{D1}\cdot\dfrac{\left(1+\dfrac{V_{DS2}}{V_A}\right)}{\left(1+\dfrac{V_{GS}}{V_A}\right)}$，$\therefore I_o=100\,\mu\mathrm{A}\cdot\dfrac{\left(1+\dfrac{1}{5}\right)}{\left(1+\dfrac{0.69}{5}\right)}=105\,\mu\mathrm{A}\ (I_D=I_{\mathrm{ref}})$

$$g_D=\frac{dI_D}{dV_{DS}}=\frac{I_D}{\left(1+\dfrac{V_{GS}}{V_A}\right)V_A}=\frac{I_D}{V_A+V_{GS}}=\frac{100\,\mu\mathrm{A}}{5+0.69}=17.6\,\mu\mathrm{S}\ (I_D=I_{\mathrm{ref}})$$

$\therefore r_D=\dfrac{1}{g_D}=57\,\mathrm{k\Omega}$

(3) 式(4.38)より，

$$I_o = I_D \approx \mu C_{ox}\frac{W}{L}\left(V_{GS}-V_T-\frac{V_{DS}}{2}\right)V_{DS} = 70\,\mu\text{A}$$

$$g_D = \frac{dI_D}{dV_{DS}} \approx \mu C_{ox}\frac{W}{L}(V_{GS}-V_T-V_{DS}) \approx 450\,\mu\text{S}$$

$$\therefore r_D = \frac{1}{g_D} = 2.2\,\text{k}\Omega$$

(4) $g_m \approx \dfrac{2I_D}{V_{\text{eff}}} = \dfrac{2\times 100\,\mu\text{A}}{0.19\,\text{V}} = 1.05\,\text{mS}$　∴ 動的抵抗は $\dfrac{1}{g_m} = 950\,\Omega$

8.2

(1) $\dfrac{W}{L} = \dfrac{100}{129\cdot 0.04\cdot\left(1+\dfrac{0.3}{4}\right)} = 18.02$, $W = 18.02\times 0.4 = 7.2\,\mu\text{m}$

(2) 点 A の電圧 V_A： $V_A = V_{DS}\,(M_1 \text{ or } M_3) + V_T + V_{\text{eff}} + 0.2V_{DS} = 1.01\,\text{V}$

点 B の電圧 V_B： $V_B = V_T + V_{\text{eff}} = 0.45 + 0.2 = 0.65\,\text{V}$

(3) $R_B = \dfrac{V_B - V_A}{I_{\text{ref}}} = \dfrac{1.01 - 0.65}{100\times 10^{-6}} = 3.6\,\text{k}\Omega$

(4) トランジスタ M_1，M_4が飽和領域にある場合であるので，

$$V_{D4} > V_{DS} + V_{\text{eff}} = 0.3 + 0.2 = 0.5\,\text{V}$$

(5) 点 B の抵抗は $\dfrac{1}{g_m}$ になるので， $g_m = \dfrac{2I_D}{V_{\text{eff}}} = \dfrac{200\times 10^{-6}}{0.2} = 1\,\text{mS}\ (I_D = I_{\text{ref}})$

したがって，抵抗は 1 kΩ

(6) $r_o = r_D\,(M_2)\cdot n\cdot g_m\,(M_4)\cdot r_D\,(M_4) = \dfrac{V_A + V_{DS}}{I_D}\cdot n\cdot\dfrac{2I_D}{V_{\text{eff}}}\cdot\dfrac{V_A + V_{DS}}{I_D}$

$$= \left(\frac{4+0.3}{100\times 10^{-6}}\right)^2\cdot 1.3\cdot\frac{2\times 100\times 10^{-6}}{0.2} = 2.4\,\text{M}\Omega$$

❖ 第9章

9.1

(1) $V_3 = V_4 = V_{DD} - V_{\text{eff}p} - V_{Tp} = 3.0 - 0.4 - 0.5 = 2.1\,\text{V}$

(2) $A_d = -\dfrac{I_o}{V_{\text{eff}n}}R_L = -\dfrac{2\times 100\times 10^{-6}}{0.2}\times 10\times 10^3 = -10$

(3) 式 (9.31) より同相利得は

$$A_c \approx -\frac{\dfrac{1}{g_{mp}}}{2r_{Dm6}} = -\frac{\dfrac{V_{\text{eff}p}}{I_o}}{\dfrac{V_A}{I_o}} = -\frac{V_{\text{eff}p}}{V_A} = -\frac{0.4}{5} = -0.08$$

(4) $\text{CMRR} = \dfrac{A_d}{A_c} = \dfrac{10}{0.08} = 125$

(5) 図 9.1 に示した回路では抵抗値が変化するとバイアス状態での出力コモン電圧が変化する．特に高利得を得るために負荷抵抗を高くすると出力コモン電圧が低下するので，高抵抗の使

用には限界がある．

この回路では抵抗値によらず出力コモン電圧が一定であり，特に高抵抗を使用しても出力コモン電圧が低下しないので，高利得を得やすい．さらに，同相利得のときの負荷抵抗を下げることができるので CMRR を上げやすい．

9.2

(1) $V_o = V_{ob} = V_{DD} - |V_{\text{eff}}| - |V_{Tp}| = 3.0 - 0.2 - 0.5 = 2.3\ \text{V}$

(2) $$G_V = \frac{g_{mn}}{g_{Dn} + g_{Dp}} \approx \frac{\dfrac{2I_{ss}}{V_{\text{eff}}}}{\dfrac{I_{ss}}{V_{An}} + \dfrac{I_{ss}}{V_{Ap}}} = \frac{2}{V_{\text{eff}}\left(\dfrac{1}{V_{An}} + \dfrac{1}{V_{Ap}}\right)} = \frac{2}{0.2\left(\dfrac{1}{5} + \dfrac{1}{10}\right)} = 33.3$$

あるいは　$20 \log 33.3 = 30.4\ \text{dB}$

(3) $A_c = -\dfrac{g_{D6}}{2g_{mp}}$，$g_{D6} = \dfrac{2I_{ss}}{V_{An}}$，$g_{mp} = \dfrac{2I_{ss}}{V_{\text{eff}}}$　$\therefore A_c = -\dfrac{V_{\text{eff}}}{2V_{An}} = -0.02$

(4) トランジスタ M_6 がリニア領域に入ると電流 $2I_{ss}$ が急激に低下する．したがってその条件は，

$$V_{ic} = V_{\text{eff}} + V_{Tn} + V_{\text{eff}} = 0.2 + 0.45 + 0.2 = 0.85\ \text{V}$$

❖第10章

10.1

(1)

(a) $\dfrac{v_1 - v_{i1}}{R_s} + \dfrac{v_2 - v_{i1}}{R_f} = 0$　　　式 (1)

$R_f \gg R_L$ を用いて，$v_2 \approx (-g_m Z_L)^3 v_{i1}$　　　式 (2)

式 (2) を式 (1) に代入して，$G = \dfrac{v_2}{v_1} = \dfrac{-R_f}{R_s + \dfrac{R_f + R_s}{(g_m Z_L)^3}} \cong -\dfrac{R_f}{R_s}\dfrac{1}{1 + \dfrac{R_f}{R_s}\dfrac{1}{(g_m Z_L)^3}}$　　　式 (3)

直流においては $Z_L = R_L$．したがって，$g_m R_L = 100$，$(g_m R_L)^3 = 10^6$，$\dfrac{R_f}{R_s} = 100$

したがって，$G = -100$

(b) $G = \dfrac{A}{1 + AF} = \dfrac{1}{F}\dfrac{1}{1 + \dfrac{1}{AF}}$ と書き直せる，したがって，式 (3) より，

$F = -\dfrac{R_s}{R_f}$，$A = (-g_m Z_L)^3$，ループ利得 $AF = \dfrac{R_s}{R_f}(g_m Z_L)^3$ である．

ループ利得の位相が $-180°$ 回るということは1段あたり $-60°$ 回るということである．

$$g_m Z_L = \frac{g_m}{g_L + j\omega C_S} = \frac{g_m}{g_L}\frac{1}{1 + j\omega R_L C_S} = g_m R_L \frac{1}{1 + j\dfrac{\omega}{\omega_c}}$$

ここで，$\omega_c = \dfrac{1}{R_L C_S}$ である．位相が $-60°$ 回転するのは，$\dfrac{\omega}{\omega_c} = \sqrt{3}$ の場合であるので，

$$f_1 = \frac{\sqrt{3}}{2\pi R_L C_S} = \frac{1.72}{6.28 \times 10^4 \times 10^{-12}} = 27.3\,\mathrm{MHz}$$

(c) ループ利得は$|AF| = \left|\frac{R_s}{R_f}\left(\frac{g_m R_L}{1+j\sqrt{3}}\right)^3\right| = \frac{10000}{8} = 1250$で1を超えるので，不安定である．

(2) C_0はC_Sに比べて極めて大きいので，ループ利得の位相が$-180°$回転するときは1段目で$-90°$回転し，2段，3段はそれぞれ$-45°$回転する．したがって，$\frac{\omega}{\omega_c} = 1$より，$f_2 = 16\,\mathrm{MHz}$．このときのループ利得は，

$$|AF| = \left|\frac{R_s}{R_f}(g_m R_L)^3 \frac{1}{1+j\frac{\omega}{\omega_0}}\left(\frac{1}{1+j}\right)^2\right| \cong \left|\frac{1}{100}(100)^3 \frac{1}{10^4}\frac{1}{2}\right| = \frac{1}{2}$$ で1より小さいので，

安定である．

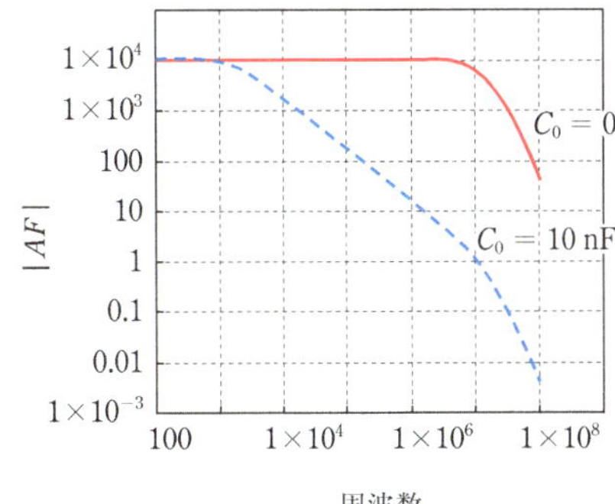

(3) $C_0 = 0$の場合：

$$|AF| = \left|\frac{R_s}{R_f}(g_m R_L)^3\left(\frac{1}{1+j\frac{f}{f_c}}\right)^3\right|.$$

ここで，$f_c = \frac{1}{2\pi R_L C_S} = 16\,\mathrm{MHz}$

近似的に表すと，$|AF| = 10^4$，$f < f_c$，

$|AF| \approx 10^4\left(\frac{f_c}{f}\right)^3 \quad f > f_c$

$C_0 = 10\,\mathrm{nF}$の場合：

$|AF| = \frac{R_s}{R_f}(g_m R_L)^3\left|\left(\frac{1}{1+j\frac{f}{f_0}}\right)\left(\frac{1}{1+j\frac{f}{f_c}}\right)^2\right|$．ここで，$f_0 = \frac{1}{2\pi R_L C_0} = 1.6\,\mathrm{kHz}$

近似的に表すと，$|AF| = 10^4 \quad f < f_0$

$|AF| = 10^4\left(\frac{f_0}{f}\right) \quad f_0 < f < f_c$，$|AF| \approx 10^4\left(\frac{f_0}{f}\right)\left(\frac{f_c}{f}\right)^2 \quad f > f_c$

あるいは，$|AF| \approx 10^4\left(\frac{f_0}{f_c}\right)\left(\frac{f_c}{f}\right)^3 \approx 10^4 \times 10^{-4}\left(\frac{f_c}{f}\right)^3 = \left(\frac{f_c}{f}\right)^3$

10.2 図の負帰還回路より，

$$v_i = (i_{in} - i_f)Z_i = (i_{in} - Fv_o)Z_i,\ v_o = Av_i$$

これより，$v_i(1 + AFZ_i) = i_{in}Z_i$
したがって，この回路の入力インピーダンスZ_iは

$$Z_i = \frac{v_i}{i_{in}} = \frac{Z_i}{1 + AFZ_i} \approx \frac{1}{AF}$$

出力インピーダンスZ_oは，

$$v_i = -i_f Z_i = -Fv_o Z_i,\ v_o = Av_i + i_{out}Z_o$$

これより，$v_o(1 + AFZ_i) = i_{out}Z_o$

したがって，$Z_o = \dfrac{v_o}{i_{out}} = \dfrac{Z_o}{1 + AFZ_i}$

等価インピーダンス Z_e は，$Z_e = \dfrac{v_o}{i_{in}} = \dfrac{AZ_i}{1 + AFZ_i} \approx \dfrac{1}{F}$

✣第11章

11.1

(1) $v_2 = -\dfrac{R_2}{R_1} v_1$ より，$v_2 = -1.0\ \mathrm{V}$，$i_1 = \dfrac{v_1}{R_1} = \dfrac{0.2}{1\ \mathrm{k\Omega}} = 200\ \mu\mathrm{A}$

(2) $\dfrac{v_1 - v_i}{R_1} = -\dfrac{v_2 - v_i}{R_2}$，$v_2 = -v_i A_d$ であるから，

$$v_2 = \frac{-v_1}{\dfrac{R_1}{R_2} + \dfrac{1}{A_d}\left(1 + \dfrac{R_1}{R_2}\right)} = \frac{-0.2}{\dfrac{1}{5} + \dfrac{1}{100}\left(1 + \dfrac{1}{5}\right)} = -940\ \mathrm{mV}$$

$$v_i = -\frac{v_2}{A_d} = \frac{0.94}{100} = 9.4\ \mathrm{mV}$$

(3) 式 (11.25) より，増幅器の帯域が 3 dB 低下するのは，

$$f_c{}' = \frac{f_t}{1 + \dfrac{R_2}{R_1}} = \frac{1\ \mathrm{GHz}}{6} = 167\ \mathrm{MHz}$$

11.2

(1) $\left|\dfrac{v_2}{v_1}\right| = \dfrac{1}{2\pi f_{t1} R_1 C} = 1$ より，$f_{t1} = \dfrac{1}{2\pi R_1 C} = \dfrac{1}{6.28 \times 1 \times 10^3 \times 1.6 \times 10^{-12}} = 99.5\ \mathrm{MHz}$

(2) DC 利得は，$\left|\dfrac{v_2}{v_1}\right| = \dfrac{R_2}{R_1} = \dfrac{100}{1} = 100$ もしくは 40 dB

$f_p = \left|\dfrac{v_2}{v_1}\right| = \dfrac{R_2}{R_1} \dfrac{1}{1 + sR_2 C}$ で表されるから

$$f_p = \frac{1}{2\pi R_2 C} = \frac{1}{6.28 \times 100 \times 10^3 \times 1.6 \times 10^{-12}} = 995\ \mathrm{kHz}$$

(3) $\left|\dfrac{v_2}{v_1}\right| = \dfrac{R_2}{R_1} \dfrac{1 + sR_3 C}{1 + s(R_2 + R_3)C} \approx \dfrac{R_2}{R_1} \dfrac{1 + sR_3 C}{1 + sR_2 C}$ で表されるから

$$f_z = \frac{1}{2\pi R_3 C} = \frac{1}{6.28 \times 1 \times 10^3 \times 1.6 \times 10^{-12}} = 99.5\ \mathrm{MHz}$$

周波数特性の概略を図にまとめて示す．

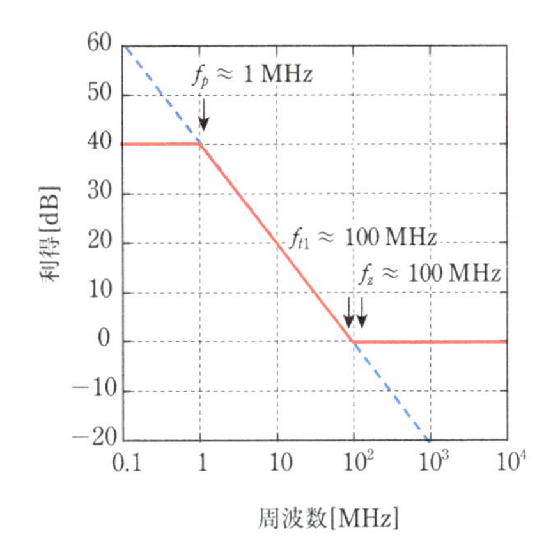

❖第12章

12.1

(1) $\omega_u = \dfrac{g_{m1}}{C_c}$.したがって，$g_{m1} = \dfrac{I_{ss1}}{V_{\mathrm{eff}}} = 2\pi f_u C_c$

$\therefore I_{ss1} = 2\pi f_u C_c V_{\mathrm{eff}} = 2 \times 3.14 \times 100 \times 10^6 \times 3 \times 10^{-12} \times 0.2 = 3.76 \times 10^{-4} = 376\,\mu\mathrm{A}$

$\omega_{p2} = \dfrac{g_{m5}}{C_L}$. したがって，$g_{M5} = \dfrac{2I_{ss2}}{V_{\mathrm{eff}}} = 2\pi f_{p2} C_L$

$\therefore I_{ss2} = \pi f_{p2} C_L V_{\mathrm{eff}} = 3.14 \times 200 \times 10^6 \times 3 \times 10^{-12} \times 0.2 = 3.76 \times 10^{-4} = 376\,\mu\mathrm{A}$

(2) $A_v = \dfrac{g_{m1}}{g_{D2} + g_{D4}} \cdot \dfrac{g_{m5}}{g_{D5}} = \dfrac{\dfrac{I_{ss1}}{V_{\mathrm{eff}}}}{\dfrac{I_{ss1}}{V_A}} \cdot \dfrac{\dfrac{2I_{ss2}}{V_{\mathrm{eff}}}}{\dfrac{I_{ss2}}{V_A}} = 2\left(\dfrac{V_A}{V_{\mathrm{eff}}}\right)^2 = 2\left(\dfrac{10}{0.2}\right)^2 = 5000\ (74\ \mathrm{dB})$

※注意※　抵抗Rをゼロとしてこの効果を無視した．抵抗Rが存在する場合は，ゼロの効果を考慮する必要があるが，実際には$\omega_z \gg \omega_{p2}'$になるようにしてこの影響を除去するようにしている．

12.2

(1) $20 \log (G_0) = 80$より，$G_0 = 10000$.
$f = f_p$において位相が$-45°$に回転することから，$f_p = 100$ kHz

(2) 図のように，第2ポール周波数において利得は-40 dB/decの傾きで降下し，位相は第2ポール周波数において$-135°$になる．また，f_uはグラフから約220 MHz程度となる．

なお，利得は$G\,[\mathrm{dB}] = 80 - 10 \log\left\{1 + \left(\dfrac{f}{f_{p1}}\right)^2\right\} - 10 \log\left\{1 + \left(\dfrac{f}{f_{p2}}\right)^2\right\}$と表され，

$f \gg f_{p1}, f_{p2}$のときには，$G\,[\mathrm{dB}] = 80 - 20 \log\left(\dfrac{f^2}{f_{p1} \cdot f_{p2}}\right)$であり，$\dfrac{f_u^2}{f_{p1} \cdot f_{p2}} = 10^4$

したがって，$f_u = 10^2 \sqrt{f_{p1} \cdot f_{p2}}$
上式にf_{p1}，f_{p2}を代入すると，$f_u = 224$ MHzとなる．

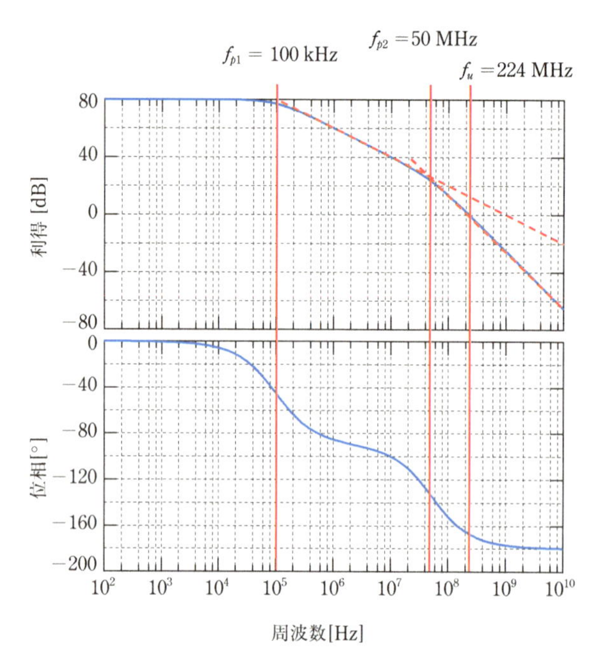

(3) 位相余裕が60°になるのは，位相で $-180° + 60° = -120°$ のときであり，このときの周波数は約30 MHzである．そこで，グラフを左にシフトして $f_u = 30$ MHzになるように線を引くと，$f_{p1} = 3$ kHz程度となる．

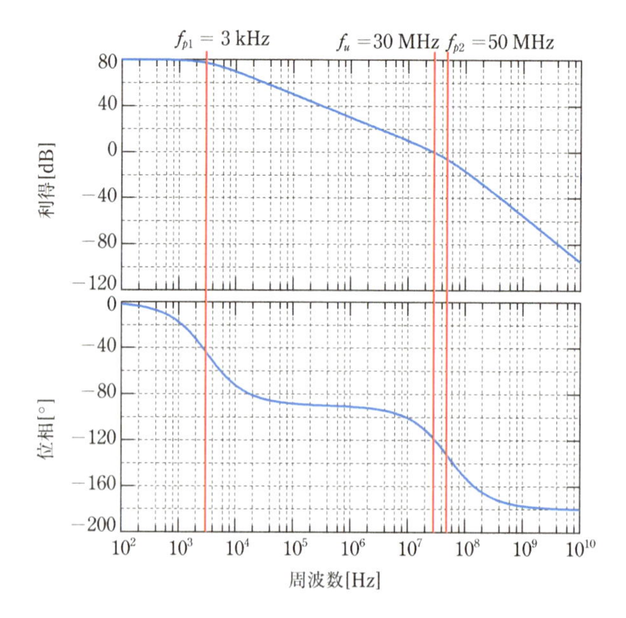

また，この状態では第2ポール周波数はf_uよりも高いので，利得に関して，

$$G\,[\mathrm{dB}] \approx 80 - 20\log\left(\frac{f}{f_{p1}{}'}\right)$$

の近似が可能である．周波数f_uで利得が0 dBになる第1ポール周波数$f_{p1}{}'$は，

$$\frac{f_u}{f_{p1}{}'} = 10^4,\ \text{したがって，}\ f_{p1}{}' = \frac{f_u}{10^4} = \frac{30\times10^6}{10^4} = 3\,\mathrm{kHz}$$

あるいは，安定条件から$f_u = \dfrac{f_{p2}}{2} = 25\,\mathrm{MHz}$，$f_{p1}{}' = \dfrac{f_u}{10^4} = 2.5\,\mathrm{kHz}$としてもよい．

❖第13章

13.1

(1) 図(a)を図のように整理すると，

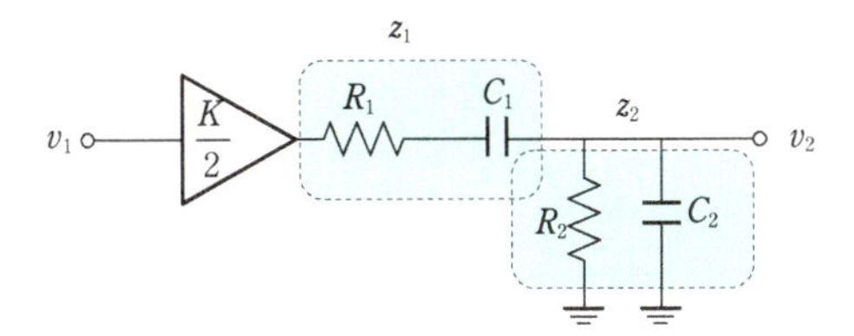

$$A\beta = \frac{v_2}{v_1} = \frac{K}{2}\frac{z_2}{z_1+z_2} = \frac{K}{2}\frac{1}{1+z_1y_2} = \frac{K}{2}\frac{1}{1+\left(R_1+\dfrac{1}{j\omega C_1}\right)\left(\dfrac{1}{R_2}+j\omega C_2\right)}$$

$$= \frac{K}{2}\frac{1}{1+\dfrac{R_1}{R_2}+\dfrac{C_2}{C_1}+j\left(\omega R_1C_2-\dfrac{1}{\omega R_2C_1}\right)}$$

(2) 位相条件：$\omega = \dfrac{1}{\sqrt{R_1R_2C_1C_2}}$ より，$\omega = \dfrac{1}{RC}$ → $f = \dfrac{1}{2\pi RC}$ $\therefore RC \approx 1.6\times10^{-4}$

(3) 振幅条件：$\mathrm{Re}\,(A\beta) \geq 1$，$K \geq 2\left(1+\dfrac{R_1}{R_2}+\dfrac{C_2}{C_1}\right)$より，$K\geq 6$，$\therefore \dfrac{R_b}{R_a}\geq 5$

13.2

(1) 直列接続回路において，

$$Z_s = R_s + j\omega L_s \quad \therefore Y_s = \frac{1}{Z_s} = \frac{1}{R_s+j\omega L_s} = \frac{R_s - j\omega L_s}{{R_s}^2+\omega^2{L_s}^2}$$

並列接続回路では，

$$Y_p = \frac{1}{R_p}+\frac{1}{j\omega L_L}$$

となる．したがって，Y_sとY_pの実数部を比較し，

$$\frac{1}{R_p}=\frac{R_s}{R_s{}^2+\omega^2 L_s{}^2} \quad \therefore R_p=R_s+\frac{(\omega L_s)^2}{R_s}$$

(2) 発振条件から，

$$g_m R_p>1 \quad \therefore g_m\left(R_s+\frac{(\omega L_s)^2}{R_s}\right)\approx g_m\frac{(\omega L_s)^2}{R_s}>1$$

したがって，

$$\omega>\frac{1}{L_s}\sqrt{\frac{R_s}{g_m}}$$

❖第14章

14.1 式 (14.3) より，$\dfrac{\Delta V_o}{V_o}=\dfrac{T}{2\tau}=\dfrac{T}{2RC}=\dfrac{T}{2\dfrac{V_o}{I_L}C}$

したがって，$C=\dfrac{T}{2\dfrac{V_o}{I_L}\dfrac{\Delta V_o}{V_o}}=\dfrac{\dfrac{1}{50}}{2\times\dfrac{8}{8}\times 0.1}=0.1\,\mathrm{F}$

14.2 式 (14.9) より，$\dfrac{\Delta V_o}{V_o}=\dfrac{\Delta I_L}{g_m A V_R}$

したがって，$g_m=\dfrac{\Delta I_L}{A\left(\dfrac{\Delta V_o}{V_o}\right)V_R}=\dfrac{0.1}{1000\times 0.001\times 5}=20\,\mathrm{mS}$

14.3

(1) 式 (14.12) より，$\Delta I_L=0.2\times I_L=\dfrac{V_i-V_o}{L}\cdot\dfrac{1}{2f_s}$

これより，$L=\dfrac{V_i-V_o}{0.2\times I_L}\cdot\dfrac{1}{2f_s}=\dfrac{5}{0.2\times 1}\cdot\dfrac{1}{2\times 100\times 10^3}=1.25\times 10^{-4}=125\,\mu\mathrm{H}$

(2) 式 (14.24) より，$\gamma=\dfrac{1-D}{8CLf_s^2}$

したがって，$C=\dfrac{1-D}{8\gamma Lf_s^2}=\dfrac{0.5}{8\times 0.01\times 1.25\times 10^{-4}\times(1\times 10^5)^2}=5\times 10^{-6}\,\mathrm{F}=5\,\mu\mathrm{F}$

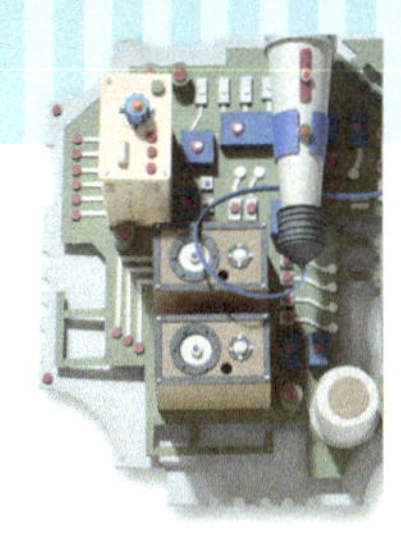

索　引

✣ 英字・数字

✣ あ

✣ か

❖さ

❖た

❖な

❖は

❖ま・や・ら

著者紹介

松澤　昭　博士（工学）

1978 年	東北大学大学院工学研究科修士課程修了
同　年	松下電器産業 入社
1997 年	東北大学大学院工学研究科博士後期課程修了
2003 年	東京工業大学大学院理工学研究科 教授
2018 年	東京工業大学 名誉教授
現　在	株式会社テックイデア 代表取締役社長
著　書	『はじめてのアナログ電子回路 実用回路編』講談社（2016） 『新しい電気回路＜上＞＜下＞』講談社（2021）

NDC549　　271p　　21cm

はじめてのアナログ電子回路

基本回路編

2015 年 3 月 16 日　第 1 刷発行
2023 年 8 月 3 日　第 10 刷発行

著　者　松澤　昭
発行者　髙橋明男
発行所　株式会社 講談社
〒112-8001　東京都文京区音羽 2-12-21
販　売　(03) 5395-4415
業　務　(03) 5395-3615

KODANSHA

編　集　株式会社 講談社サイエンティフィク
代表　堀越俊一
〒162-0825　東京都新宿区神楽坂 2-14　ノービィビル
編　集　(03) 3235-3701

本文データ制作　株式会社エヌ・オフィス
印刷・製本　株式会社ＫＰＳプロダクツ

ISBN 978-4-06-156535-7